剪辑师

剪映
实战版

深入学习
视频剪辑与爆款制作

王丹丹　编著

清華大学出版社
北　京

内 容 简 介

本书通过21个经典案例，深入介绍了剪映的30个核心功能，随书赠送了140多个案例素材与效果、200多分钟的同步教学视频，帮助大家从入门到精通剪映软件，从新手成为短视频剪辑高手！

21个经典剪辑案例，类型包括从风光到人物、从电商到电影、从口播到短剧、从图书到美食等，应有尽有。30个剪映核心功能，知识点包括剪映软件的视频素材导入、剪辑、滤镜、转场、特效、字幕、音频、贴纸、变速、卡点、蒙版、抠图、关键帧等，讲解全面细致。

本书最后一章特别介绍了AI短视频自动生成的3种方法——文生视频、图生视频和视频生成视频，帮助大家掌握最新的AI技术。

本书既适合学习剪映软件的初学者，也适合想深入学习视频剪辑与爆款视频制作的读者，特别是想制作风光视频、人物视频、电商视频、电影解说、口播视频、情景短剧等的读者，还可以作为大中专院校相关专业的教材。

图书在版编目 (CIP) 数据

剪辑师：深入学习视频剪辑与爆款制作：剪映实战版 / 王丹丹编著 . —北京：清华大学出版社，2024.5（2025.1 重印）

ISBN 978-7-302-65942-6

Ⅰ. ①剪… Ⅱ. ①王… Ⅲ. ①视频编辑软件 Ⅳ. ① TP317.53

中国国家版本馆 CIP 数据核字 (2024) 第 065148 号

责任编辑：韩宜波
封面设计：徐　超
版式设计：方加青
责任校对：翟维维
责任印制：沈　露

出版发行：清华大学出版社
网　　址：https://www.tup.com.cn，https://www.wqxuetang.com
地　　址：北京清华大学学研大厦 A 座　　**邮　　编：**100084
社 总 机：010-83470000　　**邮　　购：**010-62786544
投稿与读者服务：010-62776969，c-service@tup.tsinghua.edu.cn
质 量 反 馈：010-62772015，zhiliang@tup.tsinghua.edu.cn
印 装 者：三河市龙大印装有限公司
经　　销：全国新华书店
开　　本：185mm×260mm　　**印　　张：**16　　**字　　数：**389 千字
版　　次：2024 年 5 月第 1 版　　**印　　次：**2025 年 1 月第 2 次印刷
定　　价：88.00 元

产品编号：104131-01

前言

FOREWORD

策划起因

目前，由于短视频热度高、形式多样，受到很多用户的青睐，而且随着短视频平台的不断发展，大部分的网民不再局限于微信朋友圈中，而会更多地在抖音、快手等短视频平台展示自己的日常生活，希望受到更多人的关注与欢迎。除此之外，随着短视频平台的完善，短视频逐渐往电商方向发展，成为很多短视频博主变现转化的途径之一。

那么，如何才能让自己发布的视频受到更多人的喜爱呢？最关键的就是——提升视频的质量。而要想提升视频质量，就要选好视频的主题，剪辑出精美的视频画面，这也是大多数火爆视频都具有的特点。

除了视频的质量要过关之外，我们还应该有坚定的信念，寻求突破创新的方法，正如我国将必须坚定信心、锐意进取，主动识变应变求变，主动防范化解风险放在重要位置一样，视频剪辑也需要付出强大的耐心，只有脚踏实地地学习多样的剪辑技巧，才能在不断磨砺中成长为剪辑大师，打造爆款！

系列图书

为帮助大家全方位成长，笔者团队特别策划了“深入学习”系列图书，从短视频的运镜、剪辑、特效、调色，到视音频的编辑、平面广告设计、AI智能绘画，应有尽有。该系列图书如下：

- 《运镜师：深入学习脚本设计与分镜拍摄（短视频实战版）》
- 《剪辑师：深入学习视频剪辑与爆款制作（剪映实战版）》
- 《音效师：深入学习音频剪辑与配乐（Audition实战版）》
- 《特效师：深入学习影视剪辑与特效制作（Premiere实战版）》
- 《调色师：深入学习视频和电影调色（达芬奇实战版）》
- 《视频师：深入学习视音频编辑（EDIUS实战版）》
- 《设计师：深入学习图像处理与平面制作（Photoshop实战版）》
- 《绘画师：深入学习AIGC智能作画（Midjourney实战版）》

该系列图书最大的亮点就是通过案例介绍操作技巧，让读者在实战中精通软件。目前市场上的同类书，大多侧重于软件知识点的介绍与操作，比较零碎，学完了不一定能制作出完整的视频效果，而本书恰恰是以中、大型案例为主，采用效果展示、驱动式写法，由浅入深，循序渐进。

本书思路

本书为上述系列图书中的《剪辑师：深入学习视频剪辑与爆款制作（剪映实战版）》，具体的写作思路与特色如下。

❶ 19个主题，案例实战：主题涵盖了旅行视频、人物视频、照片视频、运镜视频、年度总结、风光视频、动态滑屏、夜景视频、观光视频、种草视频、寿宴记录、口播视频、情景短剧、海边风景、电商视频、电影解说、图书宣传、九宫格美食等。

❷ 30个功能，核心讲解：通过以上案例，从零开始，循序渐进地讲解了剪映软件的视频素材导入、剪辑、滤镜、转场、特效、字幕、音频、贴纸、变速、卡点、蒙版、抠图、关键帧等核心功能，帮助读者从入门到精通剪映软件。

❸ 3种方法，AI视频生成：目前AI很火，对于短视频的生成也非常有用，本书最后特意讲解了文生视频、图生视频、视频生视频3种实用的方法，以及ChatGPT和Midjourney两种AI工具的结合用法。

❹ 140多个案例素材与效果提供：为方便大家学习，提供了书中所有案例的素材文件和效果文件。

❺ 200多分钟的同步教学视频赠送：为了高效、轻松地学习，书中案例全部录制了同步高清教学视频，用手机扫描章节中的二维码直接观看。

本书提供案例的素材文件、效果文件、视频文件以及关键词，扫一扫下面的二维码，推送到自己的邮箱后下载获取。

温馨提示

在编写本书时，是基于各大平台和软件截取的实际操作图片，但本书从编辑到出版需要一段时间，在这段时间里，平台和软件的界面与功能会有所调整或变化，如有的内容删除了，有的内容增加了，这是软件开发商做的更新，很正常。请在阅读时，根据书中的思路，举一反三，进行学习即可，不必拘泥于细微的变化。

本书使用的软件版本：剪映电脑版本为4.3.1，剪映手机版本为10.6.0，ChatGPT版本为3.5，Midjourney版本为5.2。

另外，需要特别注意的是，即使是相同的关键词，AI模型每次生成的文案、图片或视频内容也会有所差别，属于正常现象。

本书由淄博职业学院的王丹丹老师编著，在此感谢刘芳芳、徐必文、罗健飞、苏苏、巧慧、向小红、李玲、杨菲、向航志等人在本书编写时提供的素材帮助。

由于编者水平有限，书中难免有疏漏之处，恳请广大读者批评、指正。

编　者

目录
CONTENTS

第19章 AI短视频生成：人工智能助力视频创作/ 228

第1章 旅行视频：制作《东江湖高椅岭》

旅行视频是一种记录旅程内容的视频形式，它可以是旅行途中的所见、所闻、所想，也可以是旅行中的风景人文等。旅行视频通常发布在朋友圈、微博等社交平台，以及抖音、快手等短视频平台上，不仅极具观赏性，而且还能在一定程度上给予观众旅行建议。

1.1 《东江湖高椅岭》效果展示

旅行视频主要突出的是旅行过程中的风景，可以是自然风光，也可以是人文建筑。在制作旅行视频时，一定要挑选那些画面美观度较高的照片或者视频，这样制作出来的旅行视频才会更吸引人。

在制作《东江湖高椅岭》视频之前，首先来欣赏本案例的视频效果，并了解案例的学习目标、制作思路、知识讲解和要点讲堂。

1.1.1 效果欣赏

《东江湖高椅岭》旅行视频的画面效果如图1-1所示。

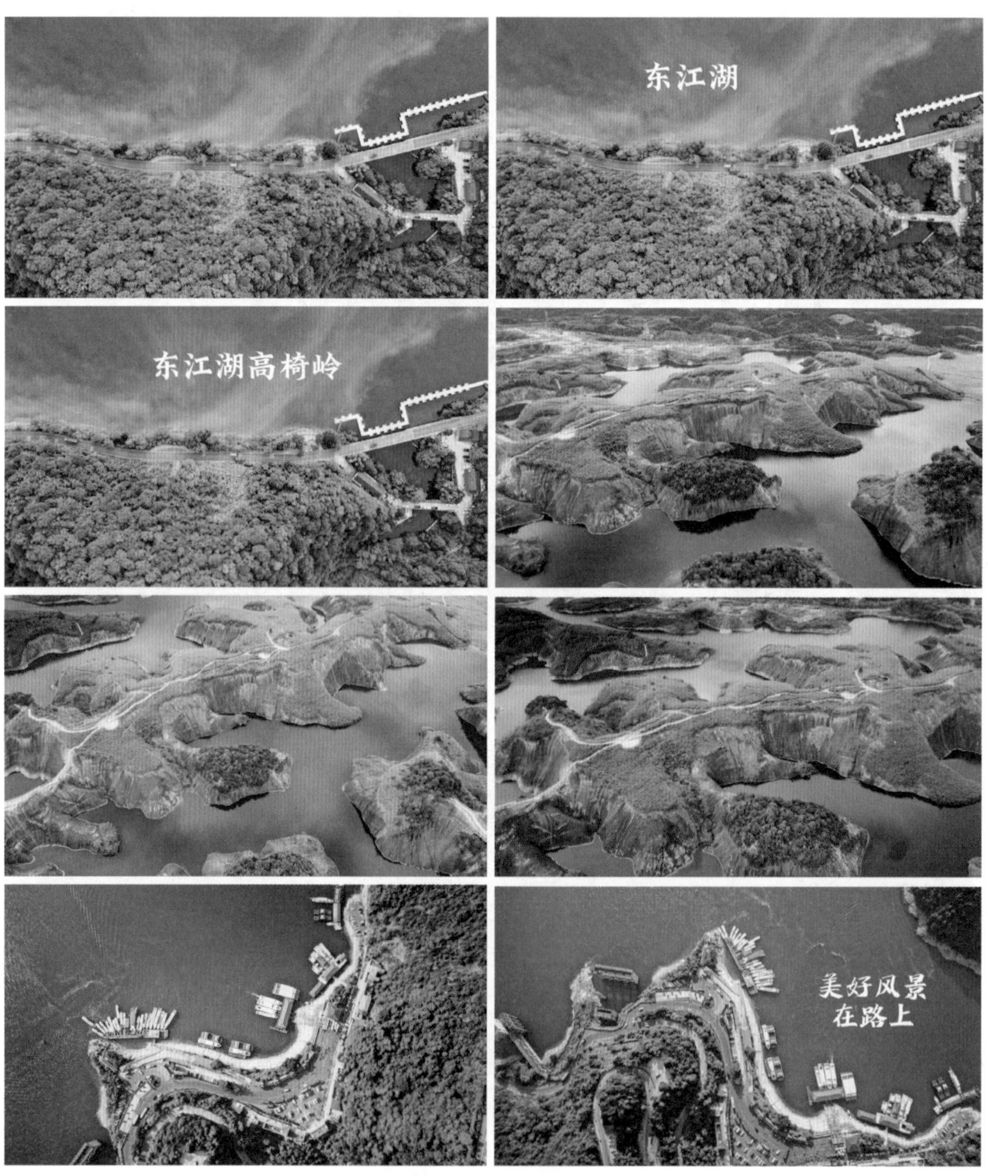

图1-1 画面效果

1.1.2 学习目标

知识目标	掌握旅行视频的制作方法
技能目标	（1）掌握在剪映电脑版中导入素材的操作方法 （2）掌握为视频添加音乐的操作方法 （3）掌握为视频添加转场的操作方法 （4）掌握为视频制作片头片尾的操作方法 （5）掌握导出视频的操作方法
本章重点	为视频制作片头片尾
本章难点	为视频制作片头片尾
视频时长	9分31秒

1.1.3 制作思路

本案例首先介绍了导入照片素材到剪映界面中，然后为其添加背景音乐、转场效果，接下来为其制作片头片尾，最后导出视频。图1-2所示为本案例视频的制作思路。

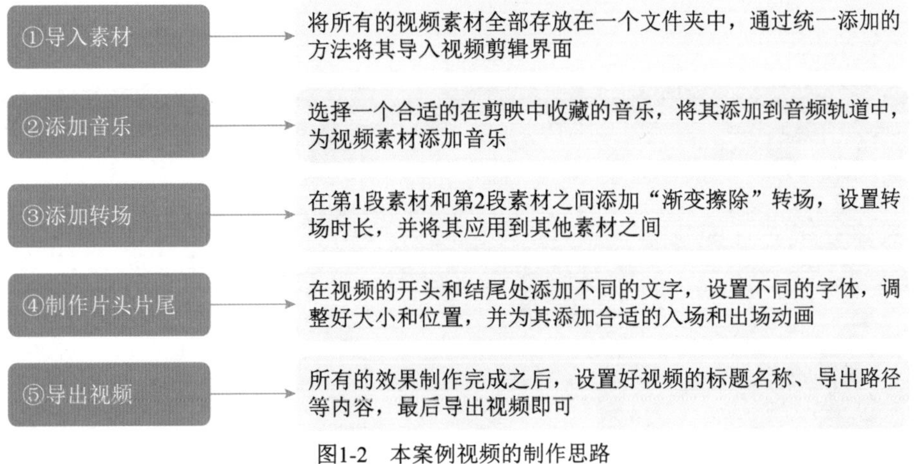

图1-2　本案例视频的制作思路

1.1.4 知识讲解

旅行视频是将自己旅行过程中拍摄的照片、视频制作成一段完整的视频。旅行视频能够展现用户在旅行过程中遇到的风光景色、人文情怀，也能让观众在看到该视频后，在一定程度上产生向往之情。

1.1.5 要点讲堂

在本章内容中，会用到一个剪映功能——制作片头片尾，该功能的主要作用有两个，具体内容如下。

❶ 提升视频完整性。正如文章写作一样，一个好的开头和结尾能够增加我们的兴趣和好奇心，制作旅行视频时有一个片头片尾，会提高视频的完整度，减少突兀感。

❷ 表明视频的主题。在旅行视频中，制作片头片尾的作用主要是为了表明视频的主题，可以是时间、地点、心情，也可以是总结、感想等。

为视频制作片头片尾的主要方法为：在“文本”功能区的“新建文本”选项卡中，选择“默认文本”选项，在“文本”操作区的“基础”选项卡中，修改文本内容，并为其选择合适的字体，在“播放器”面板中，调整文字的大小和位置，并调整文字素材的时长，即可完成片头片尾的制作。

1.2 《东江湖高椅岭》制作流程

本节将为大家介绍旅行视频的制作方法，包括导入素材、为视频添加音乐、为视频添加转场、为视频制作片头片尾和导出视频，希望大家能够熟练掌握。

1.2.1 导入素材

这个旅行视频是由照片制作而成的，制作该视频的第一步就是按顺序导入所需的照片素材。下面介绍在剪映中导入素材的操作方法。

STEP 01 在电脑桌面上双击剪映图标，打开剪映软件，即可进入剪映首页，单击“开始创作”按钮，如图1-3所示。

图1-3 单击“开始创作”按钮

STEP 02 进入视频剪辑界面，在“媒体”功能区中，单击“导入”按钮，如图1-4所示。

STEP 03 弹出“请选择媒体资源”对话框，①全选文件夹中的所有照片素材；②单击“打开”按钮，如图1-5所示，即可将照片素材导入剪映中。

STEP 04 此时系统会默认全选刚添加的所有照片素材，单击第1个照片素材右下角的“添加到轨道”按钮，如图1-6所示。

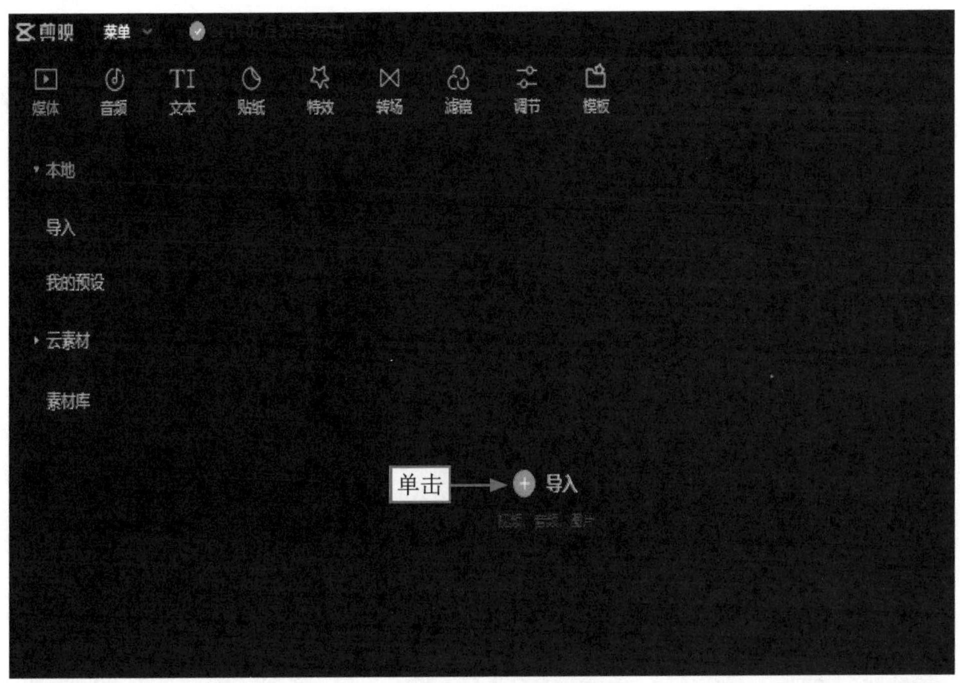

图1-4　单击“导入”按钮

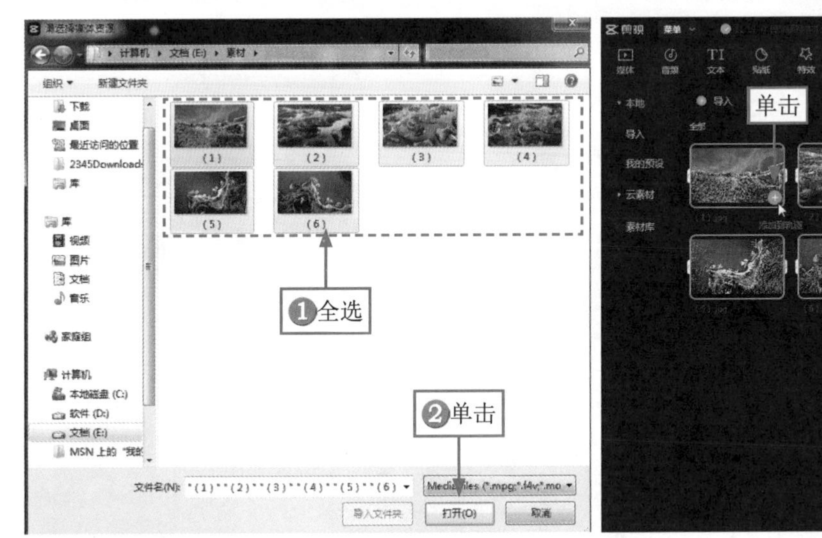

图1-5　单击“打开”按钮

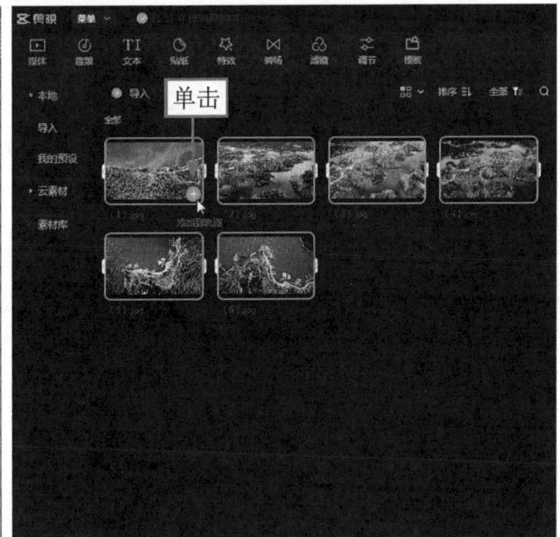

图1-6　单击“添加到轨道”按钮

STEP 05 执行操作后，即可把所有照片素材添加到视频轨道中，如图1-7所示。

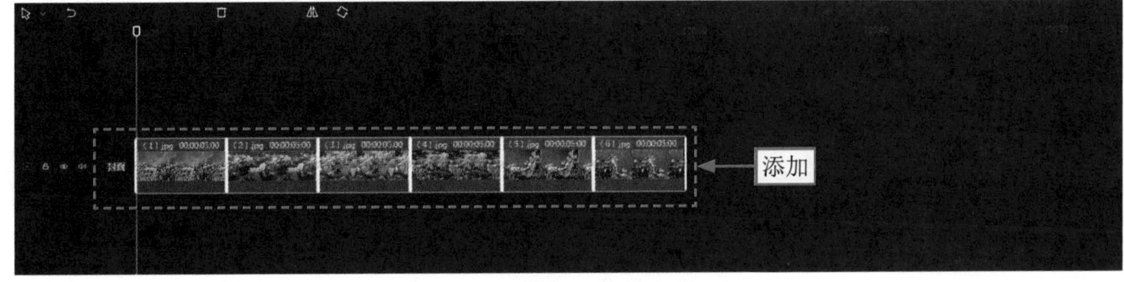

图1-7　添加照片素材到视频轨道中

1.2.2 添加音乐

我们在添加背景音乐时，可以添加剪映“收藏”里已经收藏好的歌曲。这里“收藏”中的音乐是指用户收藏在剪映音乐库中的音乐，用户通过单击剪映中音乐右下角的☆按钮，即可将其收藏。使用这种方法为视频素材添加背景音乐会更加方便和快捷。下面介绍在剪映中为视频添加背景音乐的具体操作方法。

STEP 01 ▶▶ 将每段素材的时长调整为3s，如图1-8所示，降低单个画面的重复性。

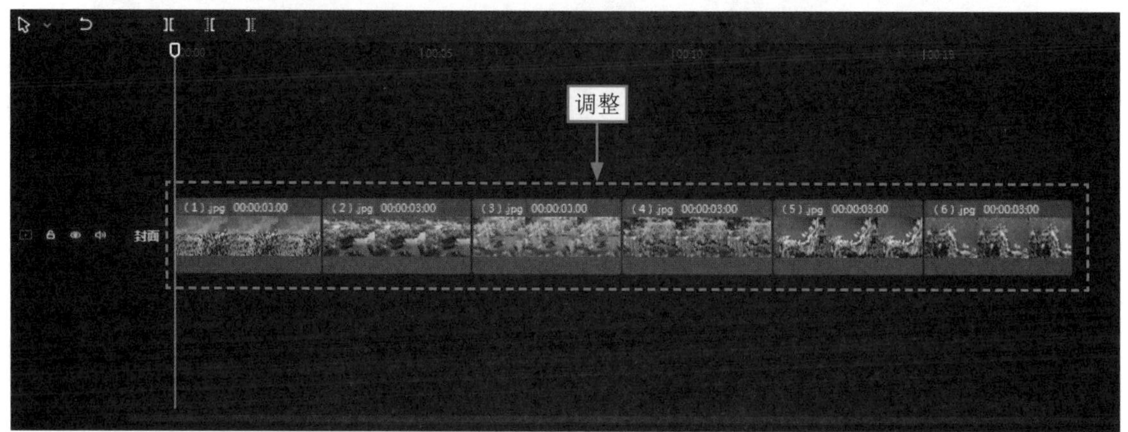

图1-8 调整素材的时长

STEP 02 ▶▶ ①单击“音频”按钮；②在“音乐素材”选项卡的“收藏”选项中，单击所选音乐右下角的“添加到轨道”按钮+，如图1-9所示，添加背景音乐。

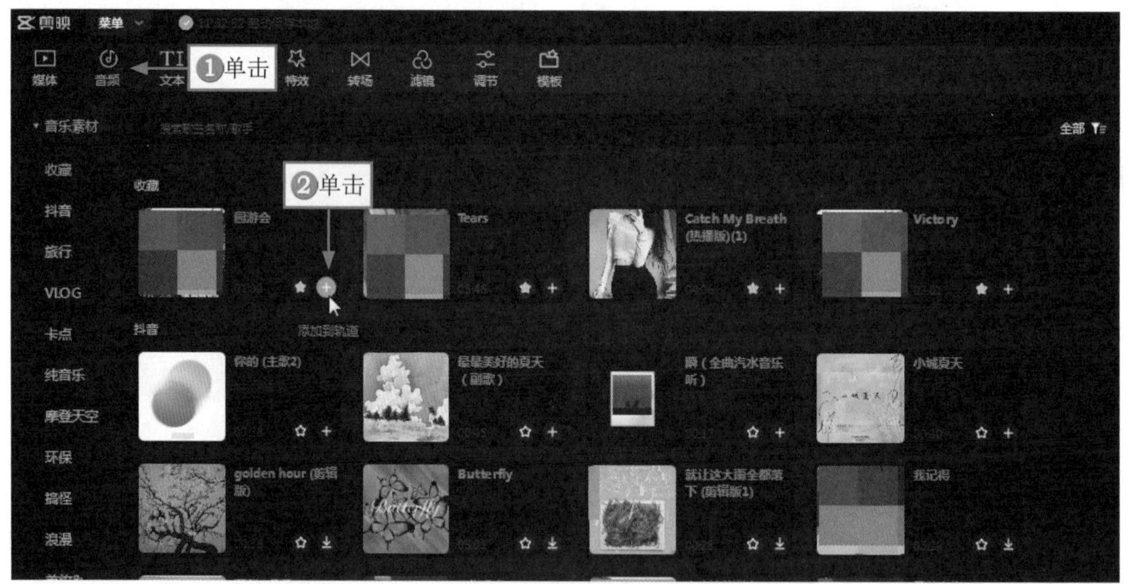

图1-9 单击“添加到轨道”按钮

STEP 03 ▶▶ ①拖曳时间轴至照片素材的结束位置；②单击“分割”按钮Ⅱ，分割音频素材；③单击“删除”按钮□，如图1-10所示，即可删除多余的音频素材。

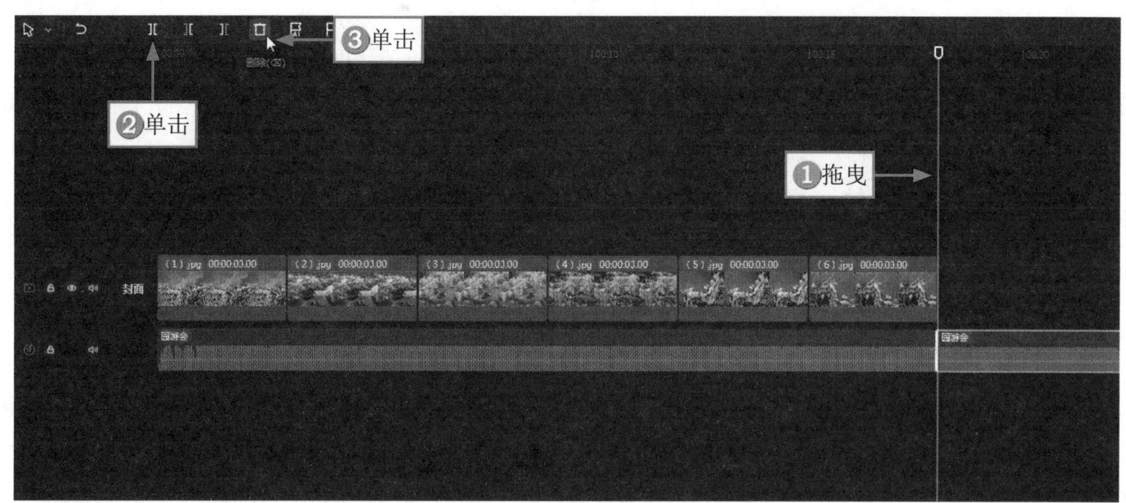

图1-10 单击“删除”按钮

1.2.3 添加转场

制作视频离不开转场，添加合适的转场效果，能让素材之间的连接更加自然，也能让视频更具动感。下面介绍在剪映中添加动态转场的具体操作方法。

STEP 01 ▶▶ 拖曳时间滑块至第1段和第2段视频素材的中间位置，如图1-11所示。

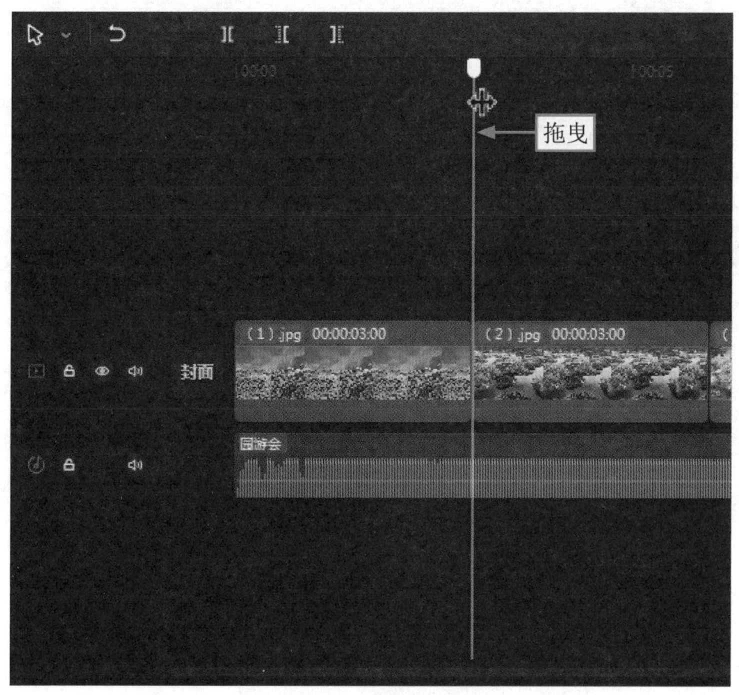

图1-11 拖曳时间轴

STEP 02 ▶▶ ①单击“转场”按钮；②在“叠化”选项中，单击“渐变擦除”转场效果右下角的“添加到轨道”按钮，如图1-12所示，添加转场。

STEP 03 ▶▶ 选中转场素材，①设置转场时长为0.1s，让转场更加快速；②单击“应用全部”按钮，如图1-13所示，为每段素材都添加该转场效果。

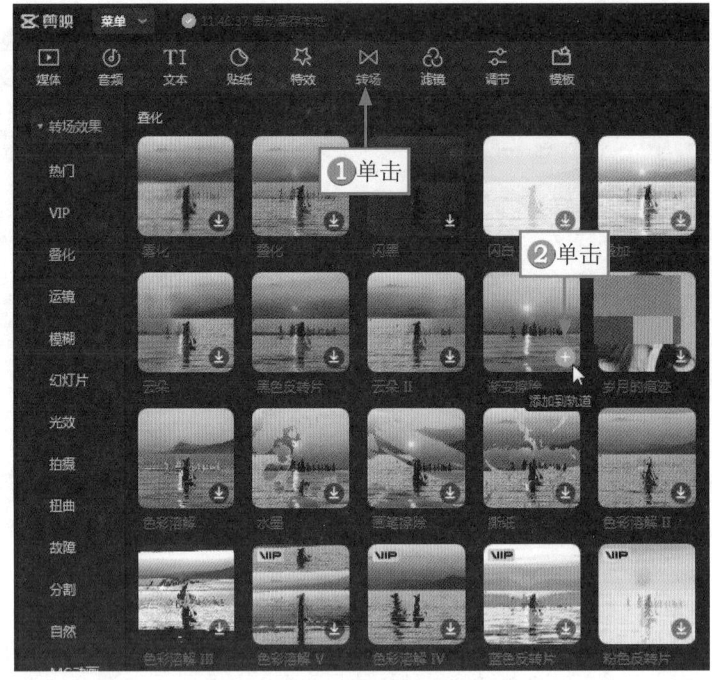

图1-12　单击“添加到轨道”按钮

图1-13　单击“应用全部”按钮

1.2.4　制作片头片尾

一个完整的视频必须要有片头片尾，这样制作出来的视频看起来才完整。在剪映中可以通过添加文字的方式来制作片头片尾。下面介绍为视频制作片头片尾的操作方法。

STEP 01 拖曳时间滑块至素材的开始位置，①单击“文本”按钮；②单击“默认文本”右下角的“添加到轨道”按钮，如图1-14所示，添加文本。

STEP 02 在“文本”操作区的“基础”选项卡中，①修改文字内容；②选择合适的字体，如图1-15所示。

STEP 03 在“播放器”面板中调整文字的大小和位置，如图1-16所示。

图1-14 单击“添加到轨道”按钮

图1-15 选择合适的字体

图1-16 调整文字的大小和位置

STEP 04 ▶ ❶单击“动画”按钮；❷在“入场”选项卡中选择“打字机I”动画；❸设置“动画时长”为2.0s，如图1-17所示，让文字出现的速度更为合适。

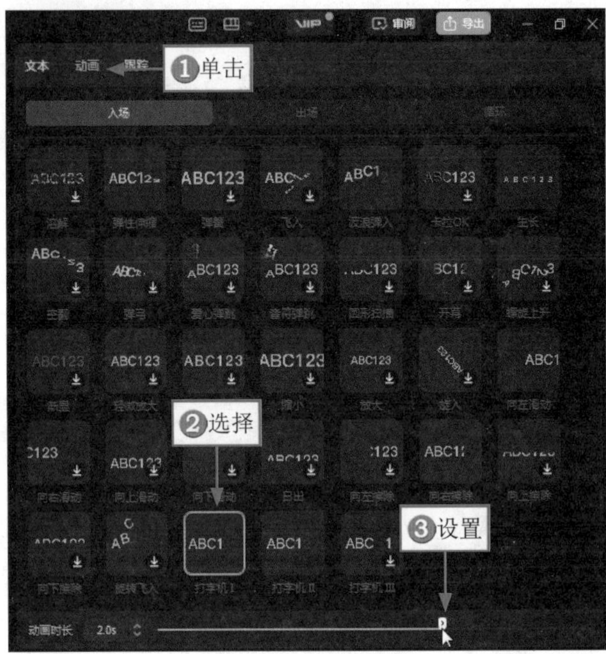

图1-17　设置动画时长

STEP 05 ▶ ❶切换至“出场”选项卡；❷选择“渐隐”动画，如图1-18所示。

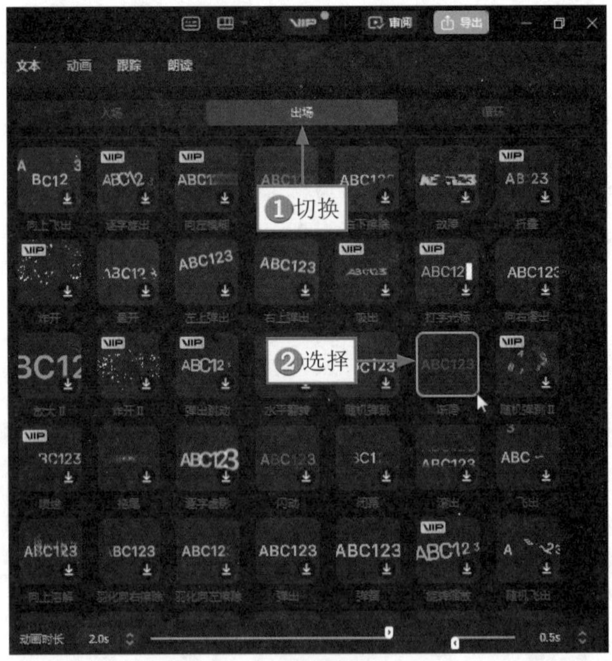

图1-18　选择“渐隐”动画

STEP 06 ▶ 拖曳时间滑块至最后一段素材的开始位置，如图1-19所示，添加一个默认文本。

STEP 07 ▶ ❶修改文字内容；❷选择合适的字体；❸在“播放器”面板中，调整文字的大小和位置，如图1-20所示。

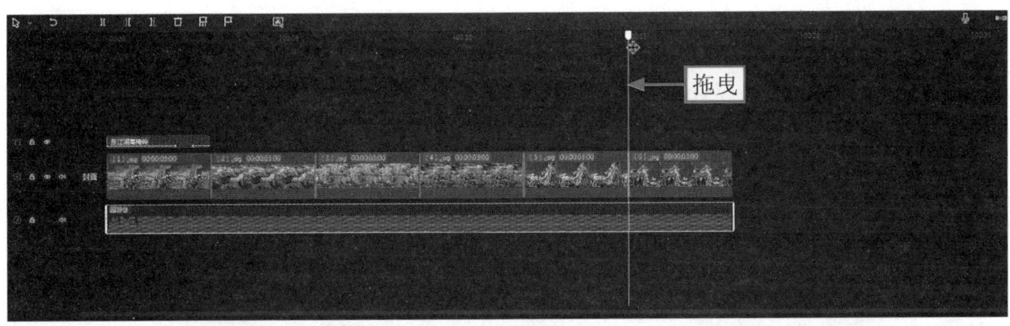

图1-19 拖曳时间轴

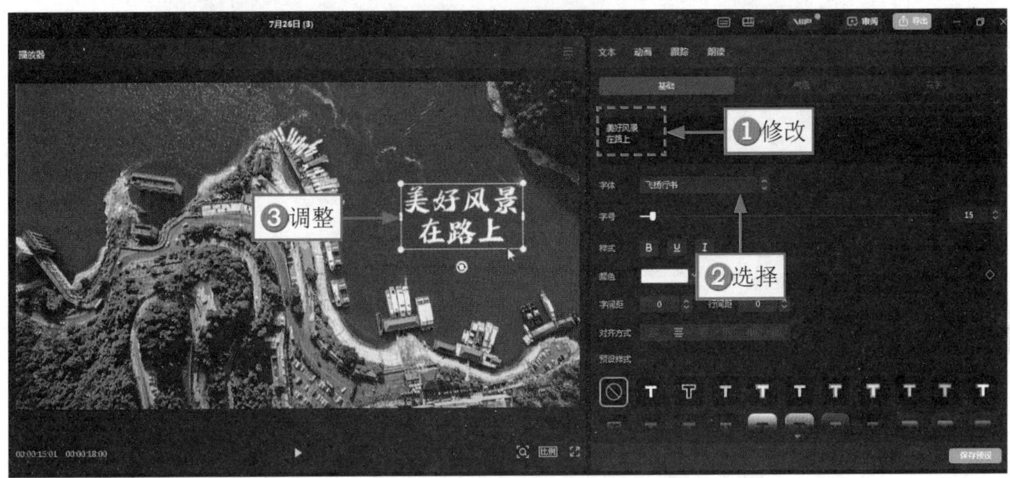

图1-20 调整文字的大小和位置

STEP 08 ❶单击"动画"按钮；❷在"入场"选项卡中选择"生长"动画，如图1-21所示。

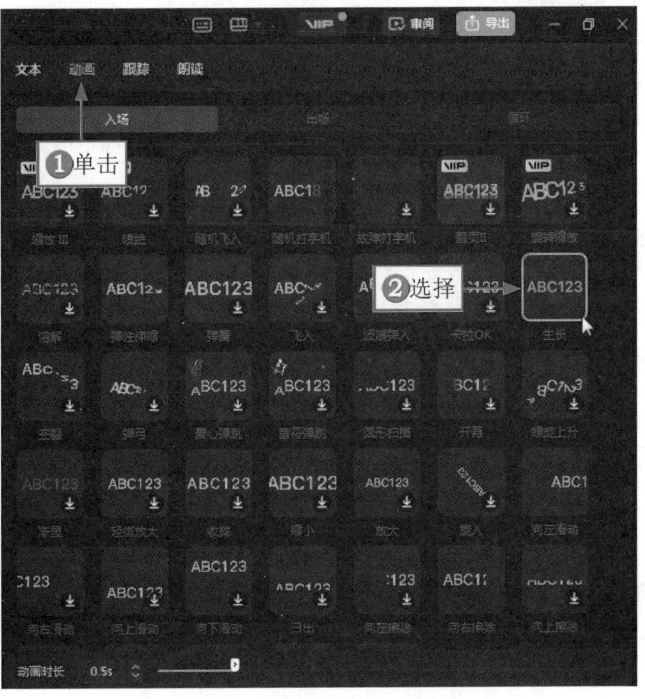

图1-21 选择"生长"动画

STEP 09 ▶▶ ❶切换至“出场”选项卡；❷选择“溶解”动画，如图1-22所示。

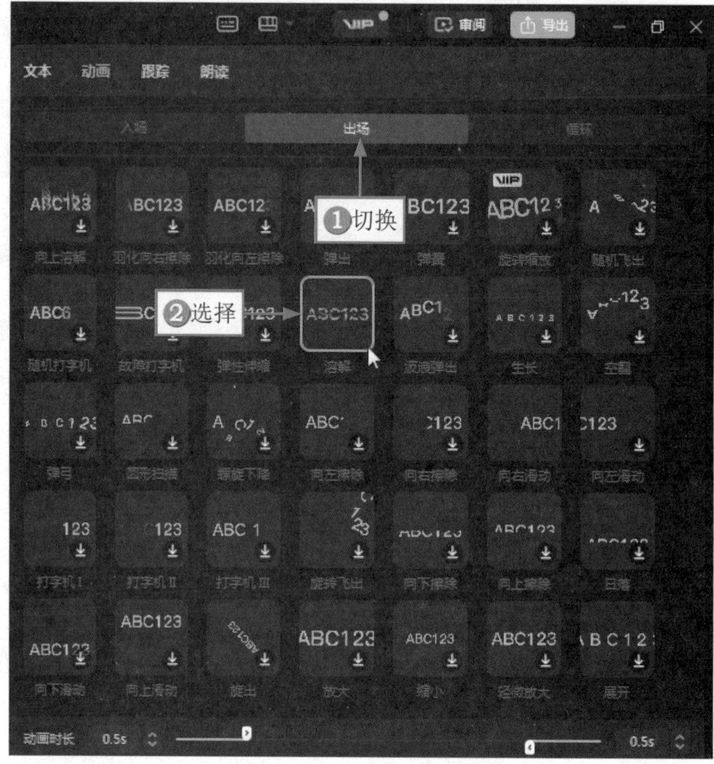

图1-22　选择“溶解”动画

STEP 10 ▶▶ 设置音频的“淡出时长”为2.5s，如图1-23所示，减轻音频的突兀感。

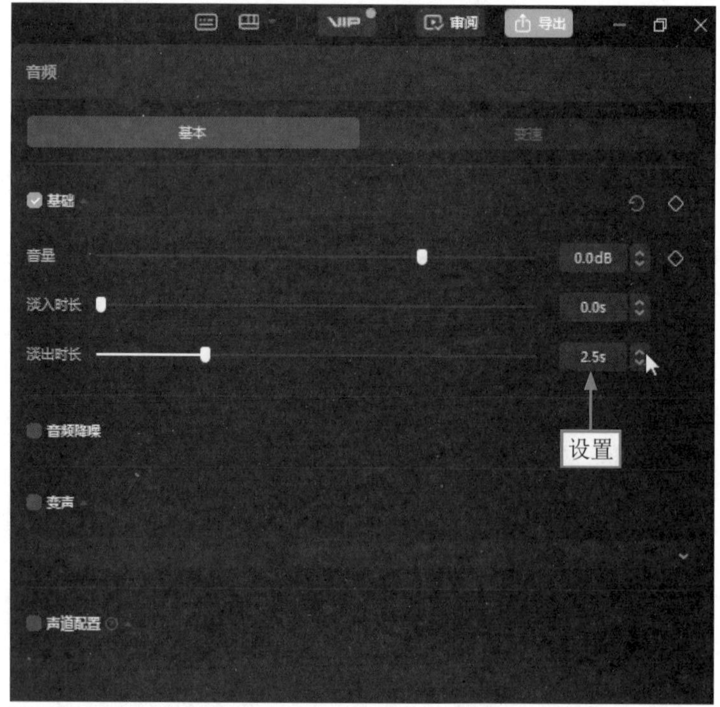

图1-23　设置音频的淡出时长

1.2.5　导出视频

操作完成后，即可导出精美的视频，在“导出”对话框中还可以设置相应的参数。下面介绍在剪映中导出视频的具体操作方法。

STEP 01 操作完成后，单击“导出”按钮，如图1-24所示。

STEP 02 ①在弹出的“导出”对话框中修改标题；②单击“导出至”右侧的按钮，设置相应的保存路径；③单击“导出”按钮，如图1-25所示，即可导出视频。

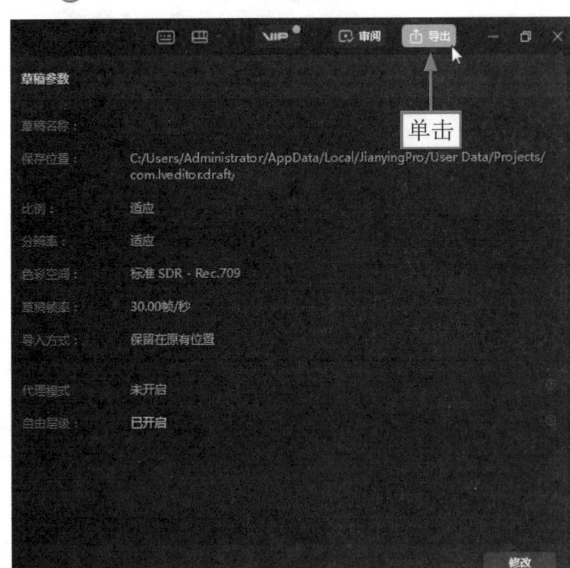

图1-24　单击“导出”按钮（1）

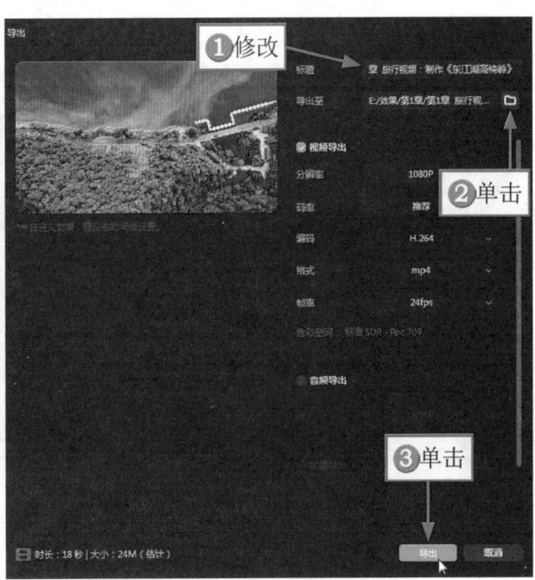

图1-25　单击“导出”按钮（2）

STEP 03 导出视频后，单击“关闭”按钮，即可结束操作，如图1-26所示。

图1-26　单击“关闭”按钮

02

EDITOR

第2章 人物视频：制作《御姐风范》

人物视频是一种以人物为主要画面展现方式的视频形式，主要目的是展现人物的面貌。人物视频的制作范围很广，使用随手拍的自拍照也能制作出不一样的画面效果，适合绝大多数的用户。

2.1 《御姐风范》效果展示

人物视频，顾名思义，就是以突出人物为目的的视频。以《御姐风范》视频为例，它通过将多张人物的照片素材组合在一起，从而形成了一个完整的人物视频。在制作该类视频的时候，最好选择一些人物面部较为清晰的照片素材，这样制作出来的视频效果才会更好。

在制作《御姐风范》人物视频之前，首先来欣赏本案例的视频效果，并了解案例的学习目标、制作思路、知识讲解和要点讲堂。

2.1.1 效果欣赏

《御姐风范》人物视频的画面效果如图2-1所示。

图2-1 画面效果

2.1.2 学习目标

知识目标	掌握人物视频的制作方法
技能目标	（1）掌握在剪映中导入素材的操作方法 （2）掌握为视频添加音乐的操作方法 （3）掌握为视频制作卡点的操作方法 （4）掌握为视频添加动画的操作方法 （5）掌握为视频添加特效的操作方法
本章重点	为视频添加特效
本章难点	为视频制作卡点
视频时长	7分41秒

2.1.3 制作思路

本案例首先介绍了在剪映中导入照片素材，然后为视频添加音乐，并为其制作卡点效果，最后为视频添加动画和特效。图2-2所示为本案例视频的制作思路。

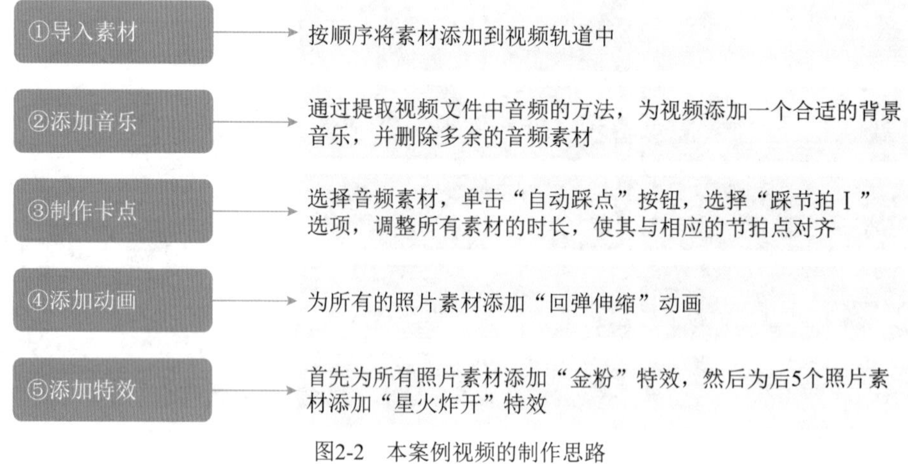

图2-2 本案例视频的制作思路

2.1.4 知识讲解

人物视频是通过对人物照片、视频素材进行相应的效果制作，如为其添加音乐、动画和特效，并为其制作卡点效果，使人物视频看起来更为炫酷，富有动感。人物视频的使用频率很高，其制作步骤也比较简单。

2.1.5 要点讲堂

在本章内容中，会用到一个剪映功能——制作卡点，该功能的主要作用是让视频素材的切换点与音乐卡点保持一致，使整个视频更具动感，看起来更炫酷。

为视频制作卡点的主要方法为：为素材添加卡点音乐，并设置相应节拍点，调整素材时长，使其与节拍点对齐，即可成功制作卡点效果。

2.2 《御姐风范》制作流程

本节将为大家介绍人物视频的制作方法，包括导入素材、为视频添加音乐、为视频制作卡点，以及为视频添加动画和特效，希望大家能够熟练掌握。

2.2.1 导入素材

制作人物视频的第一步，就是要将照片素材导入剪映中。下面介绍在剪映中导入照片素材的操作方法。

STEP 01 在“媒体”功能区的“本地”选项卡中，单击“导入”按钮，如图2-3所示。

STEP 02 弹出“请选择媒体资源”对话框，❶选择相应的素材；❷单击“打开”按钮，如图2-4所示。

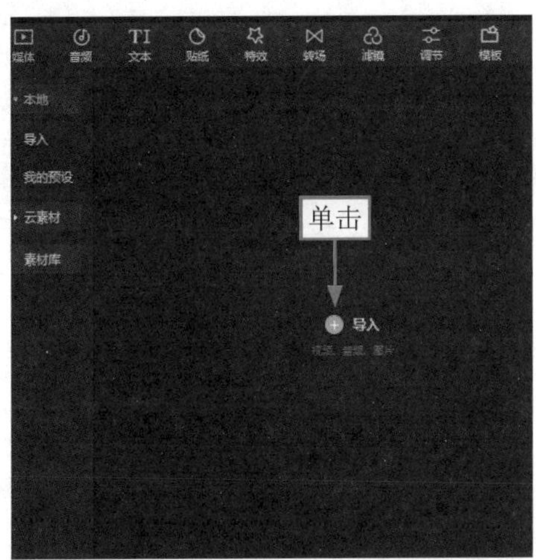

图2-3 单击“导入”按钮

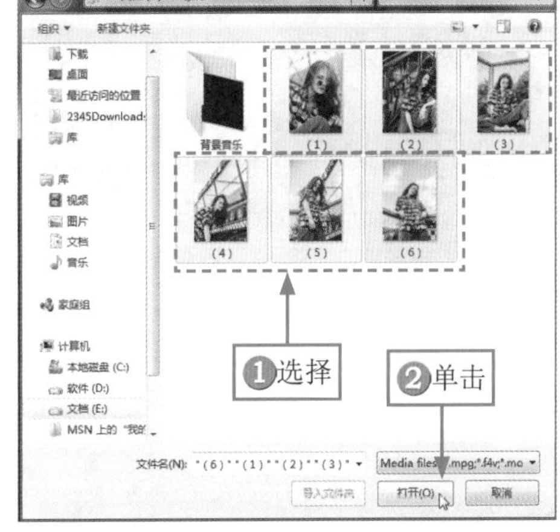

图2-4 单击“打开”按钮

STEP 03 单击第1个照片素材右下角的“添加到轨道”按钮，如图2-5所示。

STEP 04 执行操作后，即可将所有素材添加到视频轨道中，如图2-6所示。

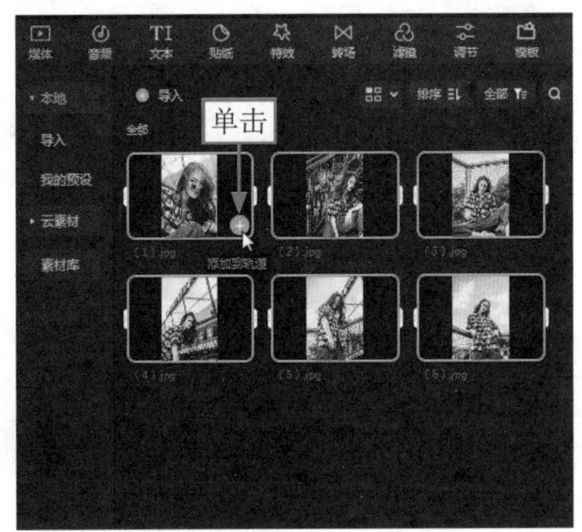

图2-5 单击“添加到轨道”按钮

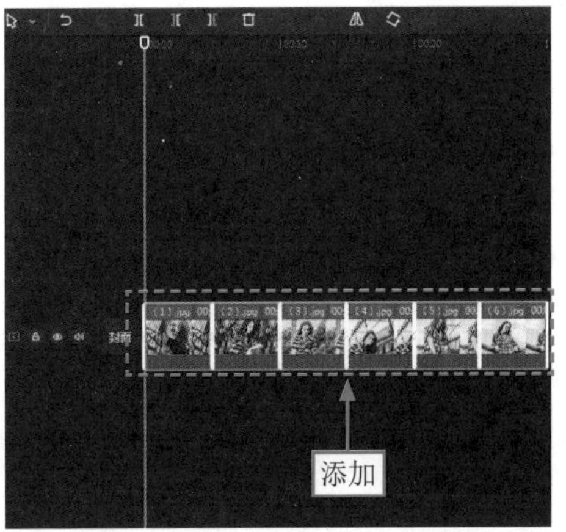

图2-6 添加所有素材至视频轨道

2.2.2 添加音乐

合适的背景音乐配合精美的视频画面，能极大地提升观众的视听体验。下面介绍在剪映中为视频添加音乐的操作方法。

STEP 01 ❶单击“音频”按钮；❷切换至“音频提取”选项卡，如图2-7所示。

STEP 02 单击“导入”按钮，如图2-8所示。

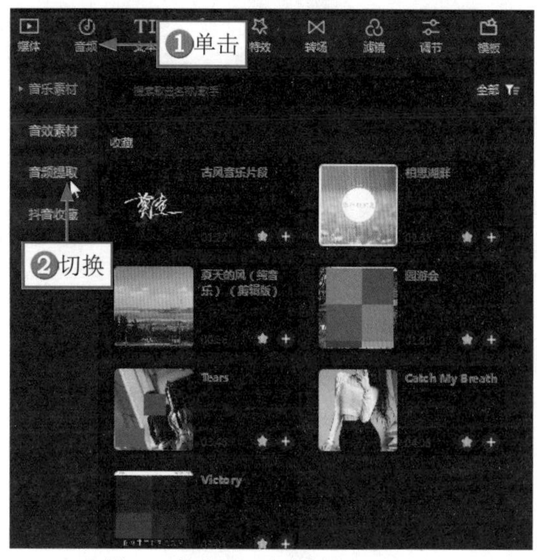

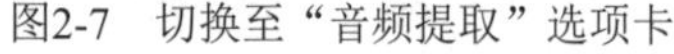

图2-7 切换至“音频提取”选项卡

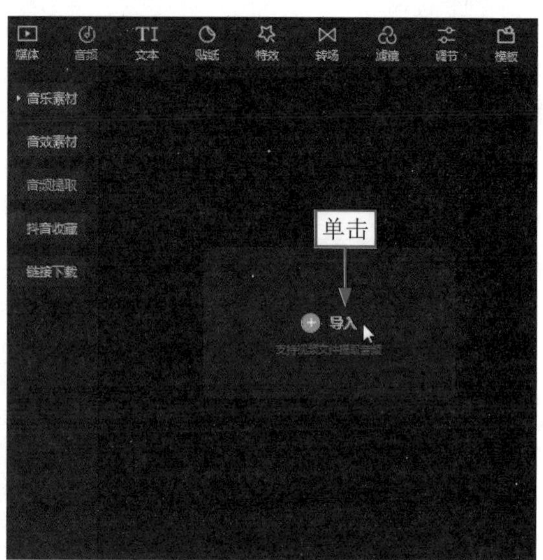

图2-8 单击“导入”按钮

STEP 03 弹出“请选择媒体资源”对话框，❶选择视频文件；❷单击“打开”按钮，如图2-9所示。

STEP 04 提取音频后，单击音频素材右下角的“添加到轨道”按钮，如图2-10所示，即可成功添加音频素材。

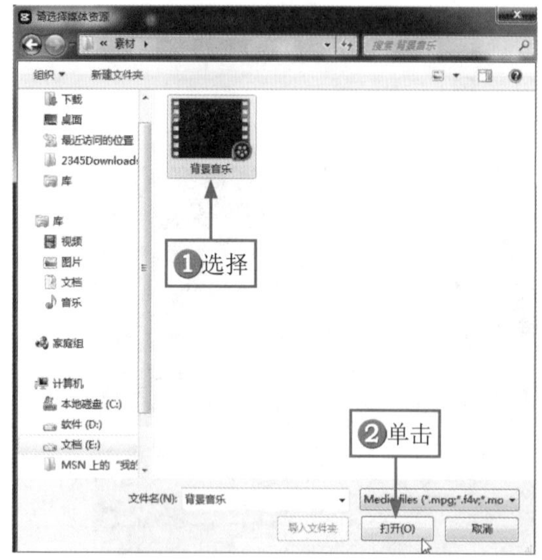

图2-9 单击“打开”按钮

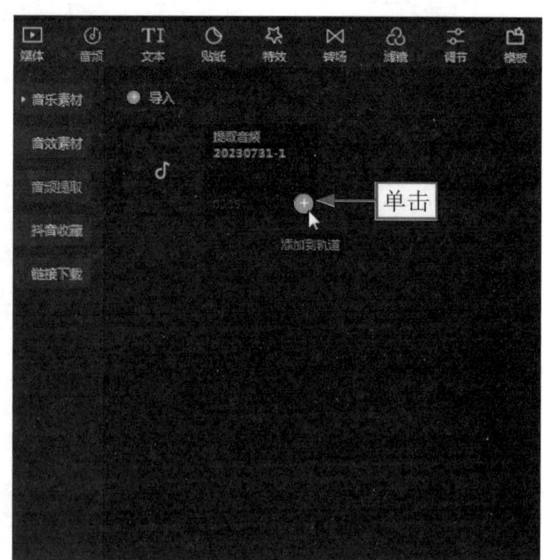

图2-10 单击“添加到轨道”按钮

2.2.3 制作卡点

为视频制作卡点效果，能够让视频画面更具动感。下面介绍在剪映中为视频制作卡点的操作方法。

STEP 01 ①在“时间轴”面板上方的工具栏中单击“自动踩点”按钮；②选择“踩节拍I”选项，如图2-11所示，即可添加音乐节拍点。

STEP 02 拖曳时间滑块至第1个节拍点的位置，如图2-12所示。

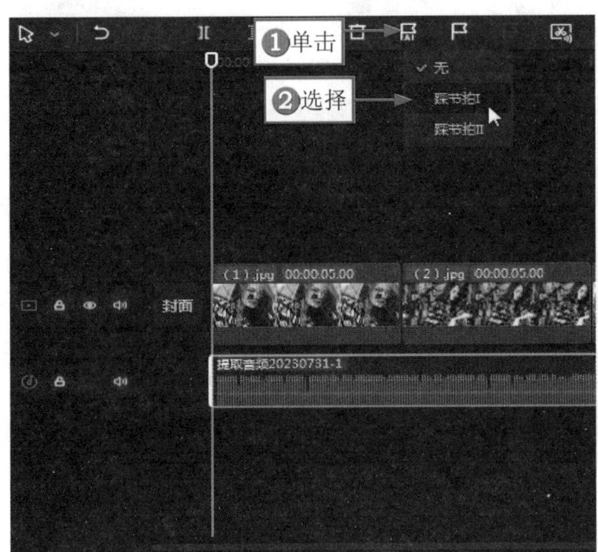

图2-11 选择“踩节拍Ⅰ”选项

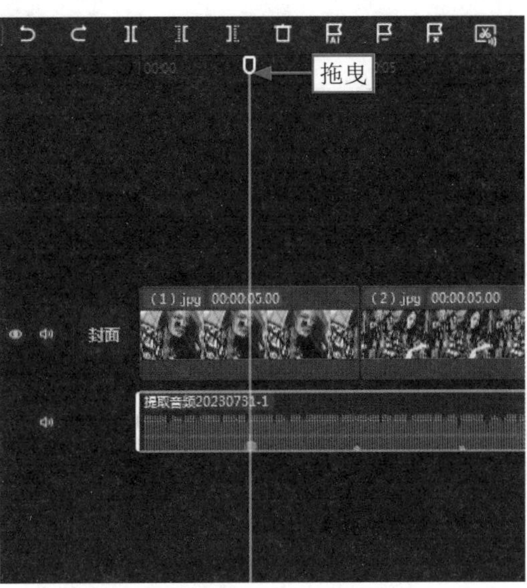

图2-12 拖曳时间滑块

STEP 03 调整第1张照片素材的时长，使其与第1个节拍点对齐，如图2-13所示。

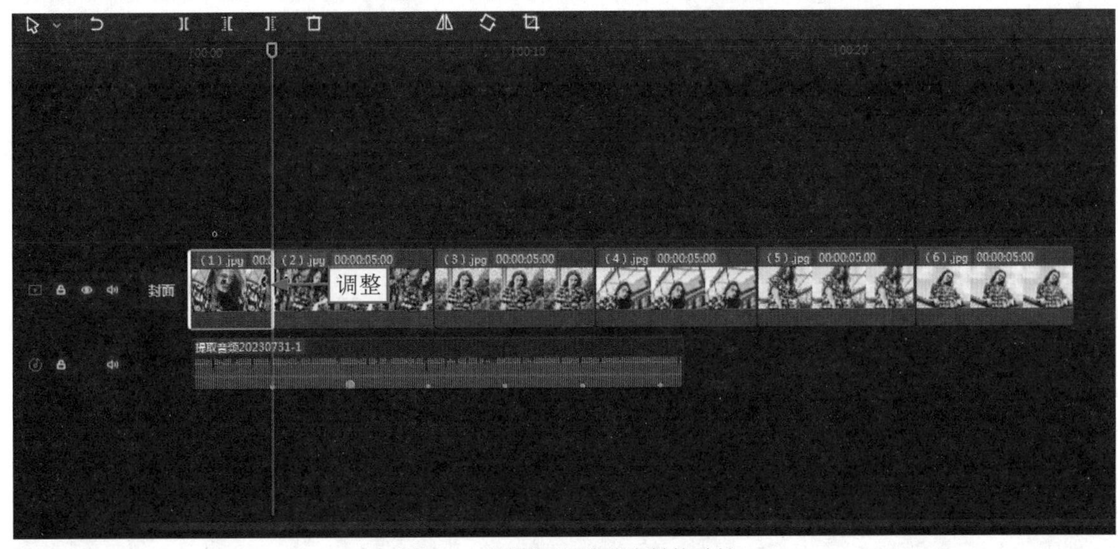

图2-13 调整第1张照片素材的时长

STEP 04 用同样的方法，调整其他照片素材的结束位置与各个节拍点对齐，如图2-14所示。

STEP 05 调整音频素材的时长，使其与素材的时长保持一致，如图2-15所示。

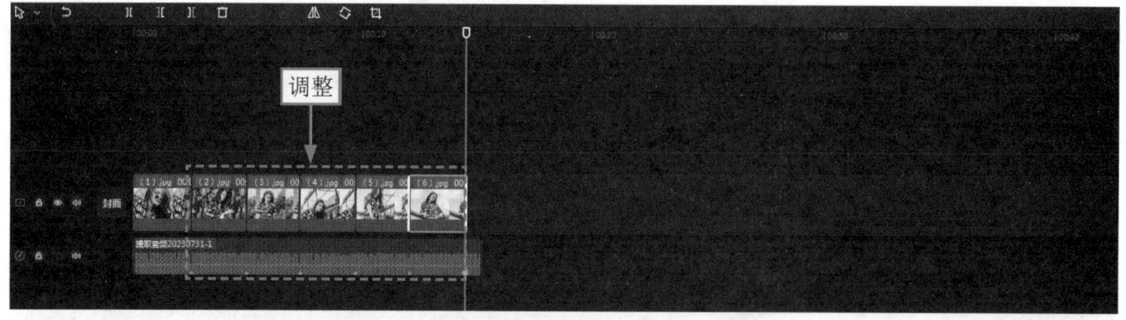

图2-14　调整其他照片素材的时长

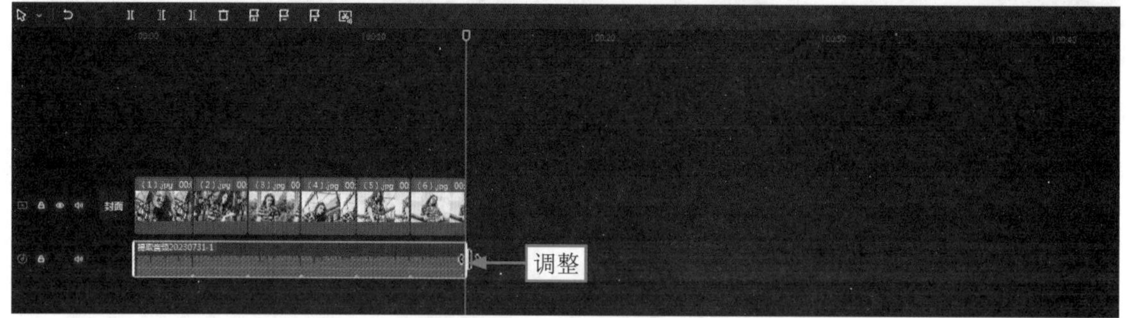

图2-15　调整音频素材的时长

2.2.4　添加动画

剪映中拥有丰富的动画效果，为素材添加合适的动画，能够让视频画面看起来更加专业，增强画面感。下面介绍在剪映中为视频添加动画的操作方法。

STEP 01 ①拖曳时间滑块至素材的开始位置；②选择第1张照片素材，如图2-16所示。

STEP 02 ①单击“动画”按钮，进入“动画”操作区；②切换至“组合”选项卡；③选择“回弹伸缩”动画，如图2-17所示。用同样的方法，为其他的照片素材添加“回弹伸缩”动画。

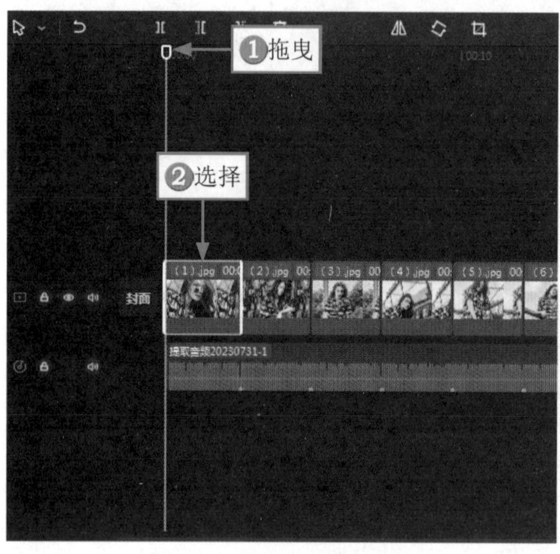

图2-16　选择第1张照片素材

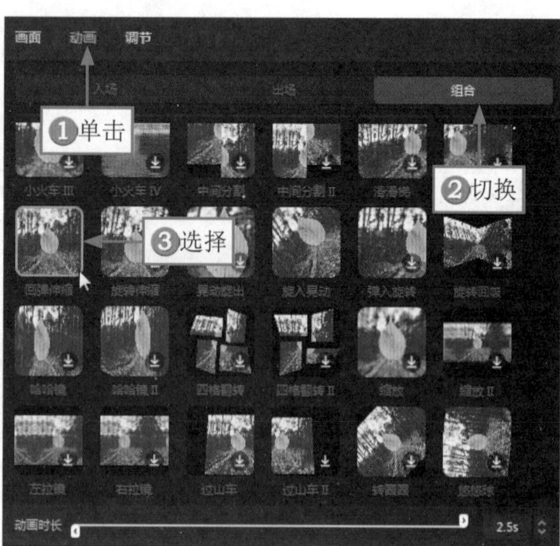

图2-17　选择“回弹伸缩”动画

2.2.5 添加特效

为视频添加合适的特效能够丰富画面，提高视频的精美度。下面介绍在剪映中为视频添加特效的操作方法。

STEP 01 拖曳时间滑块至素材的开始位置，如图2-18所示。

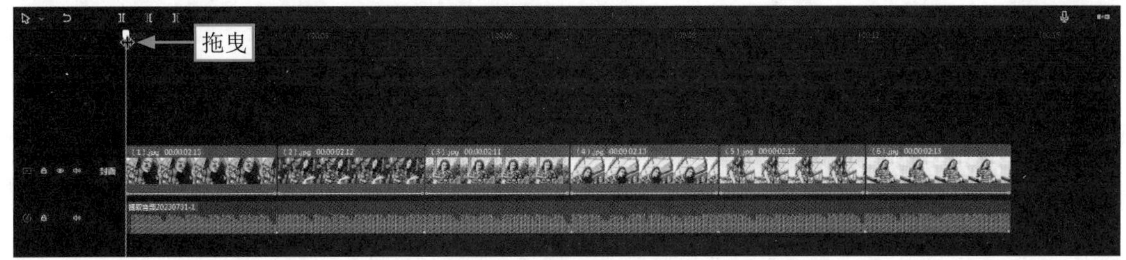

图2-18 拖曳时间滑块

STEP 02 ❶单击“特效”按钮；❷在“画面特效”选项卡中，选择“金粉”选项；❸单击“金粉”特效右下角的“添加到轨道”按钮，如图2-19所示。

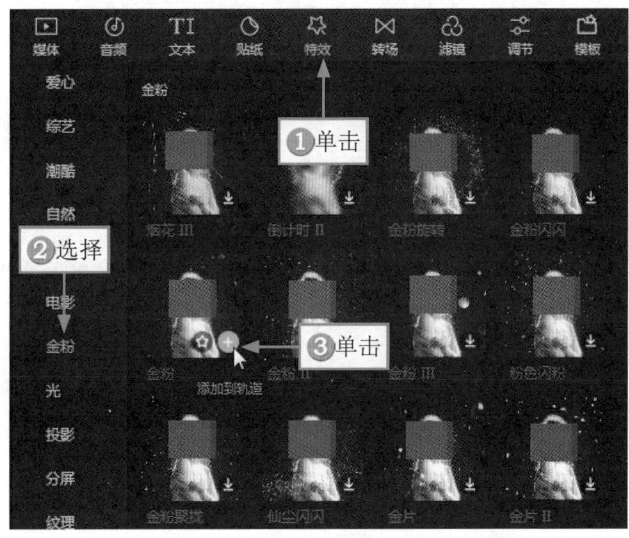

图2-19 添加“金粉”特效

STEP 03 调整特效的时长，使其与素材时长保持一致，如图2-20所示。

图2-20 调整特效的时长

STEP 04 ▶▶ 拖曳时间滑块至第1个节拍点的位置，如图2-21所示。

STEP 05 ▶▶ 在“特效”功能区的“画面特效”选项卡中，单击“氛围”选项下“星火炸开”特效右下角的“添加到轨道”按钮，如图2-22所示，添加第2个特效。

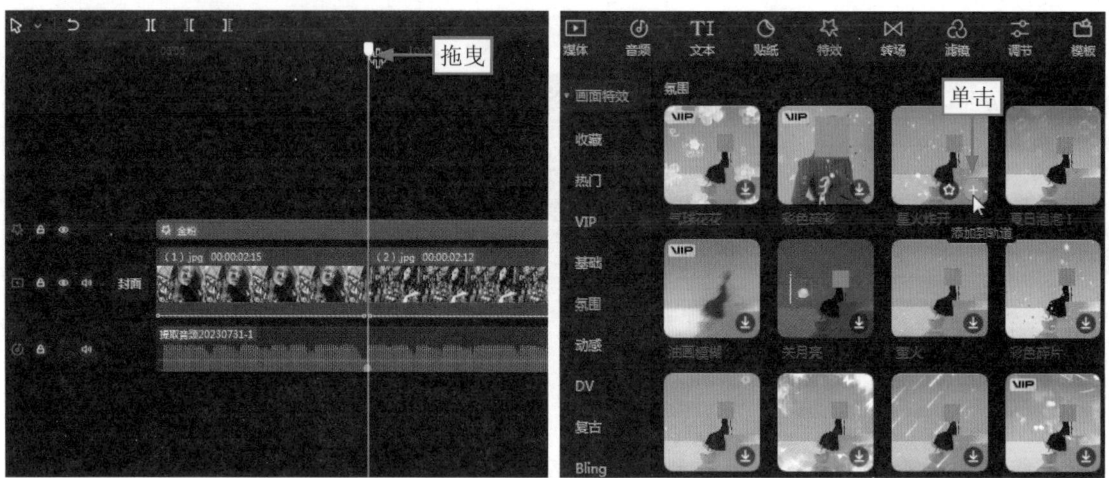

图2-21　拖曳至节拍点位置　　　　图2-22　添加“星火炸开”特效

STEP 06 ▶▶ 调整“星火炸开”特效的时长，使其与第2张照片素材的时长保持一致，如图2-23所示。

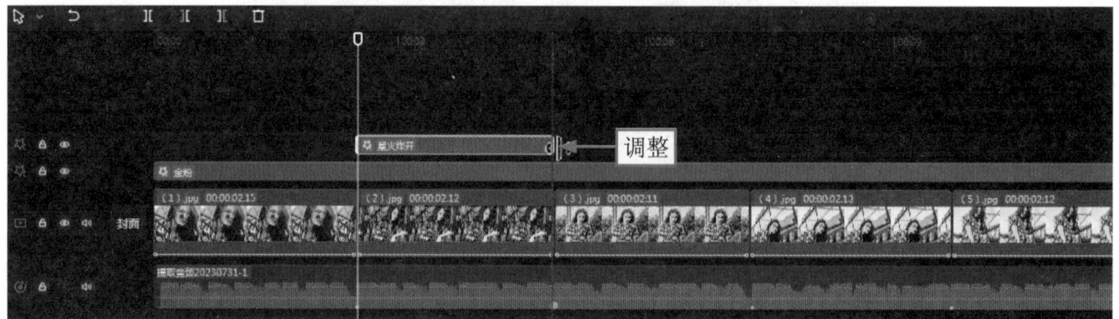

图2-23　调整“星火炸开”特效的时长

STEP 07 ▶▶ 用复制粘贴的方法，为剩余的照片素材都添加“星火炸开”特效，并调整其时长和位置，使其与相应的照片素材对齐，如图2-24所示。

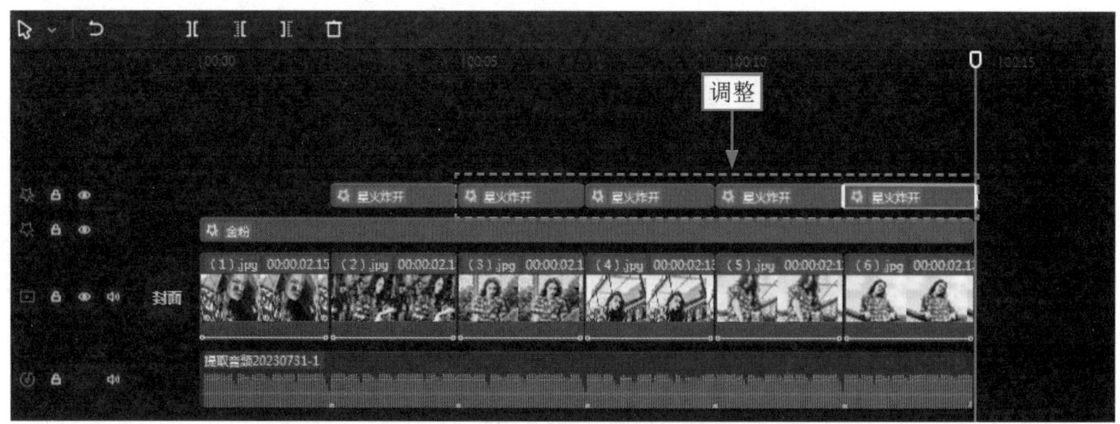

图2-24　调整其他特效的时长和位置

STEP 08 ▶▶ 全部效果制作完成后，单击“导出”按钮，如图2-25所示。

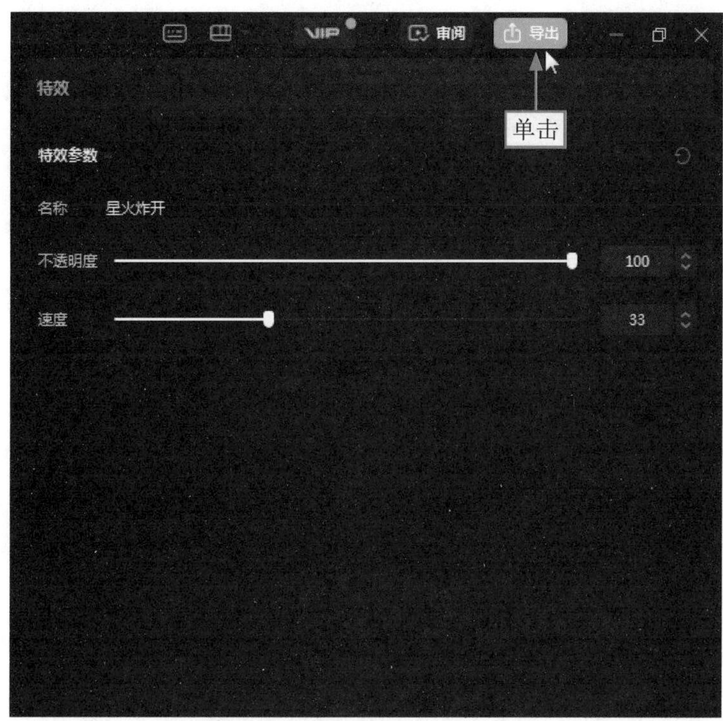

图2-25　单击“导出”按钮（1）

STEP 09 弹出“导出”对话框，❶修改标题；❷单击“导出至”右侧的按钮，设置相应的保存路径；❸单击“导出”按钮，如图2-26所示，即可导出视频。

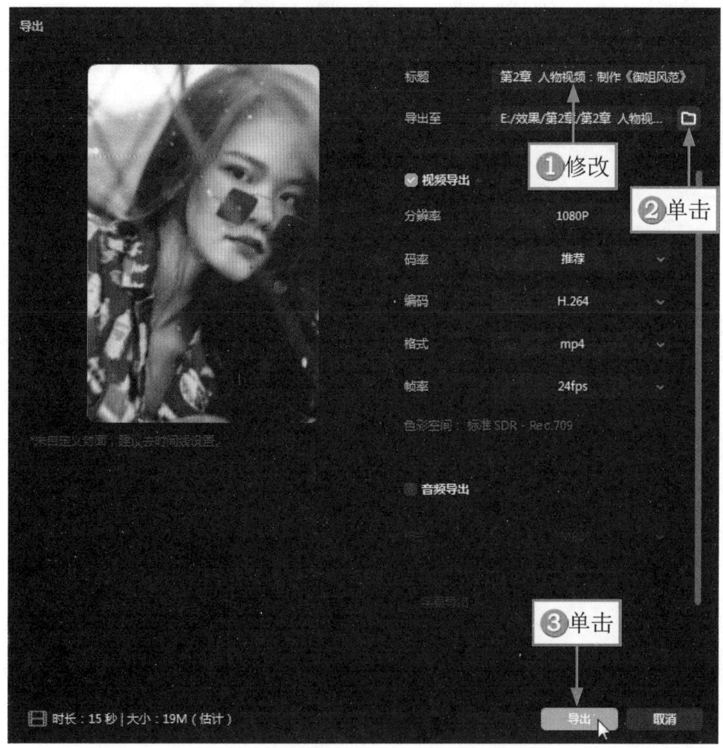

图2-26　单击“导出”按钮（2）

第3章 照片视频：制作《健身日记》

照片视频是一种由照片生成的视频，它以照片为素材，通过为其添加相关的背景音乐、动画效果、特效、文字等内容，从而形成一个完整的视频。该类视频适合用来分享自己的日常生活，能够减轻用户手动去裁剪多个视频的压力。

3.1 《健身日记》效果展示

《健身日记》视频主要是突出自己的健身日常和健身房的环境及器械，在制作该视频时，挑选的素材画面要清晰、精美，这样才能提升视频的质量。

在制作《健身日记》视频之前，首先来欣赏本案例的视频效果，并了解案例的学习目标、制作思路、知识讲解和要点讲堂。

3.1.1 效果欣赏

《健身日记》照片视频的画面效果如图3-1所示。

图3-1 画面效果

3.1.2 学习目标

知识目标	掌握照片视频的制作方法
技能目标	（1）掌握在剪映中导入素材的操作方法 （2）掌握为视频添加音乐的操作方法 （3）掌握为视频添加动画的操作方法 （4）掌握为视频添加特效的操作方法 （5）掌握为视频添加文字的操作方法 （6）掌握设置视频比例和背景的操作方法
本章重点	为视频添加动画
本章难点	为视频添加特效
视频时长	10分27秒

3.1.3 制作思路

本案例首先介绍了将照片素材导入到剪映中，然后为该素材添加背景音乐、动画效果，接下来为其添加特效和文字，最后设置视频的比例和背景。图3-2所示为本案例视频的制作思路。

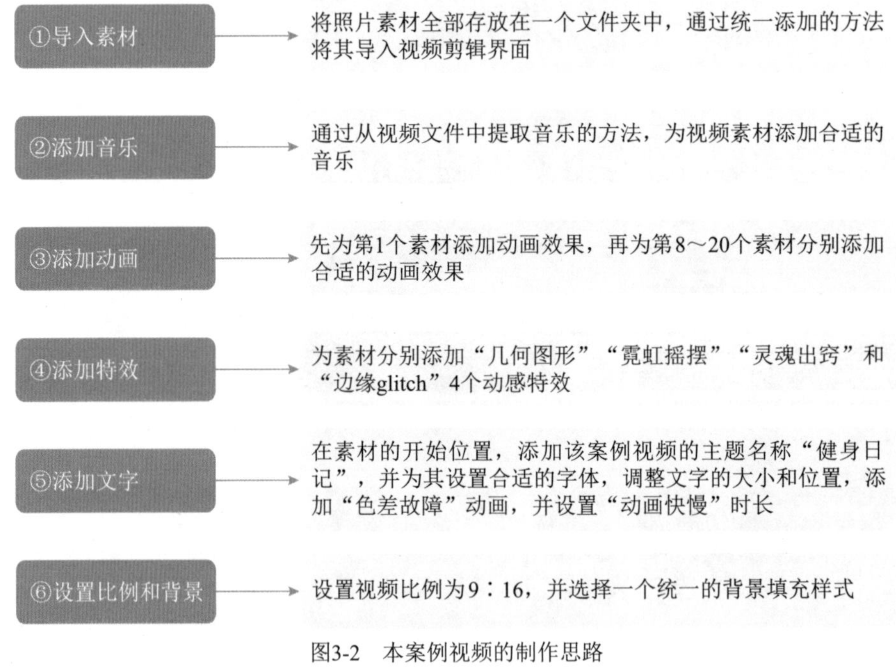

图3-2 本案例视频的制作思路

3.1.4 知识讲解

照片视频是由一些照片素材制成的视频。在制作《健身日记》这类的照片视频时，不需要用户自己去剪辑视频素材，就能快速地将自己拍摄出来的照片制作成视频，非常方便，最终呈现出来的效果也很好。

3.1.5 要点讲堂

在本章内容中，会用到一个剪映功能——设置视频的比例和背景，该功能的主要作用有两个，具体内容如下。

❶ 有利于适应各个平台的视频界面。具体的比例取决于用户想发布的平台，如抖音中视频的比例就是竖幅9∶16。

❷ 有利于让视频画面更为统一。因为照片素材比例不同，有的可能是竖幅，有的可能是横幅，设置背景能够让视频画面变得更为整体化。

设置视频比例的方法为：在“播放器”面板中，单击“比例”按钮，即可设置视频的比例。

设置视频背景的方法为：在“画面”操作区的“基础”选项卡中，选择背景填充样式，即可设置相应的背景效果。

3.2 《健身日记》制作流程

本节将为大家介绍关于健身的日常照片制作成视频的操作方法，包括导入照片素材、为其添加音乐、添加动画效果、添加特效、添加文字、设置比例和背景，希望大家能够熟练掌握。

3.2.1 导入素材

这个视频是由多张照片素材制作而成的，所以制作该视频的第一步就是按顺序导入所需的照片素材。下面就来详细介绍导入素材的操作方法。

STEP 01 进入视频剪辑界面，在“媒体”功能区中，单击“导入”按钮，如图3-3所示。

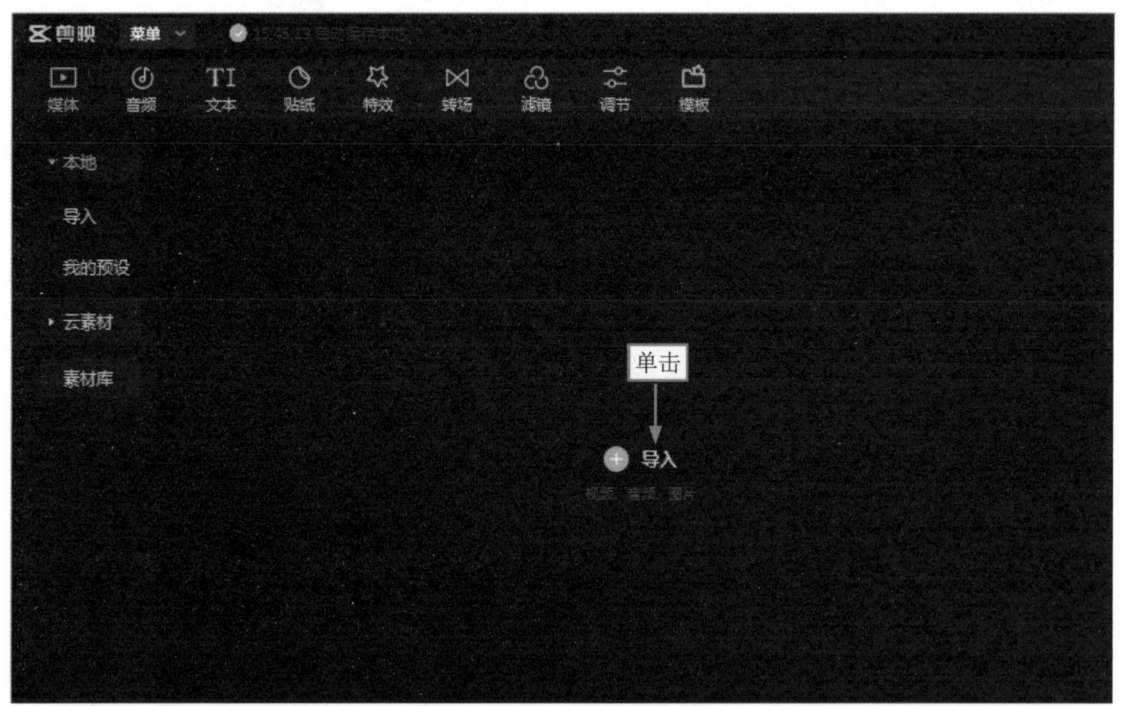

图3-3 单击“导入”按钮

STEP 02 弹出“请选择媒体资源”对话框，❶选择照片素材；❷单击“打开”按钮，如图3-4所示。

STEP 03 此时系统会默认全选刚添加的所有照片素材，单击第1个照片素材右下角的“添加到轨道”按钮，如图3-5所示。

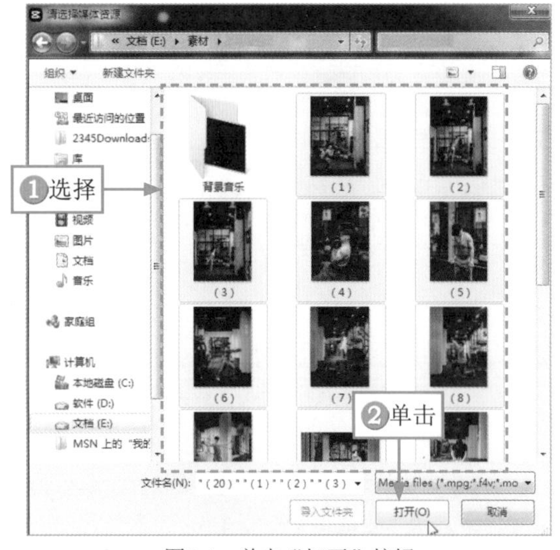

图3-4 单击“打开”按钮

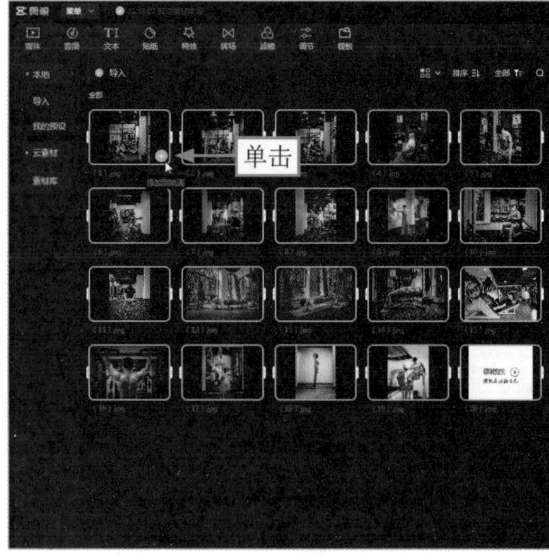

图3-5 单击“添加到轨道”按钮

STEP 04 执行操作后，即可将所有的照片素材添加到视频轨道中，如图3-6所示。

图3-6 添加照片素材到视频轨道中

3.2.2 添加音乐

可以通过从视频文件中提取音乐的方法来为视频添加背景音乐，这种方法非常方便和快捷。下面介绍在剪映中添加音乐的操作方法。

STEP 01 ①单击“音频”按钮；②切换至“音频提取”选项卡；③单击“导入”按钮，如图3-7所示。

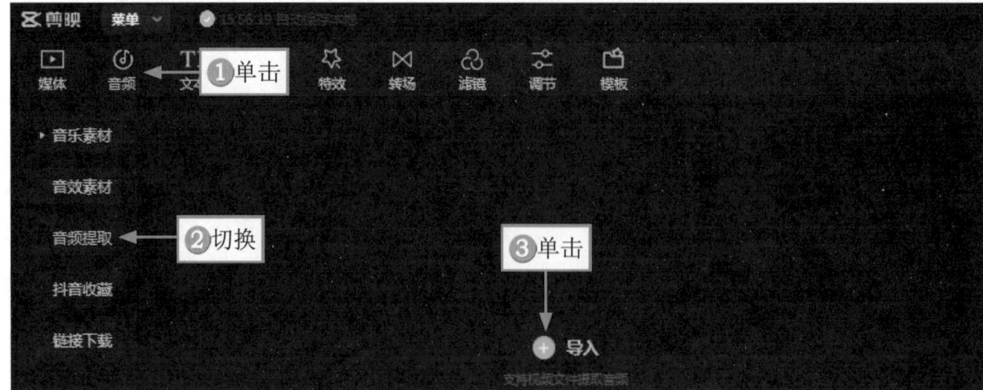

图3-7 单击“导入”按钮

STEP 02 弹出“请选择媒体资源”对话框，①选择视频文件；②单击“打开”按钮，如图3-8所示。

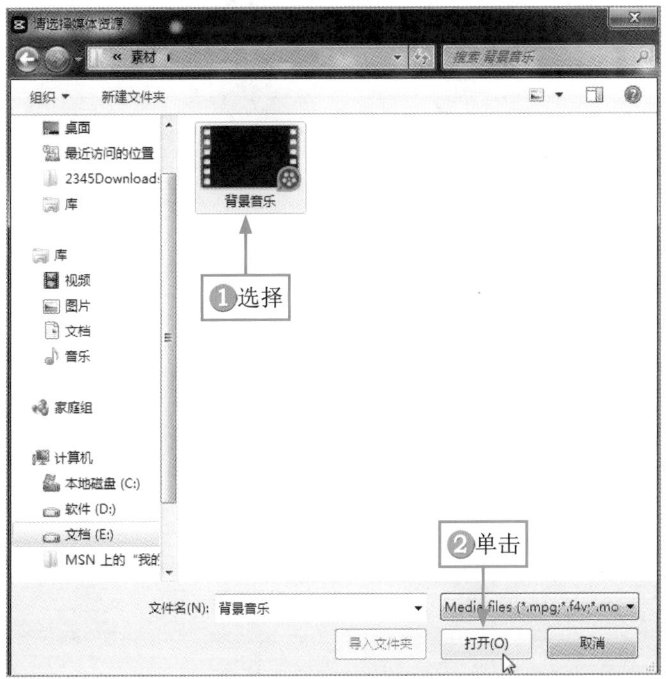

图3-8　单击“打开”按钮

STEP 03 单击音频素材右下角的“添加到轨道”按钮，如图3-9所示，即可将其添加到音频轨道中。

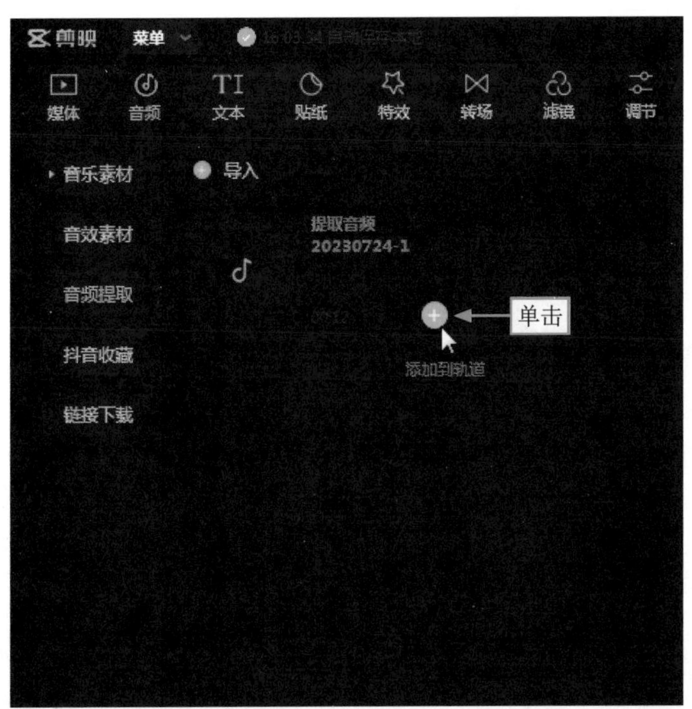

图3-9　单击“添加到轨道”按钮

STEP 04 ①在“时间轴”面板上方的工具栏中单击“自动踩点”按钮；②选择“踩节拍II”选项，如图3-10所示。

图3-10 选择“踩节拍II”选项

STEP 05 根据小黄点的位置和音乐节奏，①调整每段素材的时长；②删除多余的音频素材，如图3-11所示。

图3-11 删除多余的音频素材

3.2.3 添加动画

素材的动感离不开动画效果，添加合适的入场动画和组合动画，能让素材之间的连接更加自然，也能让视频更加炫酷。下面介绍在剪映中添加动画的操作方法。

STEP 01 选择第1个照片素材，在“动画”操作区的“组合”选项卡中，选择“抖入放大”动画，如图3-12所示。

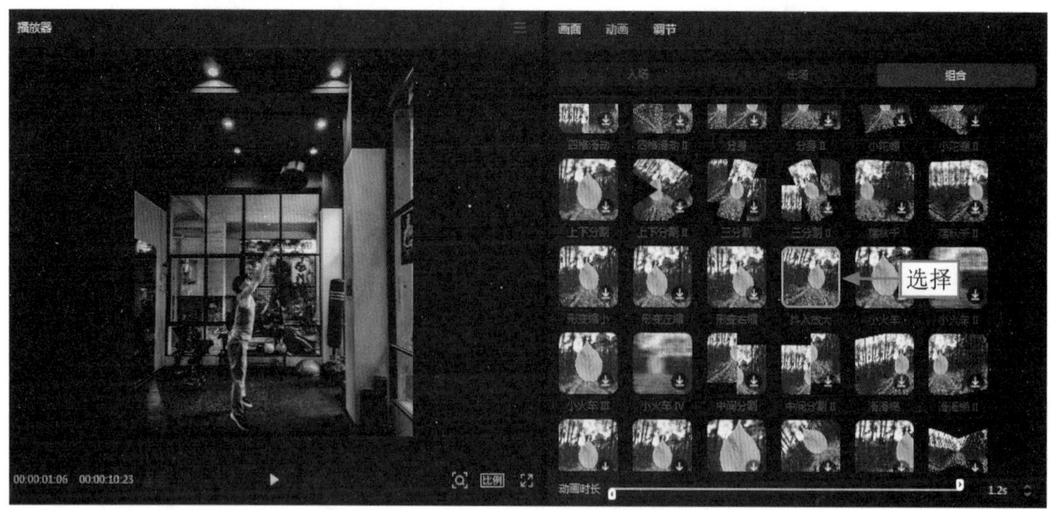

图3-12 选择“抖入放大”动画

STEP 02 选中第8个照片素材，①切换至“入场”选项卡；②选择“轻微抖动”动画，如图3-13所示。

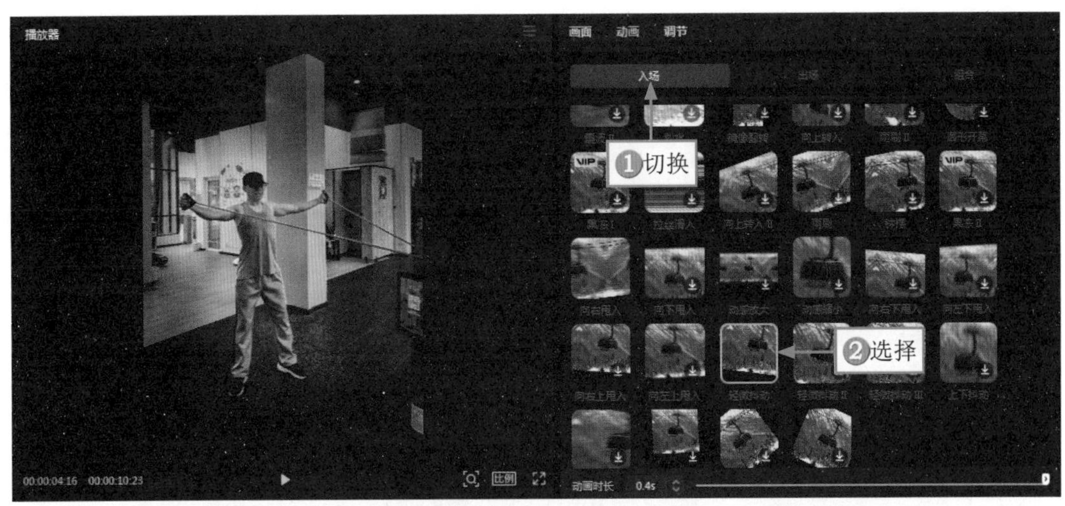

图3-13 选择“轻微抖动”动画

STEP 03 根据视频需要，用同样的方法为剩余的素材添加合适的入场或者组合动画，如图3-14所示。

图3-14 为剩余素材添加动画

3.2.4 添加特效

健身运动类的短视频很适合添加动感特效，因为添加之后会使画面变得更加炫彩夺目。下面介绍在剪映中添加特效的操作方法。

STEP 01 拖曳时间滑块至照片素材的开始位置，在“特效”功能区的“画面特效”选项卡中，①选择“动感”选项；②单击“几何图形”特效右下角的“添加到轨道”按钮，如图3-15所示。

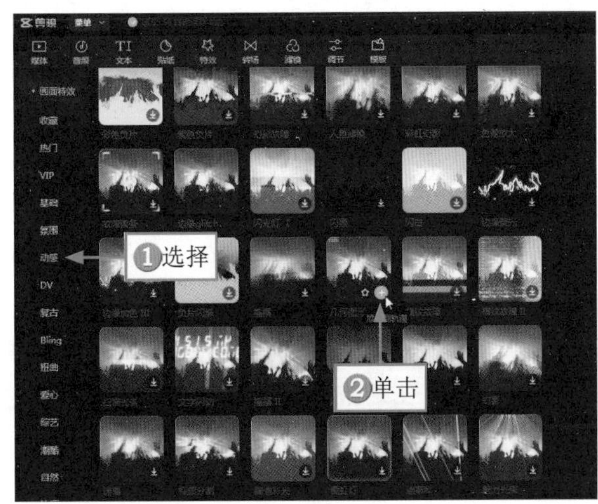

图3-15 添加“几何图形”特效

STEP 02 拖曳时间滑块至特效素材的结束位置，如图3-16所示。

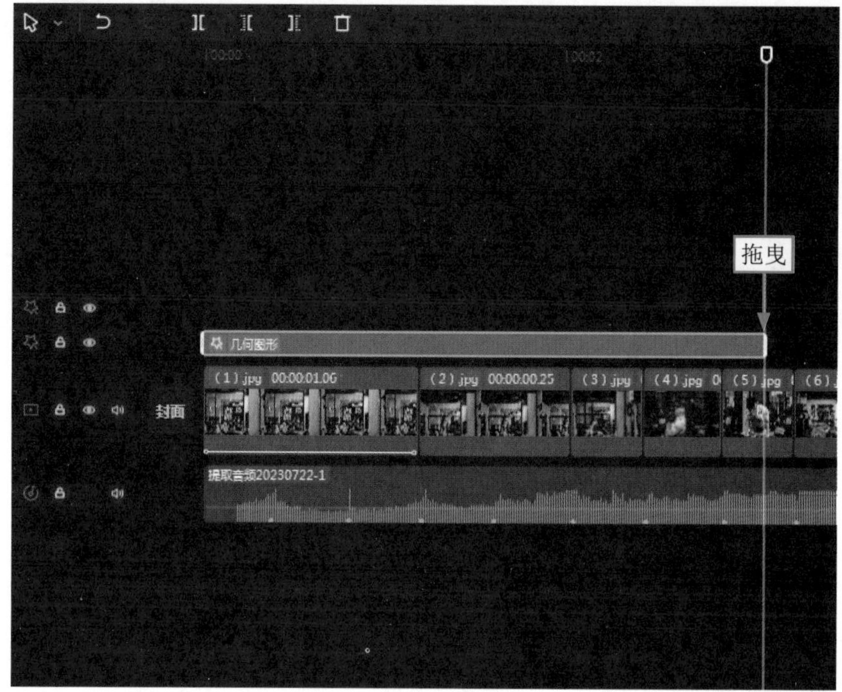

图3-16　拖曳时间滑块

STEP 03 用同样的方法，为剩余的素材添加"霓虹摇摆""灵魂出窍""边缘glitch"3个动感特效，并调整各个特效的时长，如图3-17所示。

图3-17　调整特效的时长

3.2.5　添加文字

为了让观众了解视频的主题，可以为视频添加合适的文字。下面介绍在剪映中添加文字的操作方法。

STEP 01 拖曳时间滑块至素材的开始位置，❶单击"文本"按钮；在"新建文本"选项卡中，❷单击"默认文本"选项右下角的"添加到轨道"按钮，如图3-18所示。

STEP 02 调整文字的时长，使其结束位置与第2段素材的结束位置对齐，如图3-19所示。

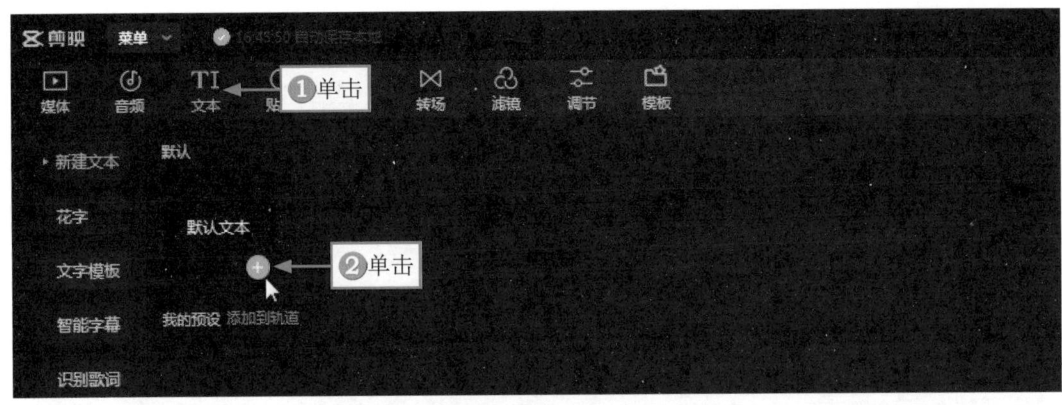

图3-18 单击“添加到轨道”按钮

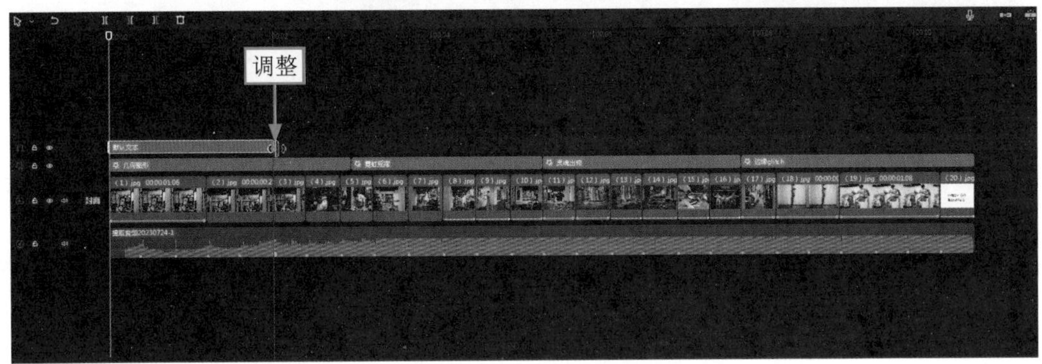

图3-19 调整文字的时长

STEP 03 在“文本”操作区的“基础”选项卡中，❶修改文字内容；❷选择合适的字体；❸调整文字的大小和位置，如图3-20所示。

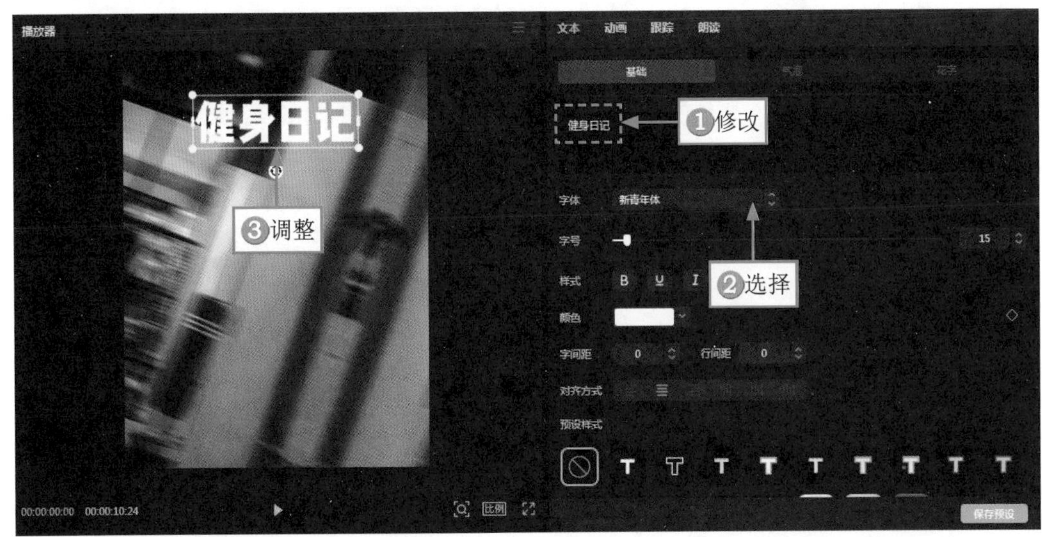

图3-20 调整文字的大小和位置

STEP 04 ❶单击“动画”按钮；❷切换至“循环”选项卡；❸选择“色差故障”动画；❹设置“动画快慢”时长为2s，如图3-21所示。

图3-21　设置“动画快慢”时长

3.2.6　设置比例和背景

由于照片素材的规格不统一，所以后期要设置统一的比例和背景样式，让视频变得整体化。下面介绍在剪映中设置比例和背景的操作方法。

STEP 01 拖曳时间滑块至素材的开始位置，❶单击“比例”按钮；❷在弹出的列表框中选择“9：16（抖音）”选项，如图3-22所示。

图3-22　选择“9：16（抖音）”选项

STEP 02 选择第1个照片素材，在“画面”操作区的“基础”选项卡中，❶选择第2个“模糊”背景填充样式；❷单击“全部应用”按钮，如图3-23所示。

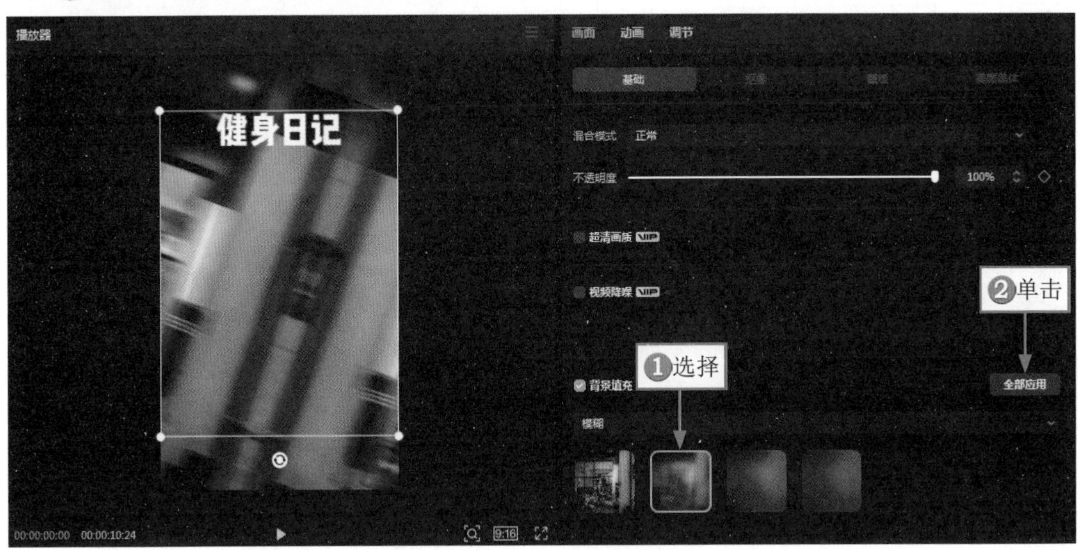

图3-23　单击“全部应用”按钮

第4章 运镜视频：制作《信步如风》

运镜视频主要是运用一定的运镜知识，拍摄出较为专业的视频，然后通过对该视频素材进行变速处理、添加背景音乐等操作，使其形成一个完整的视频。运镜视频适合为用户制作出场短视频。

4.1 《信步如风》效果展示

制作运镜类的视频，首先在拍摄的时候要掌握一定的运镜知识，即不能一直拍摄人物正面或者背面，而是应该有一个转折。比如，刚开始拍摄向镜头走过来的人物正面，随着人物离镜头越来越近，再拍摄人物经过的侧面，等人物完全走出镜头后，立马拍摄人物的背面。用户在拍摄的时候应当连贯。

在制作《信步如风》运镜视频之前，首先来欣赏本案例的视频效果，并了解案例的学习目标、制作思路、知识讲解和要点讲堂。

4.1.1 效果欣赏

《信步如风》运镜视频的画面效果如图4-1所示。

图4-1 画面效果

4.1.2 学习目标

知识目标	掌握运镜视频的制作方法
技能目标	（1）掌握对视频进行变速处理的操作方法 （2）掌握为视频添加音乐的操作方法 （3）掌握分享视频的操作方法
本章重点	对视频进行变速处理
本章难点	分享视频
视频时长	3分12秒

4.1.3 制作思路

本案例首先介绍了对视频进行变速处理，然后为其添加背景音乐，最后分享视频。图4-2所示为本案例视频的制作思路。

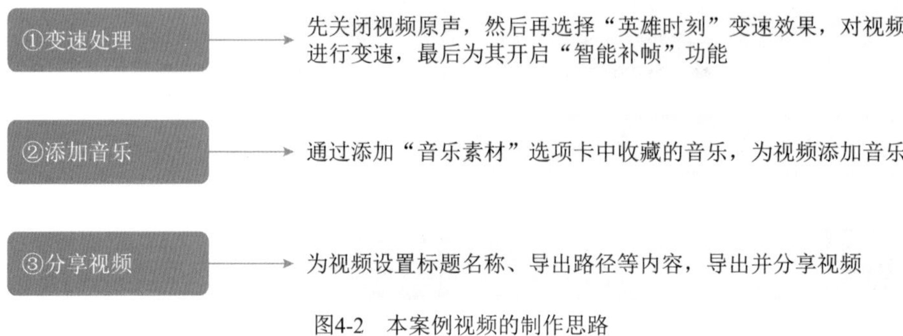

图4-2 本案例视频的制作思路

4.1.4 知识讲解

运镜视频是指将一段运镜类的视频制作成“先快速+后慢速”效果兼具的视频，主要是运用剪映中“曲线变速”功能下的“英雄时刻”变速效果，这个功能可以让视频看起来有电影人物出场的感觉，让整个视频质感更强。

4.1.5 要点讲堂

在本章内容中，会用到一个剪映功能——变速处理，该功能的主要作用是加快视频前面和后面的速度，变慢视频中间的速度，能让整个视频看起来更高级，从而吸引观众的注意力。

对视频进行变速处理的主要方法为：在“变速”操作区的“曲线变速”选项卡中，选择“英雄时刻”选项，即可完成变速处理这一操作。

4.2 《信步如风》制作流程

本节将为大家介绍制作运镜视频的操作方法，包括对视频进行变速处理、添加背景音乐和分享视频等内容，希望大家能够熟练掌握。

4.2.1 变速处理

“英雄时刻”这一功能会让视频先加速变快，中间减速变慢，最后又加速变快，能够让视频看起来更具动感。下面介绍对视频进行变速处理的操作方法。

STEP 01 将一段使用上移对冲+后拉运镜手法拍摄的视频素材添加到视频轨道中，如图4-3所示。

图4-3 添加视频素材

STEP 02 单击“关闭原声”按钮，如图4-4所示，将视频中原来的背景音乐关闭。

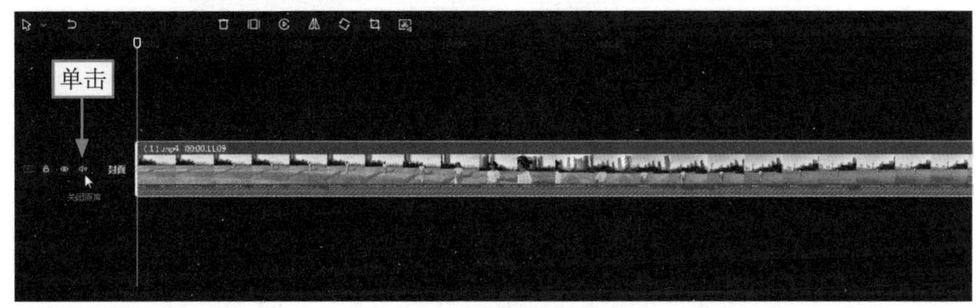

图4-4 单击“关闭原声”按钮

STEP 03 ①单击“变速”按钮，进入“变速”操作区；②切换至“曲线变速”选项卡；③选择“英雄时刻”选项，如图4-5所示。

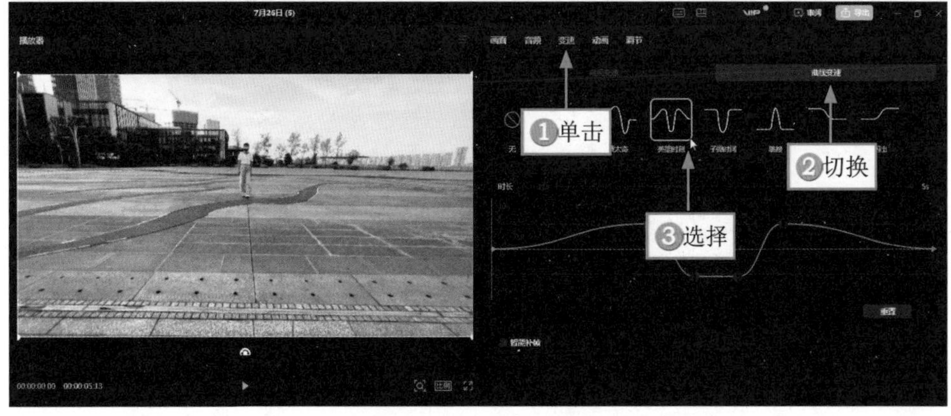

图4-5 选择“英雄时刻”选项

STEP 04 默认应用“英雄时刻”变速的各个变速点，选中“智能补帧”复选框，如图4-6所示，开启智能补帧，让中间慢放的地方在播放时更加流畅。

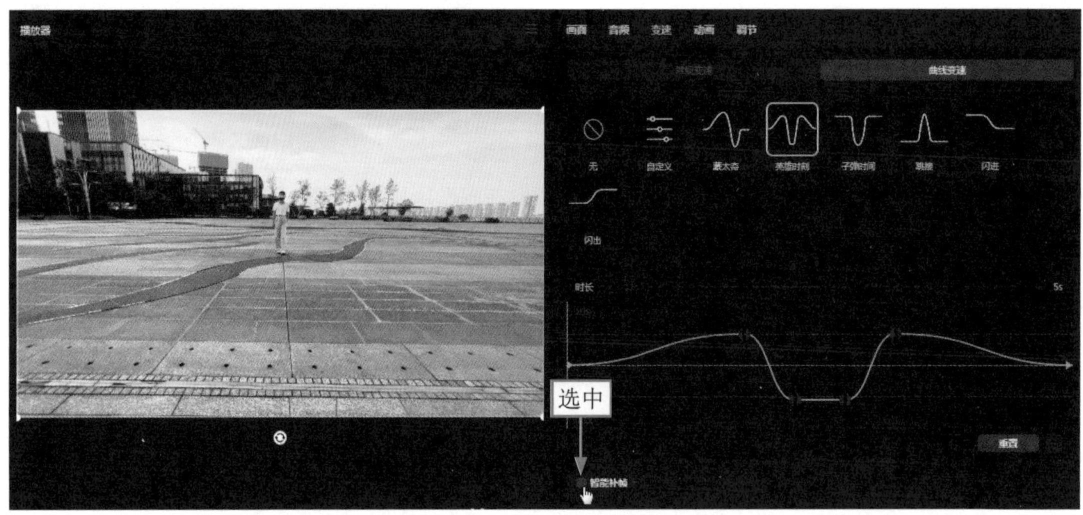

图4-6　选中“智能补帧”复选框

STEP 05 执行操作后，显示智能补帧处理进度，如图4-7所示，稍等片刻，即可看到“智能补帧已完成”提示字样。

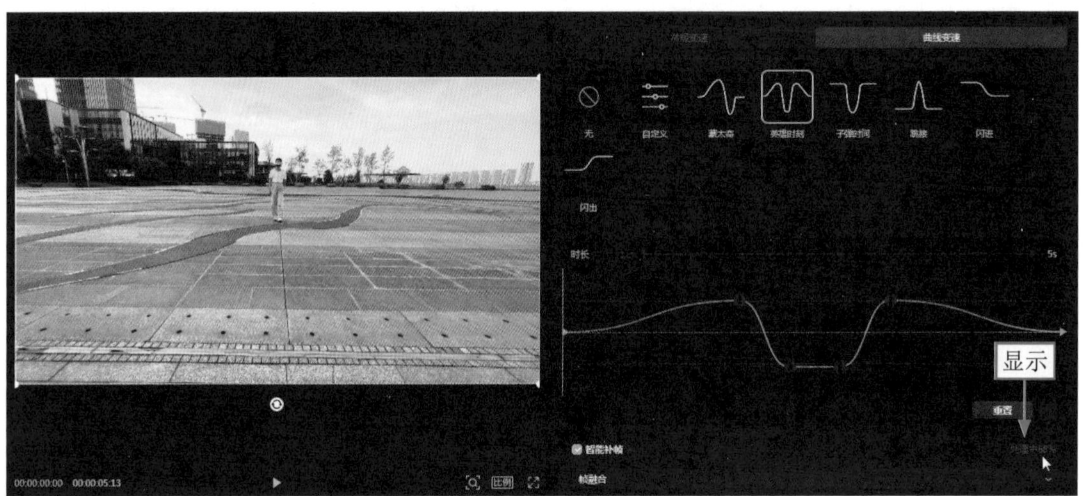

图4-7　显示智能补帧处理进度

4.2.2　添加音乐

剪映中包含大量的音乐素材，为视频添加背景音乐能够增强视频的氛围，让观看者的体验更佳。下面介绍为视频添加音乐的操作方法。

STEP 01 完成上一节的智能补帧操作后，单击“音频”按钮，在“音乐素材”选项卡的“收藏”选项中，单击所选音乐右下角的“添加到轨道”按钮，如图4-8所示，重新为视频添加一个背景音乐。

STEP 02 ①拖曳时间滑块至视频素材的结束位置；②单击“分割”按钮，如图4-9所示。至此，完成慢放人物出场效果的制作。

STEP 03 分割完成之后，单击“删除”按钮，如图4-10所示，删除多余的音频素材。

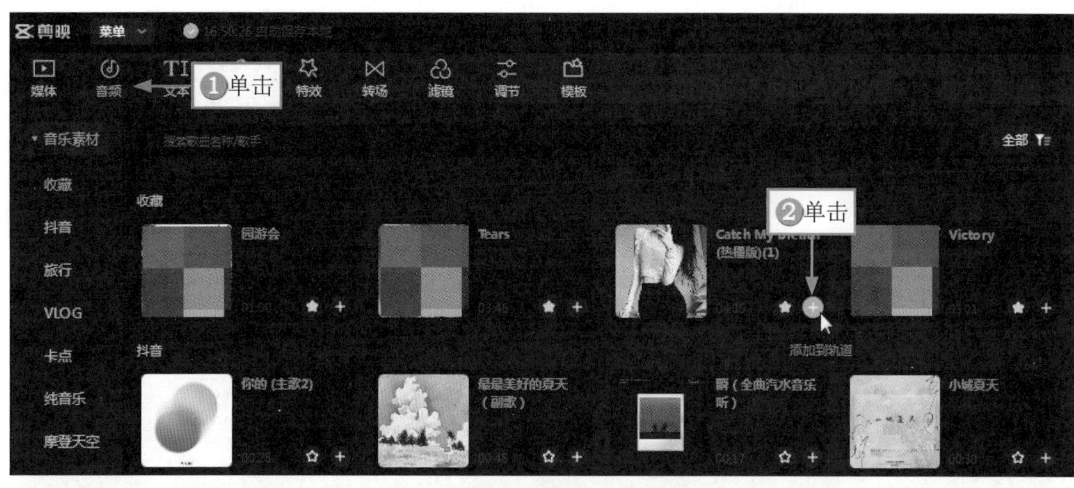

图4-8　单击“添加到轨道”按钮

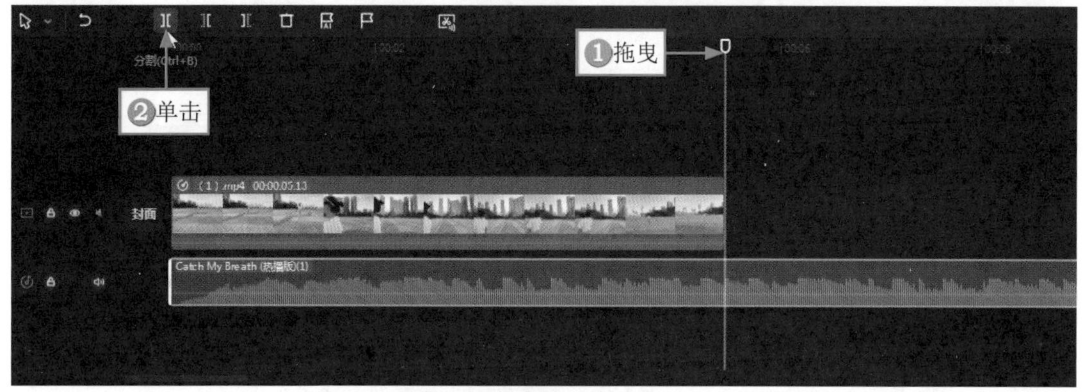

图4-9　单击“分割”按钮

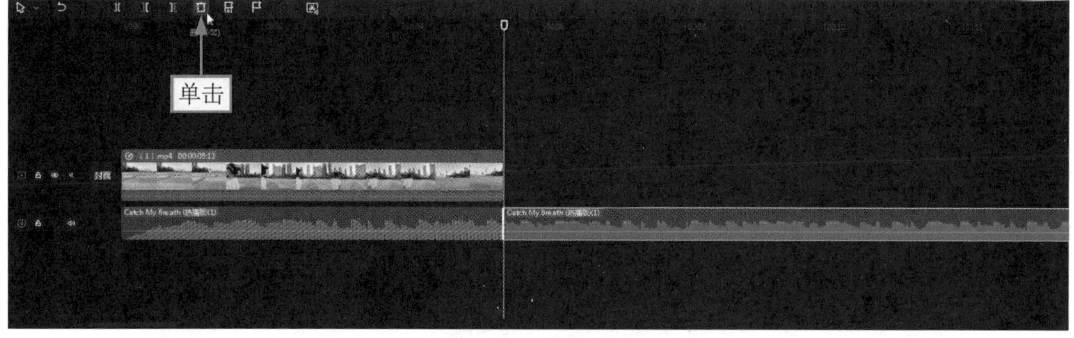

图4-10　单击“删除”按钮

4.2.3　分享视频

所有操作完成之后，需要先导出视频才能分享到其他平台上。下面介绍在剪映中分享视频的操作方法。

STEP 01 所有操作完成之后，单击“导出”按钮，如图4-11所示。

STEP 02 ①在弹出的“导出”对话框中修改标题和导出路径；②单击“导出”按钮，如图4-12所示。

图4-11　单击“导出”按钮（1）

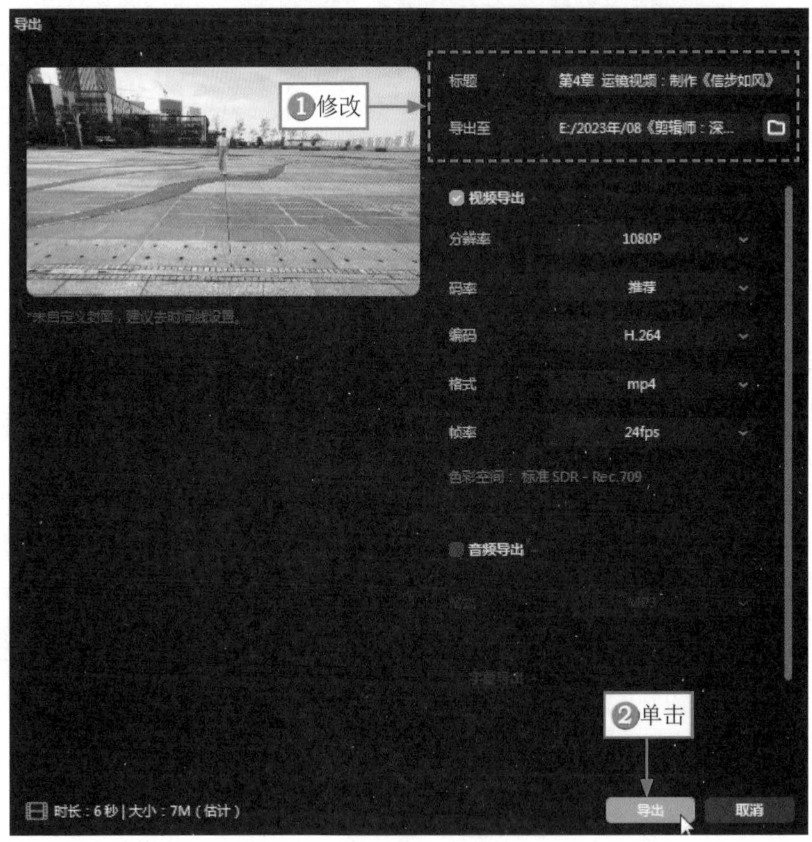

图4-12　单击“导出”按钮（2）

STEP 03 在弹出的界面中单击“抖音”右侧的 按钮，如图4-13所示。

STEP 04 弹出“发布至抖音视频”对话框，并显示上传进度，如图4-14所示。上传完成后，会自动跳转至电脑版“抖音创作服务平台”中的“发布视频”页面，在此设置好视频的相关内容后，即可发布视频。

图4-13　单击相应按钮

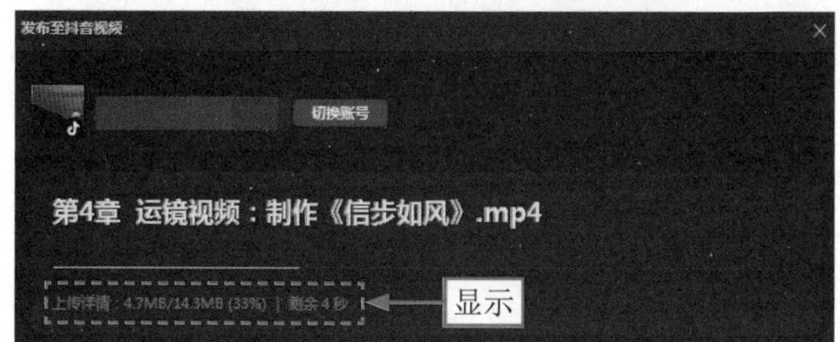

图4-14　显示上传进度

第5章 年度总结：制作《美丽山河》

年度总结视频是以视频的形式来对自己一年之内的工作和生活进行总结。该类视频适合用来分享自己一年当中的日常生活，如风景类的年度总结视频，就是用来分享自己拍摄的美景，从中能够直观地看到自己在一年内去了哪些地方。

5.1 《美丽山河》效果展示

风景类的年度总结视频，主要是突出多个不同景点的画面，以此来展示自己本年度拍摄了哪些视频。需要注意的是，能够当作年度总结视频的素材，它的画面一定要好看，且稳定不抖动，这样的视频素材在合成一个视频的时候，才会更加自然、流畅，更具美观度。

在制作《美丽山河》年度总结视频之前，首先来欣赏本案例的视频效果，并了解案例的学习目标、制作思路、知识讲解和要点讲堂。

5.1.1 效果欣赏

《美丽山河》年度总结视频的画面效果如图5-1所示。

图5-1 画面效果

5.1.2 学习目标

知识目标	掌握年度总结视频的制作方法
技能目标	（1）掌握在剪映中导入素材的操作方法 （2）掌握为视频添加转场和音乐的操作方法 （3）掌握为视频添加文字的操作方法
本章重点	为视频添加转场
本章难点	为视频添加文字
视频时长	8分58秒

5.1.3 制作思路

本案例首先介绍了将多个视频素材导入到剪映界面中，然后为其添加转场和背景音乐，添加文字效果，最后导出视频。图5-2所示为本案例视频的制作思路。

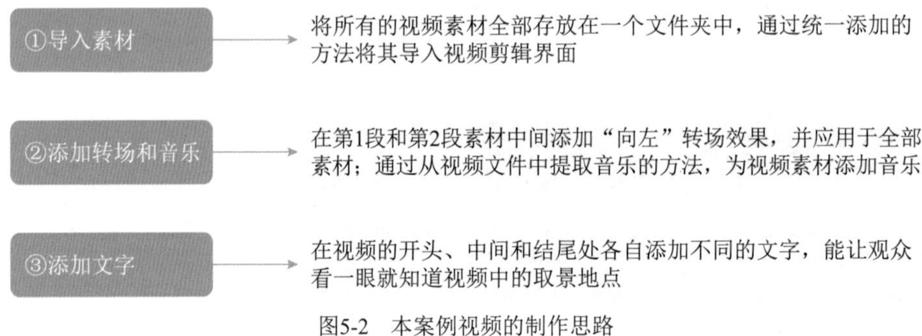

图5-2 本案例视频的制作思路

5.1.4 知识讲解

年度总结视频是将多个视频素材合成一段完整的视频，用来总结一年中自己做了哪些事情。年度总结的类型有多种，如风景类、日常类等。

本章所讲的案例视频——《美丽山河》就是风景类的年度总结，从该视频中能够让人更为直观地看出自己这一年去了哪些地方、看了哪些风景。

5.1.5 要点讲堂

在本章内容中，会用到一个剪映功能——添加文字，该功能的主要作用有3个，具体内容如下。

❶ 表明视频主题。在视频的起始位置添加相应文字，能够在一开始就向观众传达出该视频的主题。比如，本案例在一开始出现的文字“美丽山河”，即为该视频的主题名字。

❷ 表明视频地点。因为年度总结视频是由多个视频素材制作而成的，所以为单个视频添加地点文字，能够让人看一眼就知道每个视频的地点。

❸ 表明未来计划。年度总结视频不一定是整年的，当视频过多的时候，我们也可以制作半年的总结视频，即将一整年分为上半年和下半年。本案例视频，就是2023年上半年的总结视频，本视频末尾的文字为“2023上半年视频汇总”“下半年作品，敬请期待”，既总结了本视频的内容，又表明了下半年的计划与期待。

为视频添加文字的主要方法为：在“文本”功能区的“文字模板”选项卡中，选择合适的文字模板，在“文本”操作区的“基础”选项卡中，修改文本内容，并调整文字素材的时长，即可完成操作。

5.2 《美丽山河》制作流程

本节将为大家介绍制作风景类年度总结视频的操作方法，包括导入素材、添加转场和音乐、添加文字以及导出视频等内容，希望大家能够熟练掌握，从而制作出效果精湛、画面精美的年度总结视频。

5.2.1 导入素材

制作视频的第一步就是导入准备好的视频素材。下面介绍在剪映中导入素材的操作方法。

STEP 01 进入视频剪辑界面，在“媒体”功能区中，单击“导入”按钮，如图5-3所示。

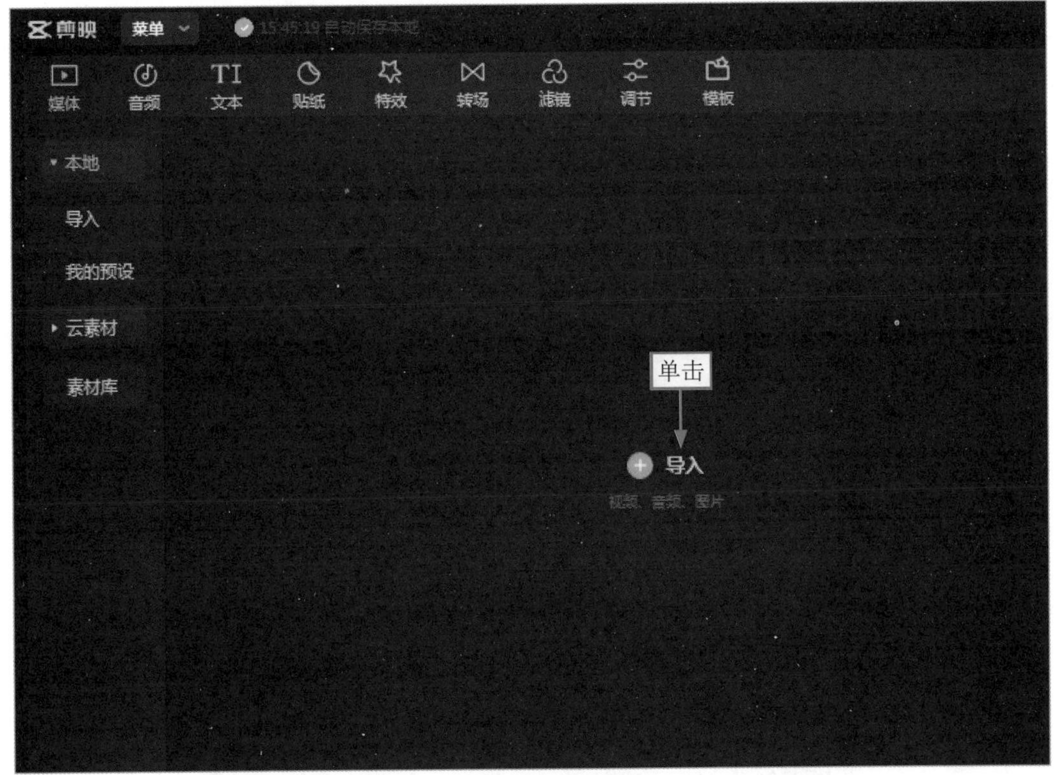

图5-3 单击“导入”按钮

STEP 02 弹出“请选择媒体资源”对话框，❶选择相应的视频素材；❷单击“打开”按钮，如图5-4所示。

STEP 03 此时系统会默认全选刚添加的所有视频素材，单击第1段视频素材右下角的“添加到轨道”按钮，如图5-5所示。

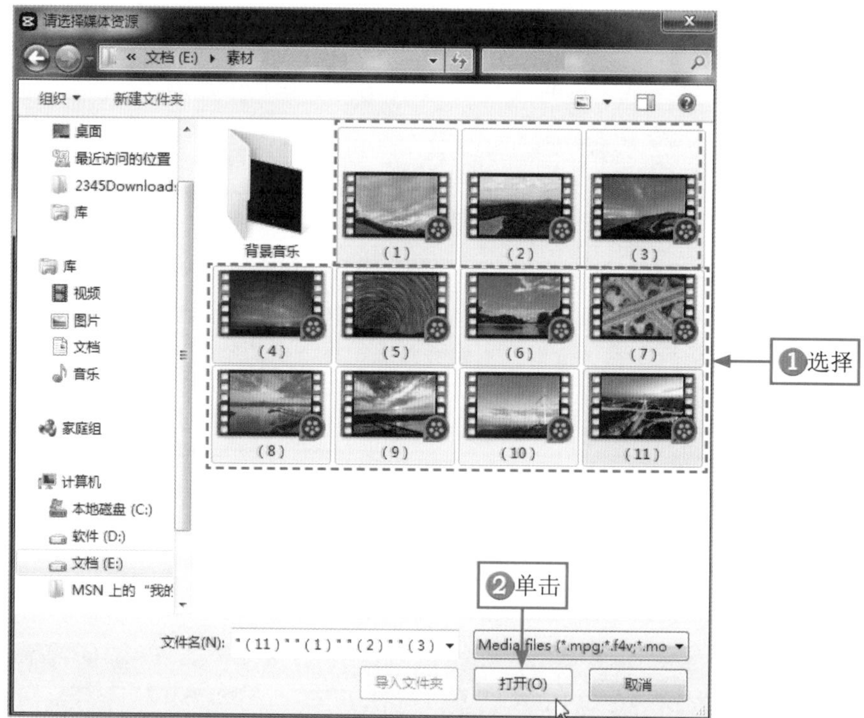

图5-4　单击“打开”按钮

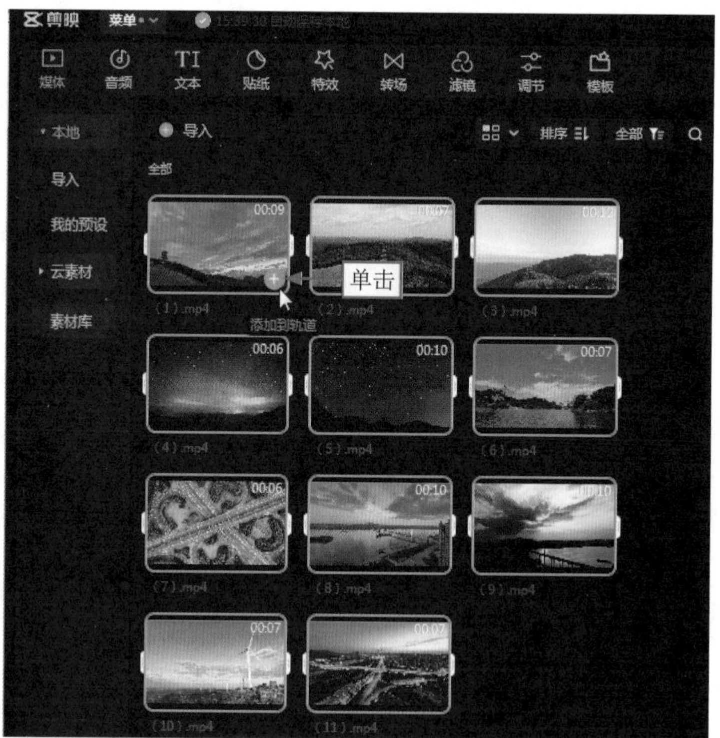

图5-5　单击“添加到轨道”按钮

STEP 04 ▶▶ 操作完成后，即可将视频素材导入到视频轨道中，如图5-6所示。

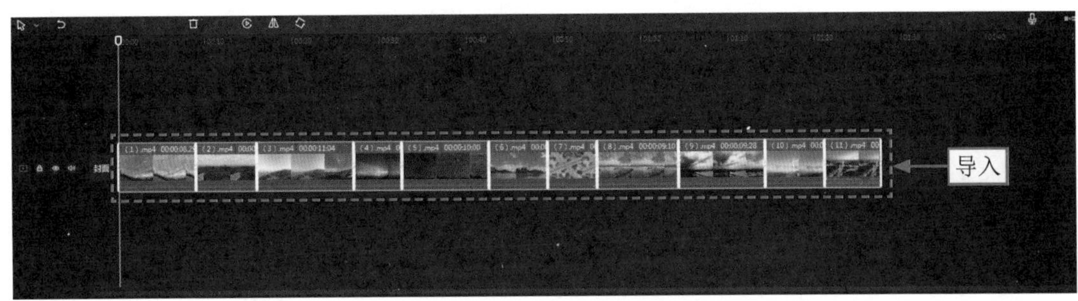

图5-6　导入素材到视频轨道中

5.2.2　添加转场和音乐

为了防止视频片段的过渡过于单调，可以给视频添加多种转场效果，来提高视频的观赏性，然后再根据视频主题，添加合适的背景音乐。下面介绍在剪映中添加转场和音乐的操作方法。

STEP 01 拖曳时间滑块至第1段视频素材和第2段视频素材的中间位置，如图5-7所示。

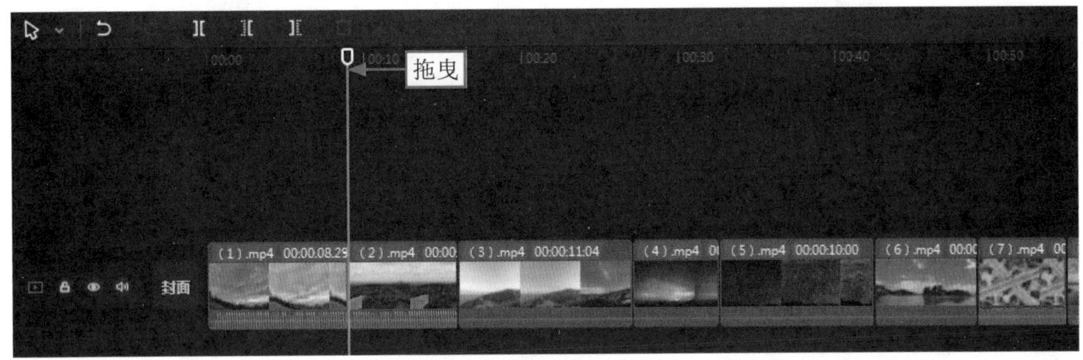

图5-7　拖曳时间滑块

STEP 02 ❶单击“转场”按钮；❷切换至“运镜”选项，如图5-8所示。

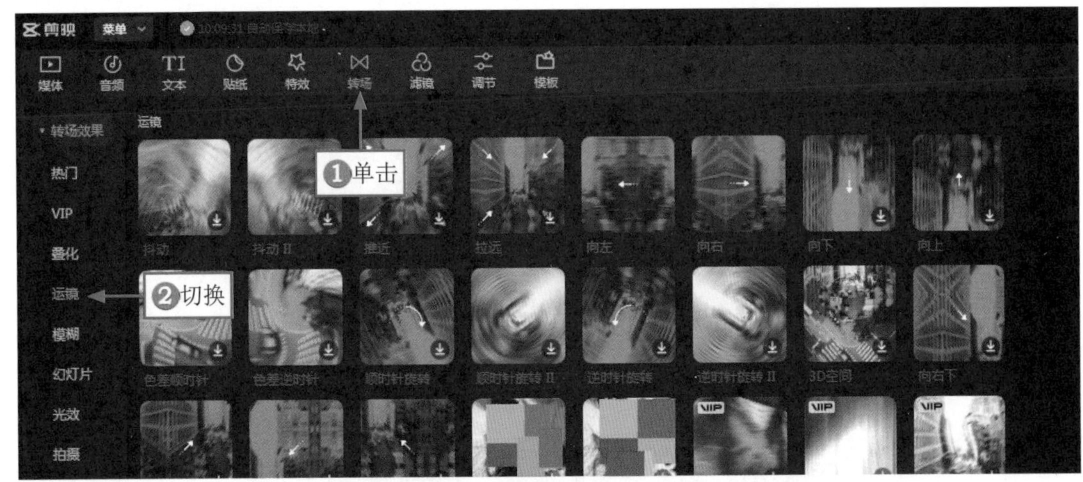

图5-8　切换至“运镜”选项

STEP 03 单击“向左”转场效果右下角的“添加到轨道”按钮，如图5-9所示。

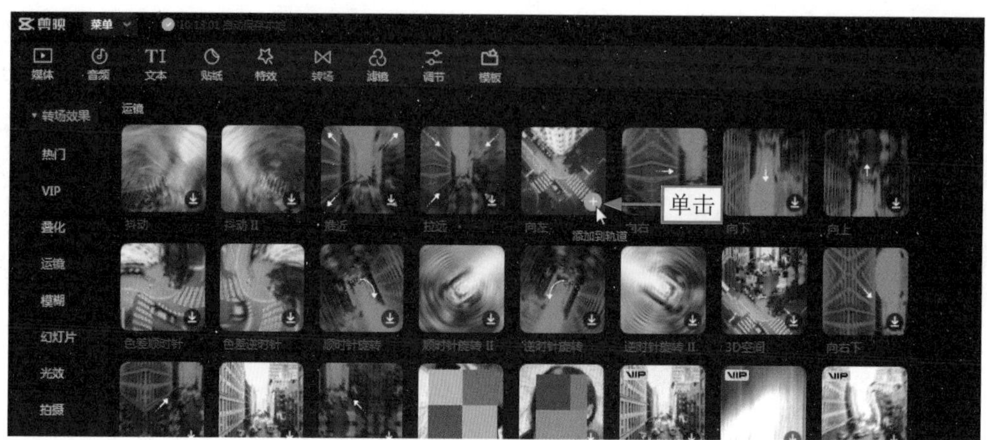

图5-9　单击“添加到轨道”按钮

STEP 04 添加“向左”转场后的效果如图5-10所示。

图5-10　添加转场后的效果

STEP 05 单击“转场”操作区中的“应用全部”按钮，如图5-11所示，即可为后面的所有素材添加“向左”转场效果。

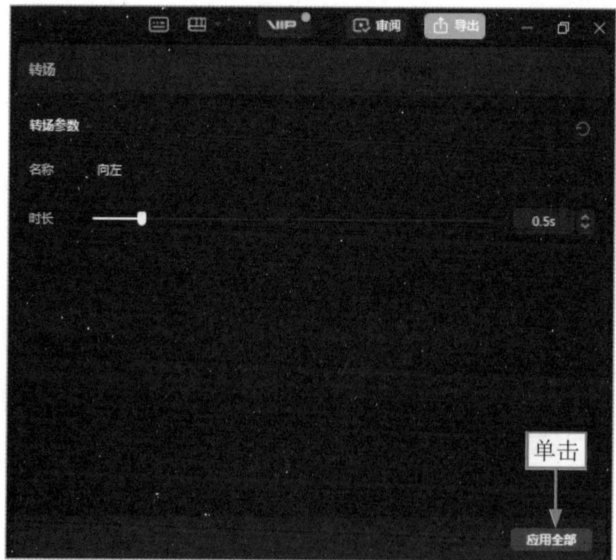

图5-11　单击“应用全部”按钮

STEP 06 拖曳时间滑块至视频素材的开始位置，①单击“音频”按钮；②切换至“音频提取”选项卡；③单击“导入”按钮，如图5-12所示。

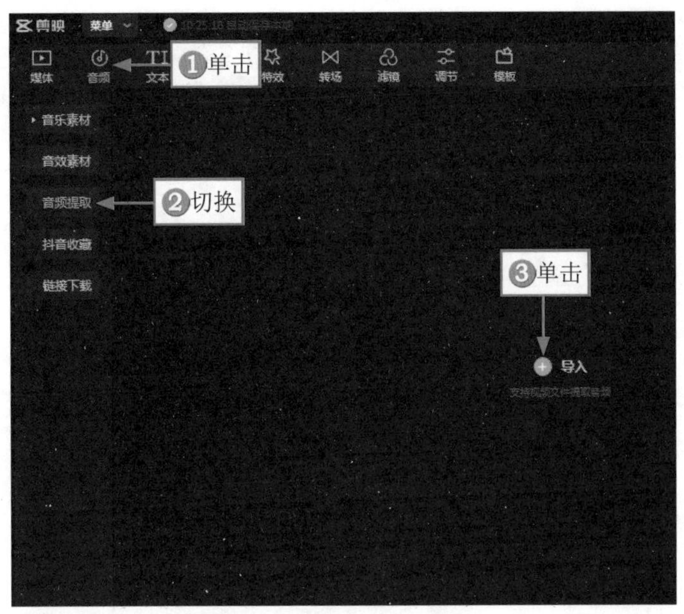

图5-12　单击“导入”按钮

STEP 07 ①选择要提取音乐的视频文件；②单击“打开”按钮，如图5-13所示。

图5-13　单击“打开”按钮

STEP 08 单击“提取音频”右下角的“添加到轨道”按钮，如图5-14所示，即可成功添加背景音乐。

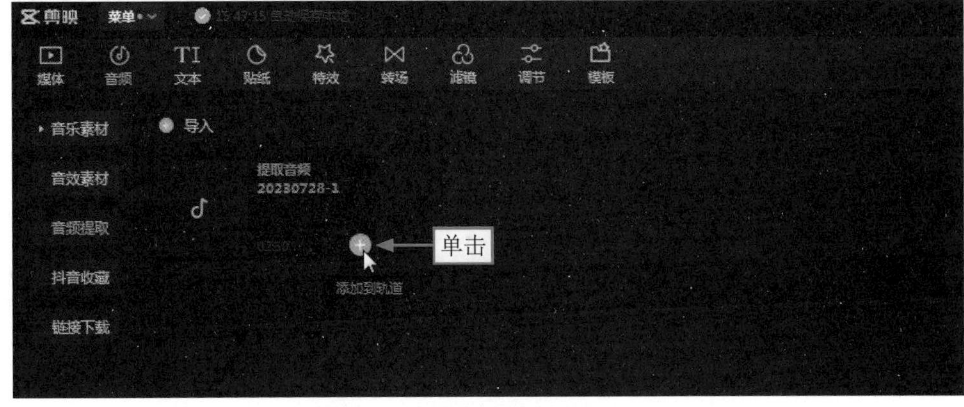

图5-14　单击“添加到轨道”按钮

STEP 09 ❶拖曳时间滑块至视频素材的结束位置；❷单击"分割"按钮；❸单击"删除"按钮，如图5-15所示，即可删除多余的音频素材。

图5-15　单击"删除"按钮

STEP 10 设置音频素材的"淡出时长"参数为0.9s，如图5-16所示，让音乐变得平缓。

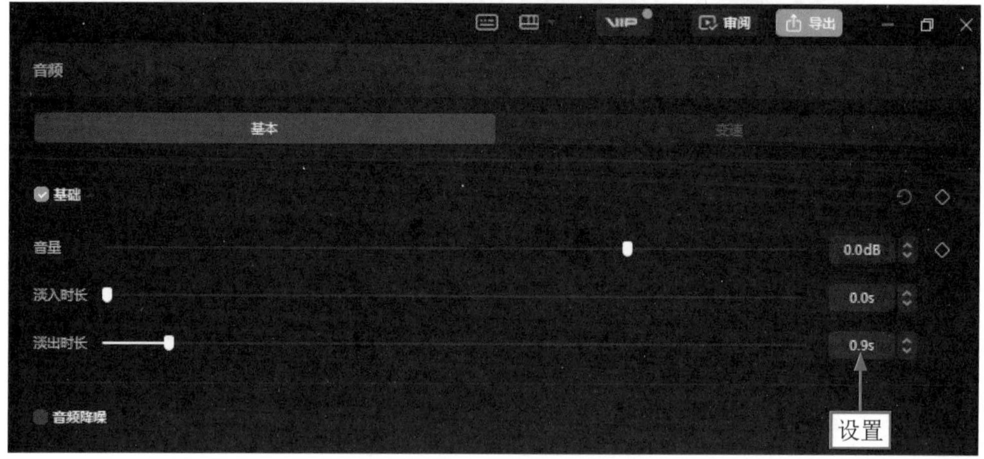

图5-16　设置"淡出时长"参数

5.2.3　添加文字

添加文字能够丰富视频的内容。下面介绍在剪映中添加文字的操作方法。

STEP 01 拖曳时间滑块至视频素材的开始位置，❶单击"文本"按钮；❷切换至"文字模板"选项卡；❸选择"旅行"选项，如图5-17所示。

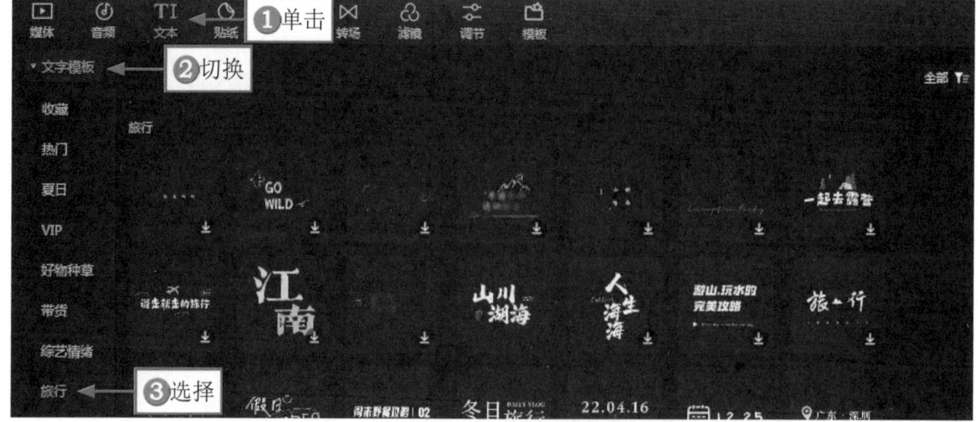

图5-17　选择"旅行"选项

STEP 02 选择一个合适的文字模板，单击该模板右下角的“添加到轨道”按钮，如图5-18所示。

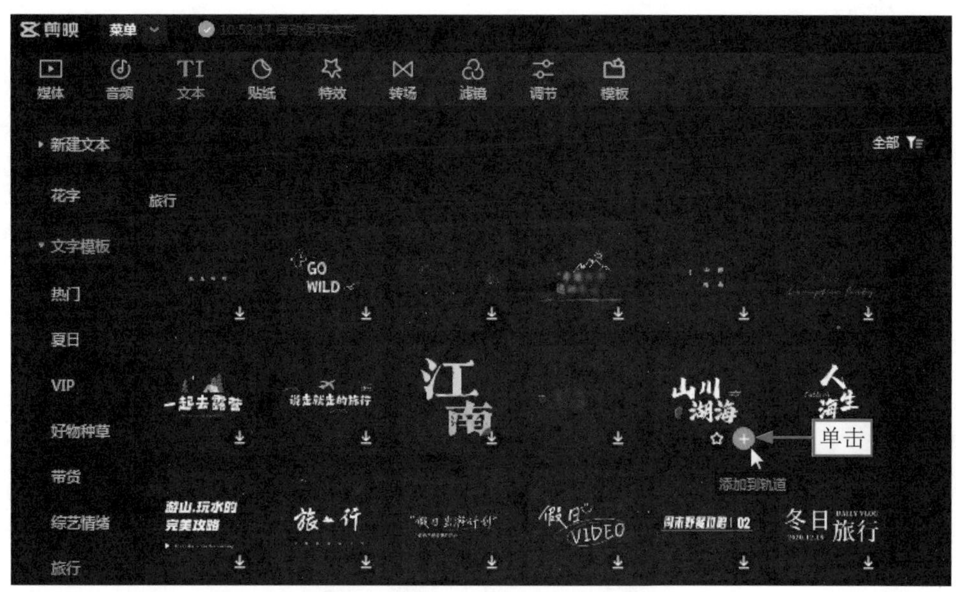

图5-18　单击“添加到轨道”按钮

STEP 03 调整文字素材的时长，使其与第1段视频素材的时长保持一致，如图5-19所示。

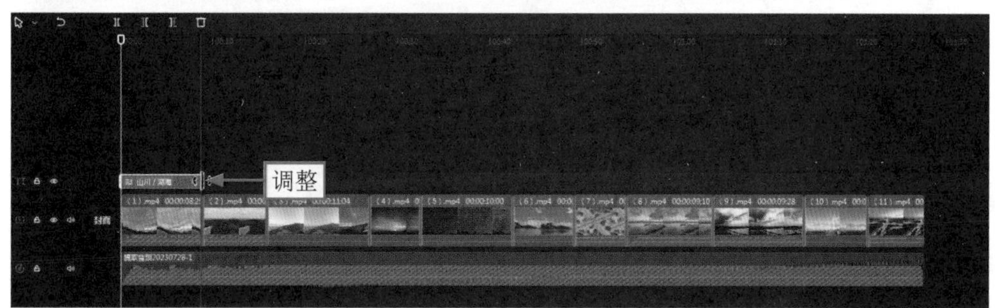

图5-19　调整文字素材的时长

STEP 04 拖曳时间滑块至第1段视频素材的中间位置，在“文本”操作区的“基础”选项卡中，❶修改文本内容；❷调整文字的大小，如图5-20所示。

图5-20　调整文字的大小

STEP 05 拖曳时间滑块至第1段视频素材与第2段视频素材的中间位置，❶选择“文字模板”选项卡中的“时间地点”选项；❷单击所选模板右下角的“添加到轨道”按钮，如图5-21所示。

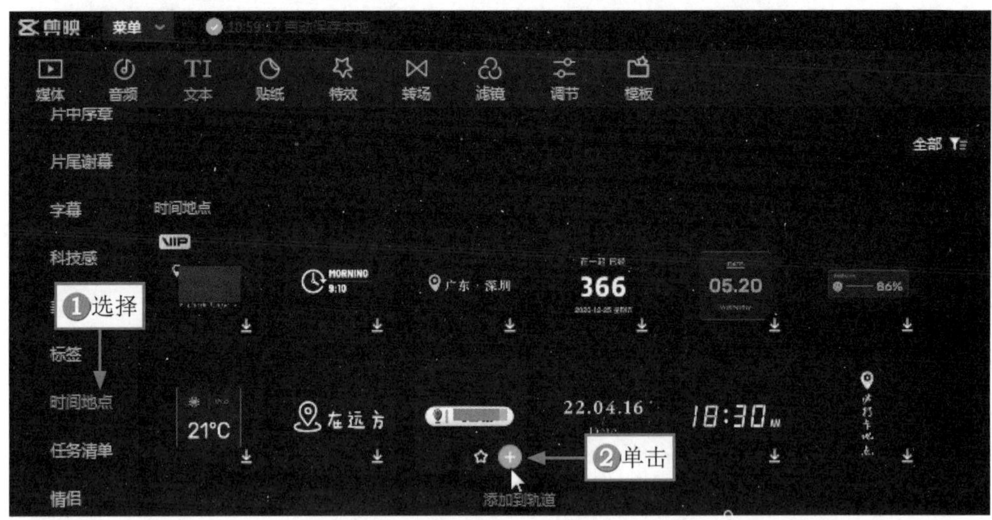

图5-21　单击“添加到轨道”按钮

STEP 06 ❶修改文本内容；❷调整文字的大小和位置，如图5-22所示。

图5-22　调整文字的大小和位置

STEP 07 执行操作后，调整文字素材的时长，使其与第2段视频素材的时长保持一致，如图5-23所示。

图5-23　调整文字素材的时长

STEP 08 复制并粘贴第2段文字素材，调整该文字素材至第3段视频素材的起始位置，调整其时长，使其与第5段视频素材的时长保持一致，如图5-24所示。

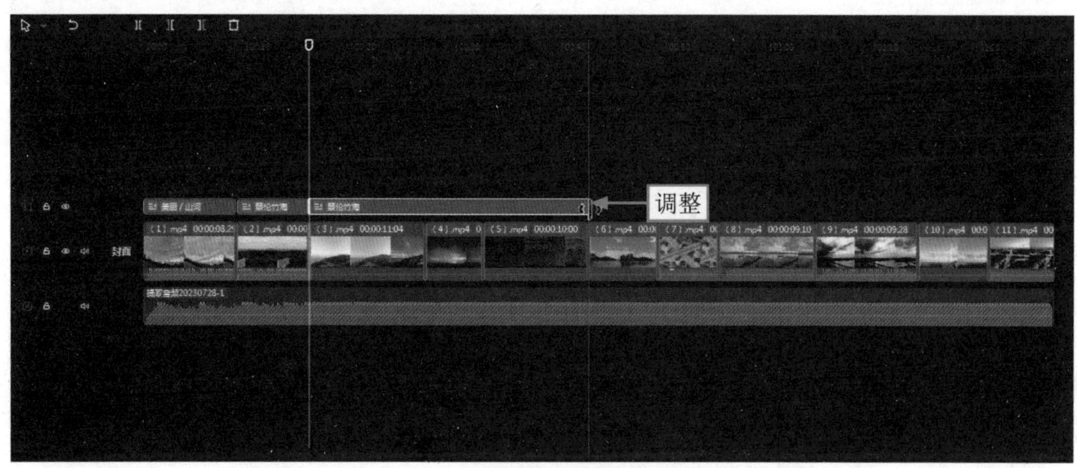

图5-24　调整文字素材的时长

STEP 09 执行操作后，修改文本内容，并用同样的方法，为后面的视频素材都添加文字并调整时长，效果如图5-25所示。

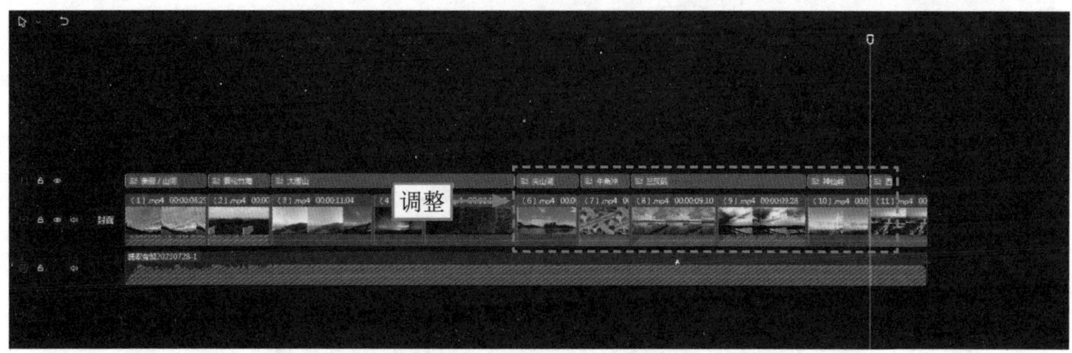

图5-25　添加文字并调整时长

STEP 10 在“文本”功能区的“文字模板”选项卡中，选择一个“片尾谢幕”模板，为最后一段素材添加一个片尾文字模板，修改文本内容，并调整文字素材的时长，如图5-26所示。

图5-26　修改文本内容调整时长

第6章 风光视频：制作《白色云朵》

风光视频是一种视频画面以自然、人文等风景或景物为主体的视频。有时候拍摄风光视频的时候，画面不够精美，此时就可以通过为其添加一些绿幕素材和背景音乐，来让画面更加丰富。风光视频的受众面很广，更是很多人都爱拍的素材之一，所以掌握风光视频的制作方法是非常必要的。

6.1 《白色云朵》效果展示

风光视频主要突出的是风景或者景物，可以是自然风光，也可以是人文建筑。在制作风光视频时，用户需要对那些画面内容比较少的视频进行相关素材的添加，以使整体画面看起来更为丰富。

在制作《白色云朵》视频之前，首先来欣赏本案例的视频效果，并了解案例的学习目标、制作思路、知识讲解和要点讲堂。

6.1.1 效果欣赏

《白色云朵》风光视频的画面效果如图6-1所示。

图6-1 画面效果

6.1.2 学习目标

知识目标	掌握风光视频的制作方法
技能目标	（1）掌握为视频导入素材的操作方法 （2）掌握对视频进行调节处理的操作方法 （3）掌握为视频设置蒙版的操作方法 （4）掌握为视频添加音乐的操作方法
本章重点	对视频进行调节处理
本章难点	为视频设置蒙版
视频时长	3分12秒

6.1.3 制作思路

本案例首先为大家介绍了为视频添加绿幕素材，对其画面进行调节处理，然后为其设置蒙版，最后为其添加背景音乐。图6-2所示为本案例视频的制作思路。

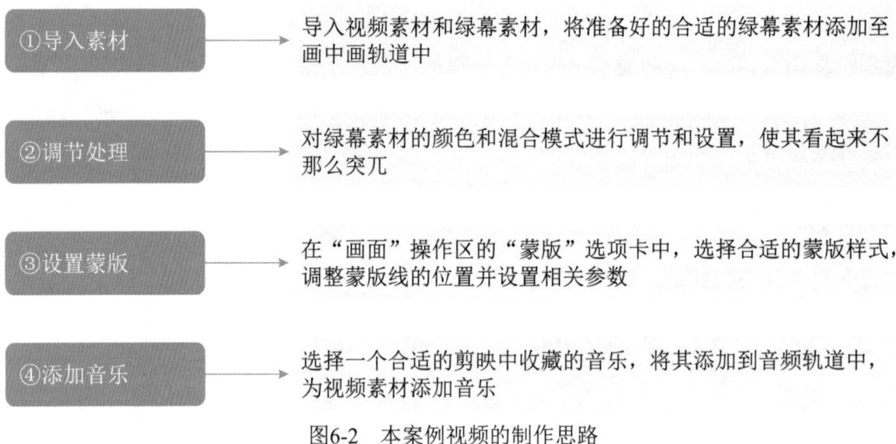

图6-2 本案例视频的制作思路

6.1.4 知识讲解

风光视频拍摄的主要是与风景相关的内容，《白色云朵》案例主要是为视频素材添加云朵绿幕素材，让画面整体更加和谐、统一，丰富画面要素，能在一定程度上增加视频的画面质感，为视频营造别样的氛围。

6.1.5 要点讲堂

在本章内容中，会用到一个剪映功能——设置蒙版，这一功能的主要作用是让绿幕素材与视频画面融合得更为和谐，且绿幕素材不会遮挡住原有的视频画面。

为视频设置蒙版的主要方法为：选择画中画轨道中的绿幕素材，在“画面”操作区的“蒙版”选项卡中，选择一个合适的蒙版样式，并为其设置相关的参数，调整画面，即可完成蒙版的设置。

6.2 《白色云朵》制作流程

本节将为大家介绍风光视频的制作方法，包括导入素材、对绿幕素材进行调节处理、设置蒙版、为视频添加背景音乐，希望大家能够熟练掌握，从而制作出画面精美的风光视频。

6.2.1 导入素材

这个风光视频是由一段视频制作而成的，制作该视频的第一步就是导入一段视频素材和一段绿幕素材。下面介绍导入素材的操作方法。

STEP 01 在电脑版剪映中将视频素材和云朵绿幕素材导入到“本地”选项卡中，单击视频素材右下角的“添加到轨道”按钮，如图6-3所示。

图6-3 单击“添加到轨道”按钮

STEP 02 ▶▶ 执行操作后，即可把视频添加到视频轨道中，拖曳云朵绿幕素材至画中画轨道中，如图6-4所示。

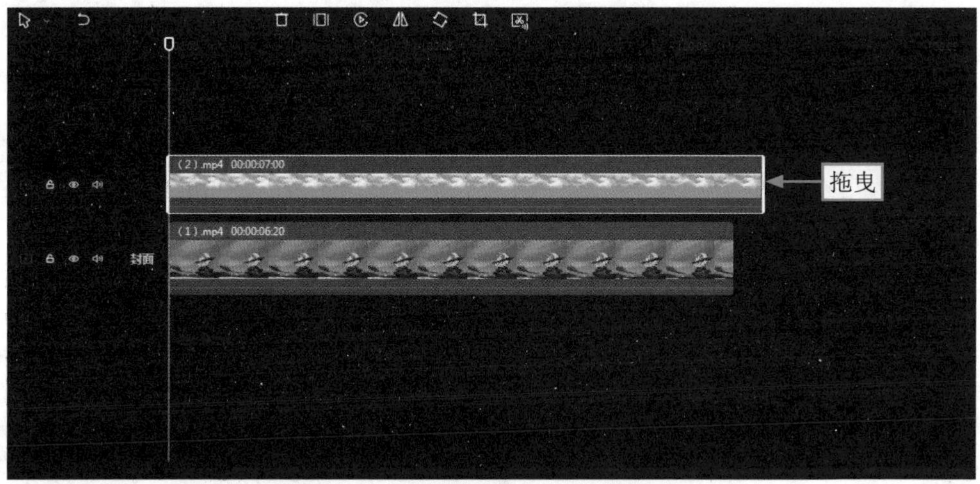

图6-4 拖曳云朵绿幕素材至画中画轨道中

STEP 03 ▶▶ 调整云朵绿幕素材的时长，使其与视频素材的时长对齐，如图6-5所示。

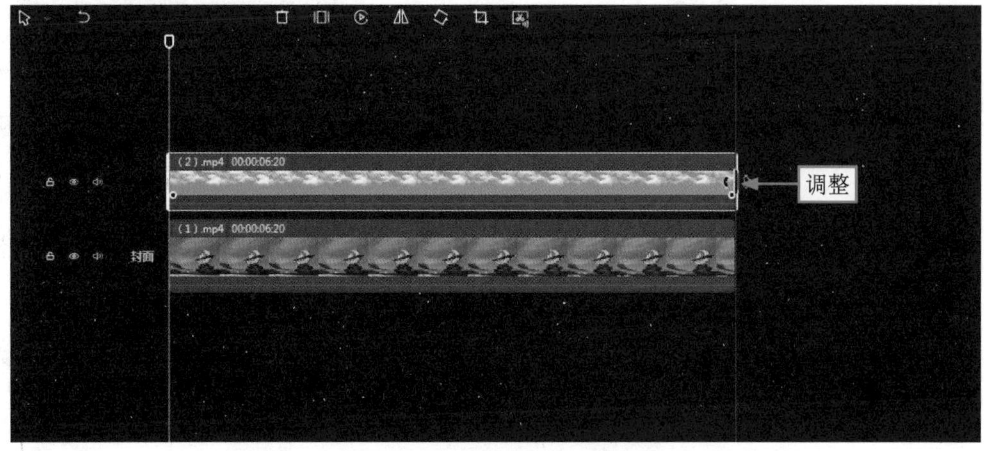

图6-5 调整云朵绿幕素材的时长

6.2.2 调节处理

调整完绿幕素材的时长之后，接下来对其进行调节处理。下面介绍对绿幕素材进行调节处理的操作方法。

STEP 01 ❶单击“调节”按钮，进入“调节”操作区；❷切换至HSL选项卡；❸选择绿色选项◎，如图6-6所示。

图6-6 选择绿色选项

STEP 02 设置“饱和度”参数为–100，如图6-7所示，将绿幕颜色变成灰黑色。

图6-7 设置“饱和度”参数

STEP 03 ❶切换至“画面”操作区；❷在“基础”选项卡中设置“混合模式”为“滤色”，如图6-8所示，抠出云朵。

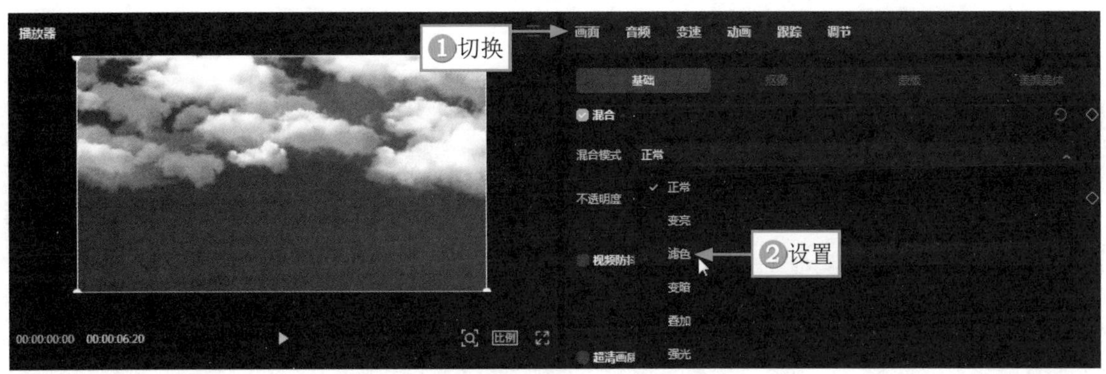

图6-8 设置“混合模式”为“滤色”

6.2.3 设置蒙版

为绿幕素材设置蒙版，能够使其与视频素材融合得更为和谐。下面介绍设置蒙版的操作方法。

STEP 01 ①切换至“蒙版”选项卡；②选择“线性”蒙版，如图6-9所示。

图6-9 选择“线性”蒙版

STEP 02 ①调整蒙版线的位置；②设置“羽化”参数为10，如图6-10所示，让边缘过渡得更自然。

图6-10 设置“羽化”参数

STEP 03 在“调节”操作区的“基础”选项卡中，设置“高光”和“阴影”参数均为–50，如图6-11所示，为云朵素材调色，让云朵更加自然。

图6-11　设置“高光”和“阴影”参数

6.2.4　添加音乐

视频制作完成后，为其添加背景音乐。下面介绍添加音乐的操作方法。

STEP 01 ❶单击“音频”按钮，进入“音频”功能区；❷切换至“音频提取”选项卡；❸单击“导入”按钮，如图6-12所示。

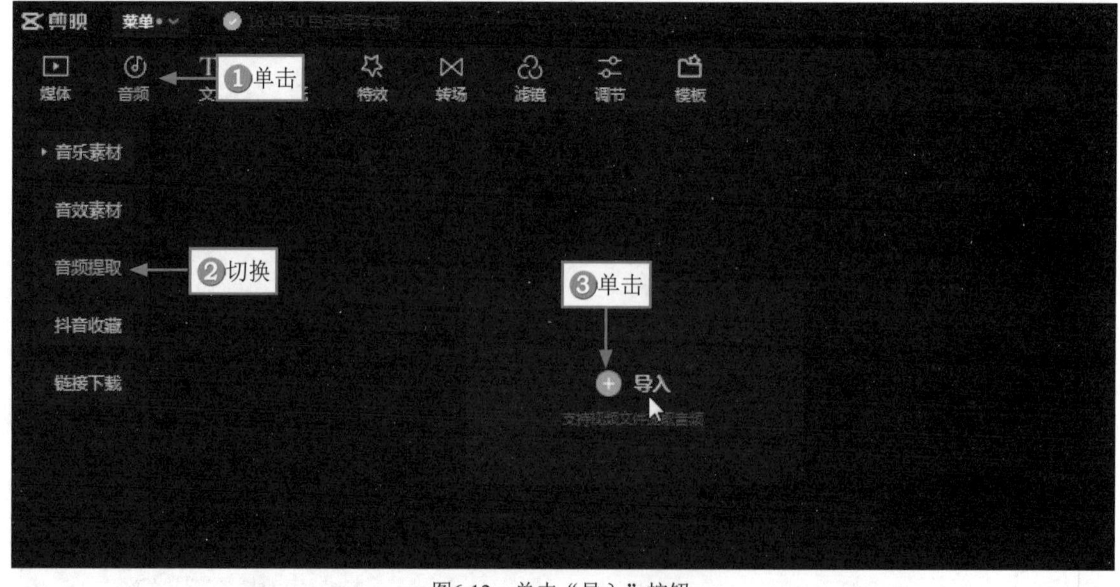

图6-12　单击“导入”按钮

STEP 02 弹出“请选择媒体资源”对话框，❶选择视频文件；❷单击“打开”按钮，如图6-13所示。

STEP 03 在弹出的界面中单击音频右下角的“添加到轨道”按钮，如图6-14所示。

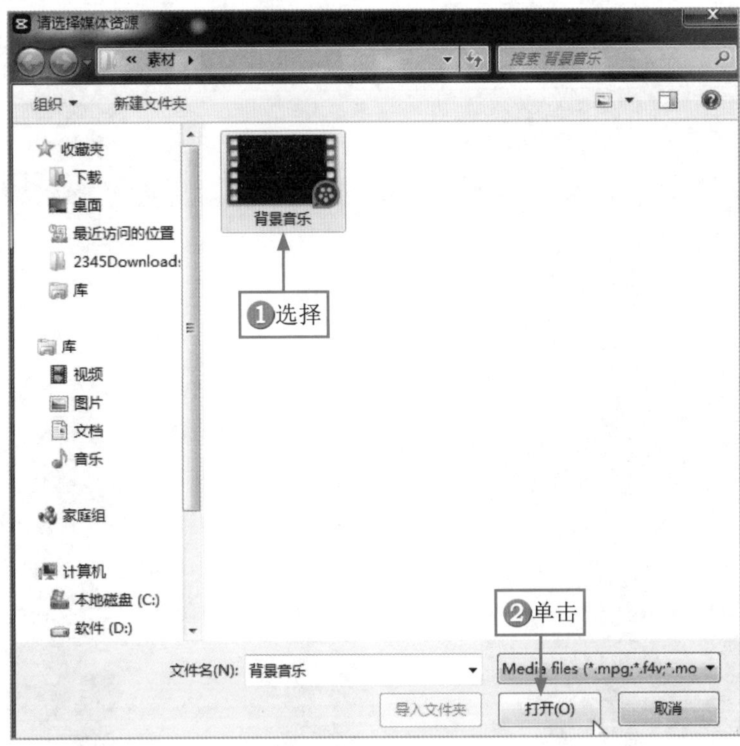

图6-13　单击“打开”按钮

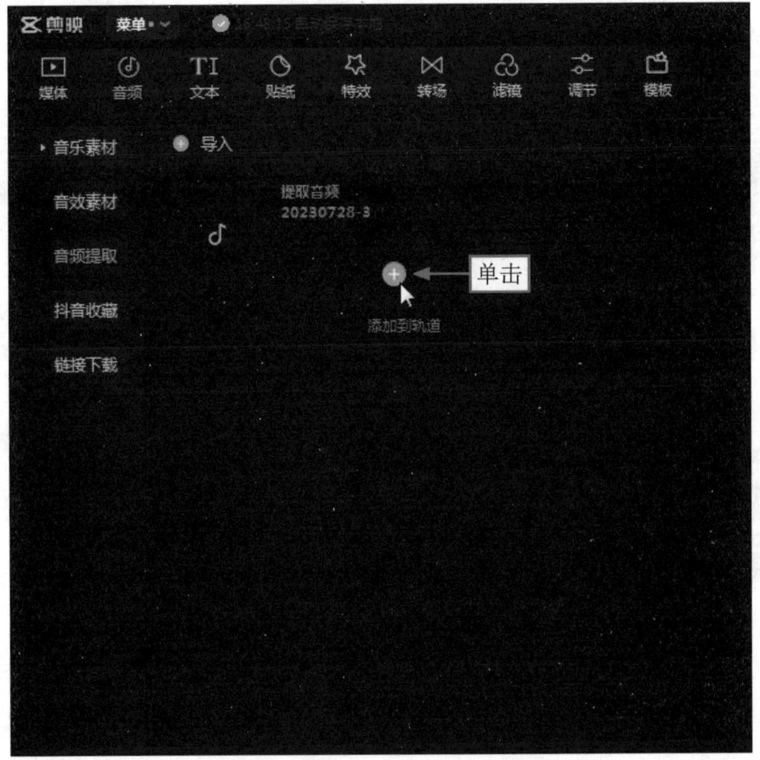

图6-14　单击“添加到轨道”按钮

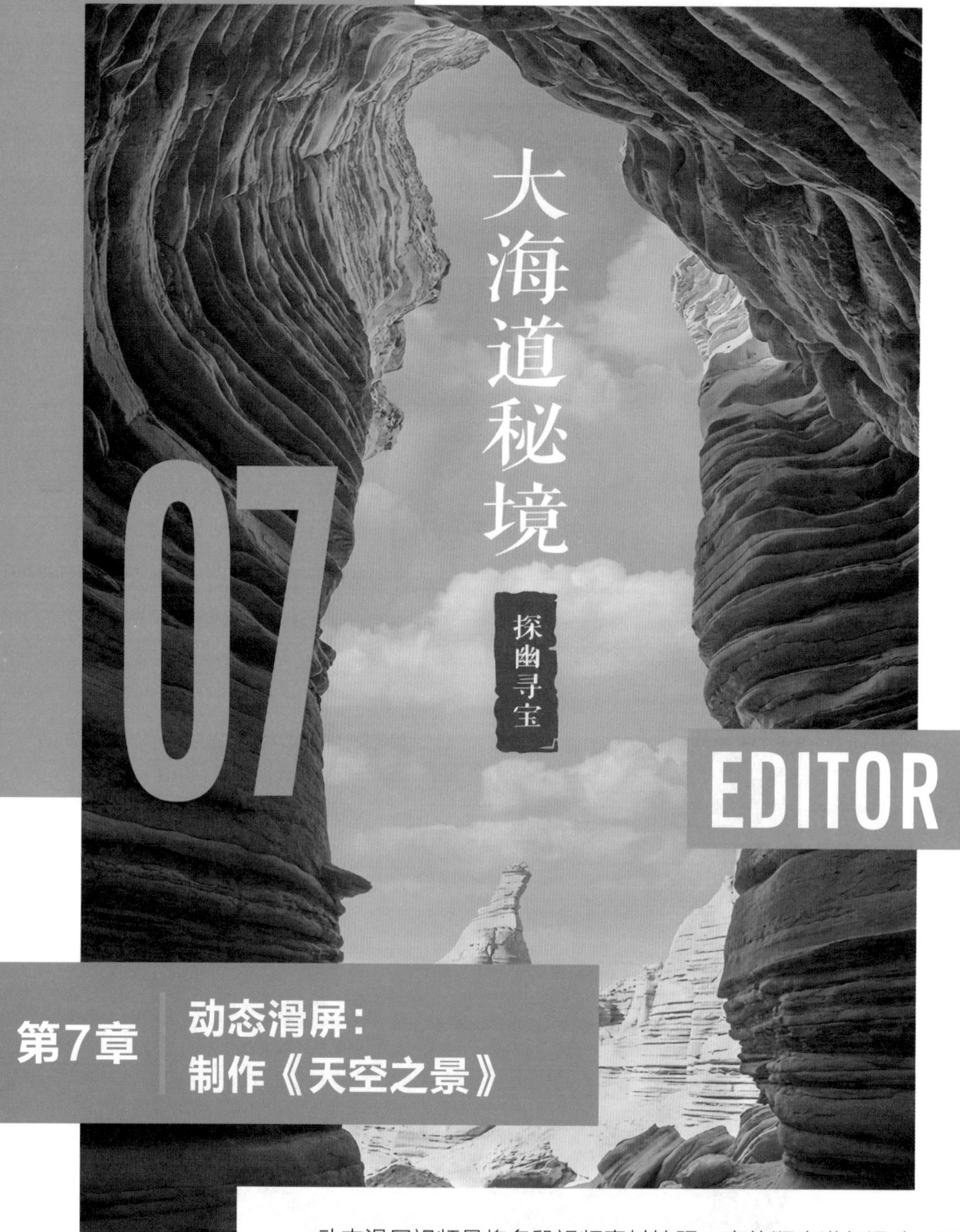

第7章 动态滑屏：制作《天空之景》

动态滑屏视频是将多段视频素材按照一定的顺序进行滑动，通过为素材设置比例和背景、添加关键帧和背景音乐，最终形成一个完整的动态滑屏。该类视频适合用来分享自己的日常，如游玩类、风景类等内容。该类视频风格新颖、制作简单，区别于平时常见的视频切换方式，采用上下滑动的方式来展现各个视频素材，灵活性更高。

7.1 《天空之景》效果展示

动态滑屏视频是一种可以展示多段素材的视频方式，适合用来制作风景、旅行、游玩vlog（全称是video blog或video log，意思是视频记录、视频博客、视频网络日志）类视频，运用关键帧即可制作出滑屏效果。

在制作《天空之景》动态滑屏之前，首先来欣赏本案例的视频效果，并了解案例的学习目标、制作思路、知识讲解和要点讲堂。

7.1.1 效果欣赏

《天空之景》动态滑屏的画面效果如图7-1所示。

图7-1　画面效果

7.1.2 学习目标

知识目标	掌握动态滑屏的制作方法
技能目标	（1）掌握为视频设置比例的操作方法 （2）掌握为视频设置背景的操作方法 （3）掌握为视频添加关键帧的操作方法 （4）掌握为视频添加音乐的操作方法
本章重点	为视频设置比例
本章难点	为视频添加关键帧
视频时长	6分32秒

7.1.3 制作思路

本案例首先介绍了为多个视频素材设置比例，然后为其设置背景、添加关键帧，最后添加背景音乐。图7-2所示为本案例视频的制作思路。

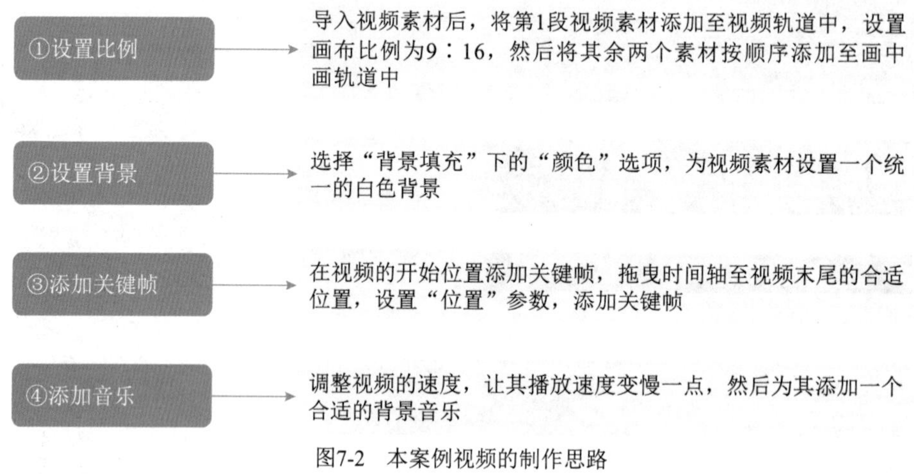

图7-2　本案例视频的制作思路

7.1.4 知识讲解

动态滑屏视频是将多个素材按照一定的顺序制作出滑屏滚动的效果。它是一种新颖的视频制作方式，能给观众焕然一新的感觉。

7.1.5 要点讲堂

在本章内容中，会用到一个剪映功能——添加关键帧，该功能的主要作用是通过设置关键帧，在不同的时间设置不同的视频特效参数值，以此来改变视频的特效。比如，本案例就是通过设置关键帧的方式，让视频画面产生从上到下滑动的效果。

为视频添加关键帧的主要方法为：添加相应的视频素材，为其调整好视频画布比例和画面大小，点亮“画面”操作区的“基础”选项卡中“位置”最右侧的关键帧按钮，设置“位置”右侧的Y参数值，即可成功添加关键帧。

7.2 《天空之景》制作流程

本节将为大家介绍制作动态滑屏的操作方法，包括设置比例、设置背景、添加关键帧和添加音乐等内容，希望大家能够熟练掌握，能举一反三，制作出新颖而又美观的动态滑屏。

7.2.1 设置比例

制作动态滑屏，首先需要设置好视频的画布比例。下面介绍设置画布比例的操作方法。

STEP 01 在剪映的“媒体”功能区中导入3段视频素材，如图7-3所示。

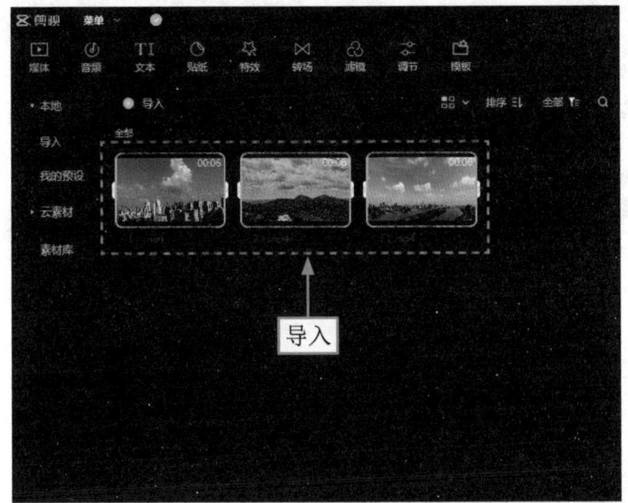

图7-3　导入视频素材

STEP 02 单击第1段视频素材右下角的“添加到轨道”按钮，将第1段视频素材添加到视频轨道上，如图7-4所示。

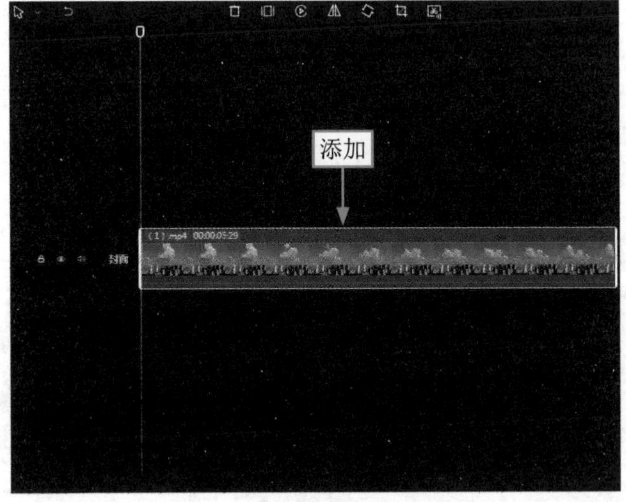

图7-4　添加第1段视频素材

STEP 03 >>> 在“播放器”面板中，①设置视频的画布比例为9：16；②适当调整视频的大小和位置，如图7-5所示。

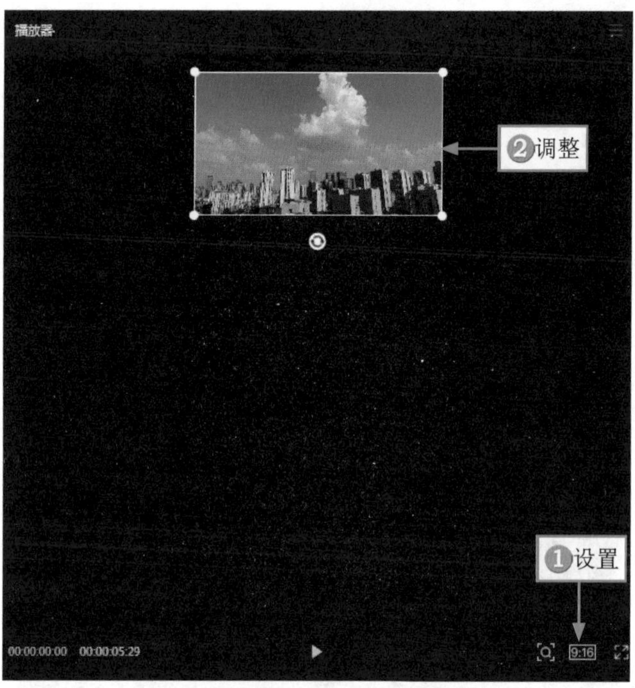

图7-5 调整视频的大小和位置

STEP 04 >>> 将第2段视频素材添加到画中画轨道中，在“播放器”面板中调整视频的大小。用同样的方法，添加并调整好第3段视频素材的大小和位置，如图7-6所示。为了整体的美观度，用户可以在添加完所有的素材之后，适当调整每段素材的大小和位置，使其整体看上去更为和谐、统一。

图7-6 调整其他段视频的大小和位置

STEP 05 执行操作后，调整好第2段、第3段视频素材的时长，如图7-7所示，使其与第1段视频素材的时长保持一致。

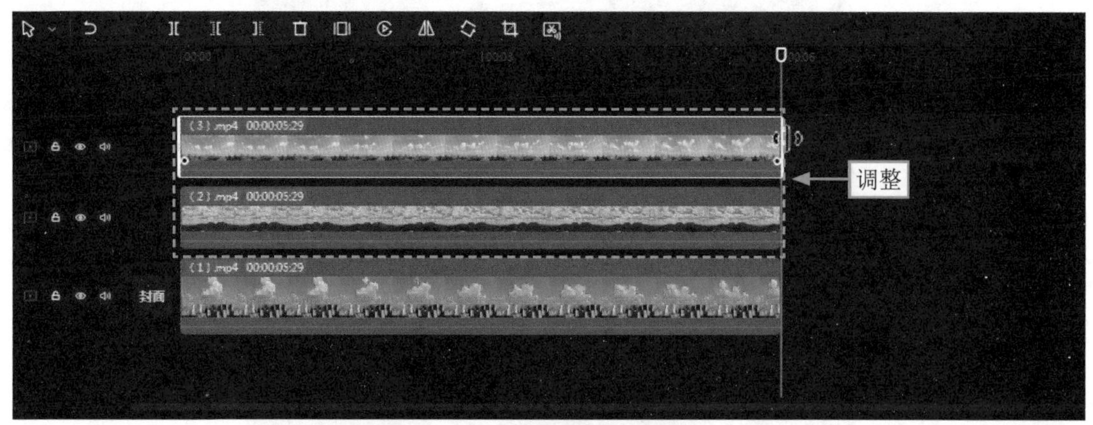

图7-7 调整视频素材的时长

7.2.2 设置背景

设置好画布比例之后，接下来设置视频的背景。下面介绍设置背景的操作方法。

STEP 01 拖曳时间滑块至视频素材的开始位置，选择视频轨道中的素材，如图7-8所示。

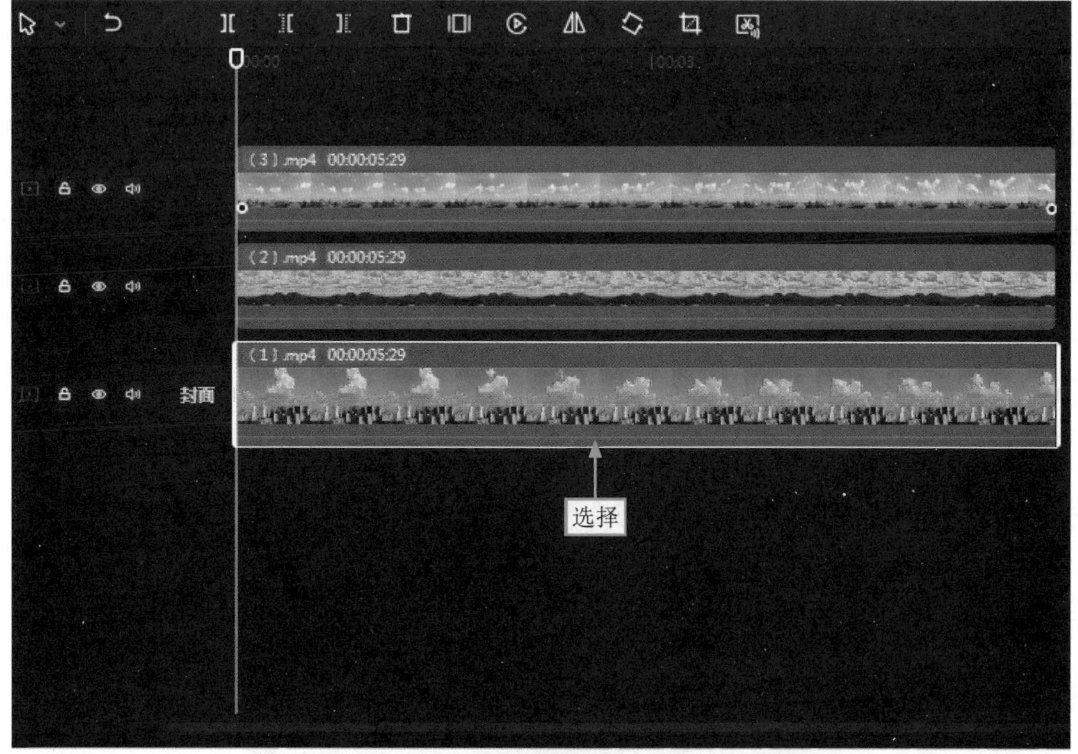

图7-8 选择视频轨道中的素材

STEP 02 在“画面”操作区的“基础”选项卡中，❶单击“背景填充”下方的下拉按钮；❷在弹出的下拉列表框中选择“颜色”选项，如图7-9所示。

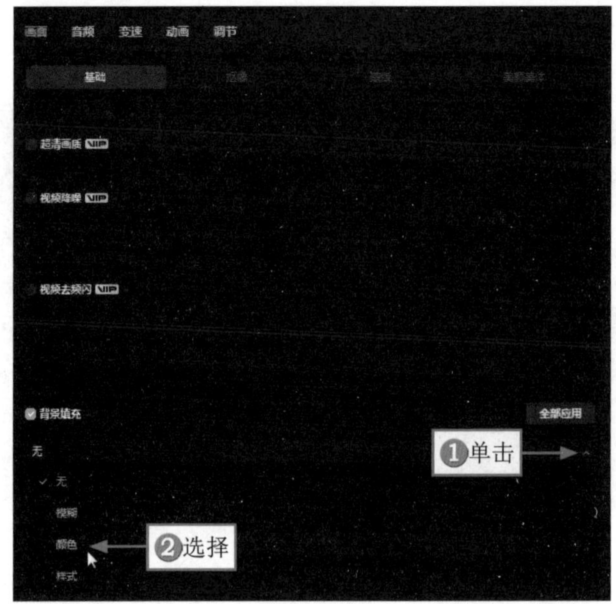

图7-9　选择“颜色”选项

STEP 03 选择白色色块，如图7-10所示。

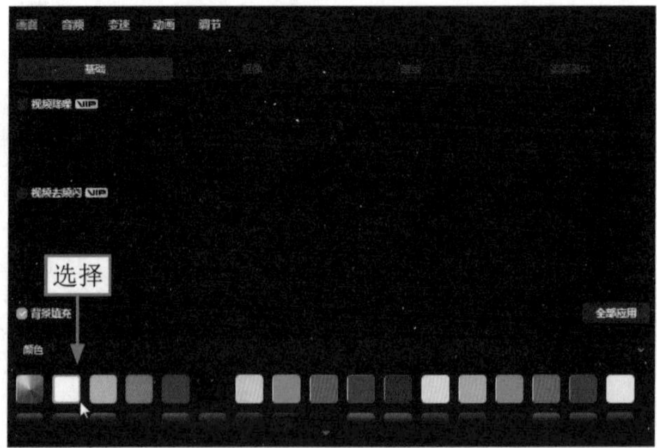

图7-10　选择白色色块

STEP 04 单击“导出”按钮，如图7-11所示，即可将刚才制作的合成效果视频导出。

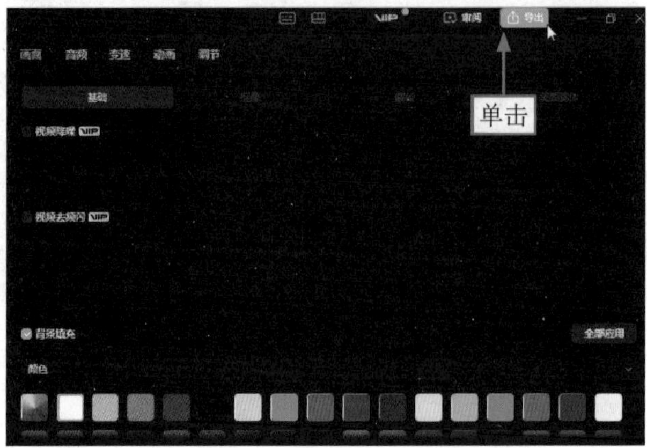

图7-11　单击“导出”按钮

7.2.3 添加关键帧

扫码看视频

添加关键帧是制作《天空之景》动态滑屏最关键的一步，只有这一步制作好了，才能得到最终的滑屏效果。下面介绍添加关键帧的操作方法。

STEP 01 通过拖曳的方式，将效果视频添加到视频轨道上，如图7-12所示。

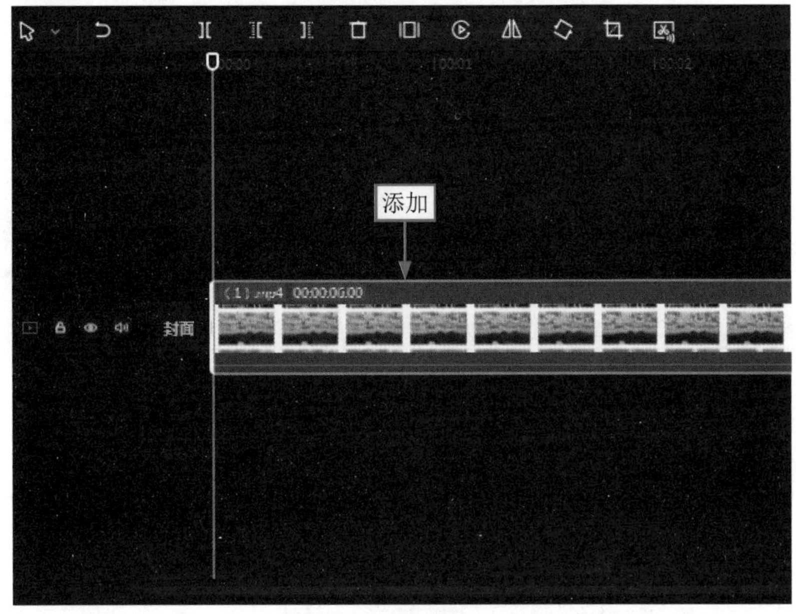

图7-12 添加效果视频

STEP 02 在“播放器”面板中，设置画布比例为16：9，如图7-13所示。

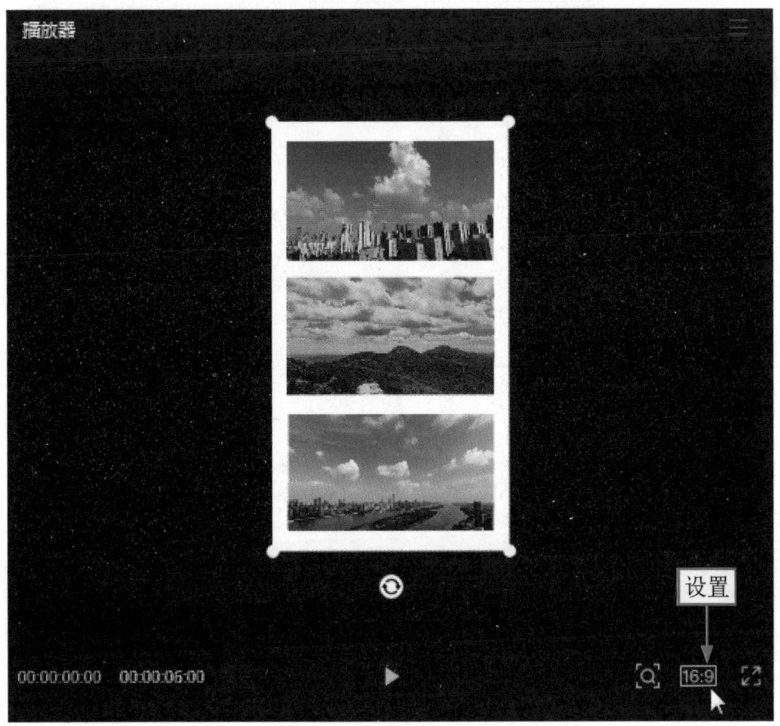

图7-13 设置画布比例

STEP 03 拖曳视频画面四周的控制柄，调整视频画面的大小，使其铺满整个预览窗口，如图7-14所示。

STEP 04 拖曳时间滑块至相应位置，在“画面”操作区的“基础”选项卡中，点亮“位置”最右侧的关键帧按钮◆，如图7-15所示。

图7-14　调整视频画面的大小

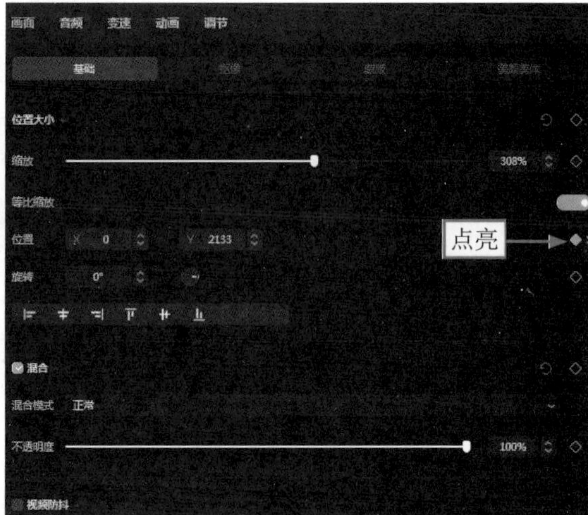

图7-15　点亮关键帧按钮

STEP 05 执行操作后，❶即可为视频添加一个关键帧；❷将时间滑块拖曳至00:00:05:00的位置，如图7-16所示。

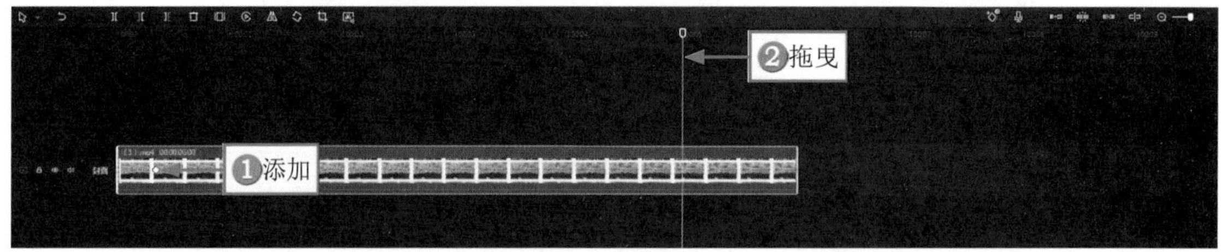

图7-16　拖曳时间轴

STEP 06 在“画面”操作区的“基础”选项卡中，设置“位置”右侧的Y参数为2133，如图7-17所示，此时“位置”右侧的关键帧按钮◆会自动点亮。

图7-17　设置“位置”参数

7.2.4 添加音乐

视频制作完成之后，用户可以为其添加一个合适的背景音乐。下面介绍添加音乐的操作方法。

STEP 01 拖曳时间滑块至视频素材的开始位置，在“变速”操作区的“常规变速”选项卡中，设置“倍数”参数为0.8x，如图7-18所示。

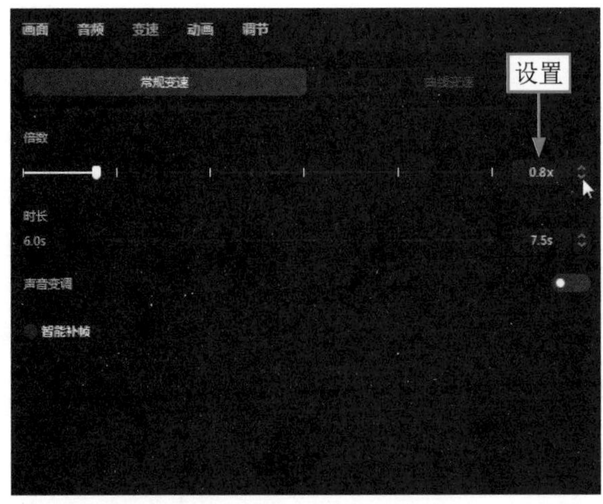

图7-18 设置“倍数”参数

STEP 02 在“音频”功能区的“音乐素材”选项卡中，①选择“纯音乐”选项；②单击所选音乐右下角的“添加到轨道”按钮，如图7-19所示，拖曳时间滑块至视频结束位置。

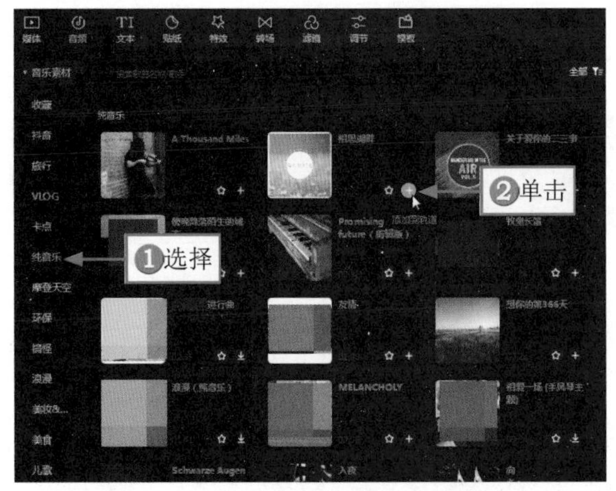

图7-19 单击“添加到轨道”按钮

STEP 03 ①单击“分割”按钮，分割音频素材；②单击“删除”按钮，如图7-20所示，删除多余的音频素材。

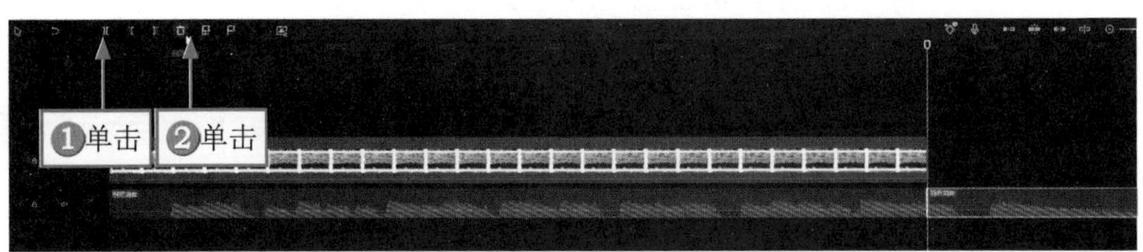

图7-20 单击“删除”按钮

第8章 夜景视频：制作《城市霓虹》

夜景视频是指在夜晚中拍摄的风景视频。用户可以将多段夜景视频素材合成一段完整的视频，并为其添加合适的滤镜，制作片头片尾，添加相应文字和背景音乐。夜景视频能直观地看到不同地点的景色，主体非常明确，比较有氛围感，能带给观众不同的视觉感受。

8.1 《城市霓虹》效果展示

夜景视频，顾名思义，就是指关于夜晚景色的视频。由于晚上的光线不足，所以大部分的夜景视频都是借助城市中的灯光来拍摄的，如道路两旁的路灯、道路上的车灯、燃放的烟花、建筑物中的灯光等，只有借助这些光亮，才能更好地拍摄出夜晚的景色。

在制作《城市霓虹》视频之前，首先来欣赏本案例的视频效果，并了解案例的学习目标、制作思路、知识讲解和要点讲堂。

8.1.1 效果欣赏

《城市霓虹》夜景视频的画面效果如图8-1所示。

图8-1 画面效果

8.1.2 学习目标

知识目标	掌握夜景视频的制作方法
技能目标	（1）掌握为视频添加滤镜的操作方法 （2）掌握为视频制作片头的操作方法 （3）掌握为视频制作片尾的操作方法 （4）掌握为视频添加文字的操作方法 （5）掌握为视频添加音乐的操作方法
本章重点	为视频添加滤镜
本章难点	为视频制作片头
视频时长	15分08秒

8.1.3 制作思路

本案例首先介绍了为视频添加滤镜，然后为其制作片头、片尾，最后添加文字和背景音乐。图8-2所示为本案例视频的制作思路。

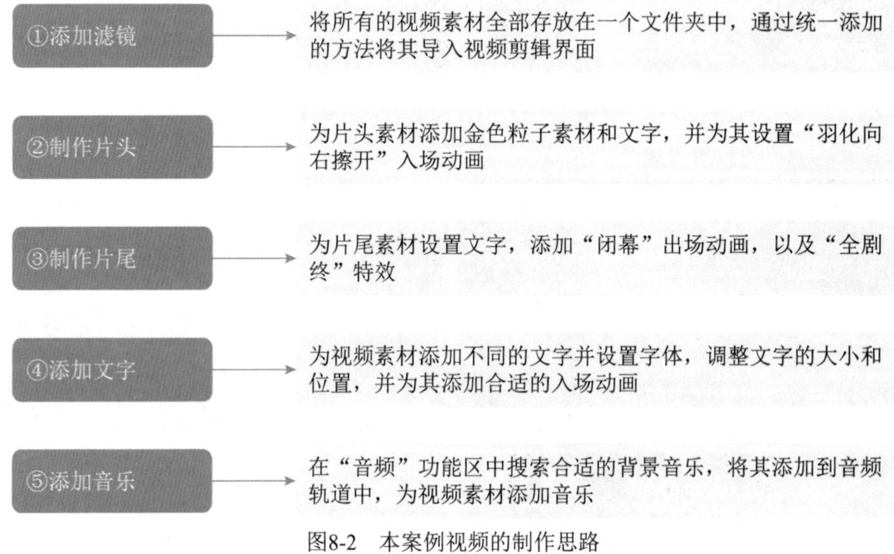

图8-2　本案例视频的制作思路

8.1.4 知识讲解

夜景视频是将多个在夜晚拍摄的视频组合在一起，从而营造出美好的夜晚氛围。夜景视频的主体即为有光亮的物体或景色。在制作夜景视频时需要注意，视频素材的画面一定要清晰、高品质。

8.1.5 要点讲堂

在本章内容中，会用到一个剪映功能——添加滤镜，该功能的主要作用有两个，具体内容如下。

❶ 提升画面色彩度。夜晚拍摄的视频，色彩饱和度往往达不到高质量的要求，所以添加一个合适的滤镜，可以改变画面的整体色彩，让视频画面看上去更加饱满、漂亮。

❷ 提高画面美观度。夜晚拍摄的视频中，大部分的画面不够精美，添加滤镜有利于调节画面整体的参数，如饱和度、亮度、对比度、色温等，从而提高画面的美观度。

为视频添加滤镜的主要方法为：只需要在“滤镜”功能区中选择合适的滤镜样式即可。如果滤镜应用程度不够自然，还可以通过修改其应用程度来调整画面效果，以达到最佳的视觉效果。

8.2 《城市霓虹》制作流程

本节将为大家介绍夜景视频的制作方法，包括为视频添加滤镜、为视频制作片头和片尾、为视频添加文字和音乐，希望大家能够熟练掌握。

8.2.1 添加滤镜

剪映中提供了多种多样、风格迥异的滤镜，用户可以为视频素材添加合适的滤镜，一键完成调色处理。下面介绍添加滤镜的操作方法。

STEP 01 将3段视频素材、片头素材和片尾素材导入“本地”选项卡中，将第1段视频素材添加到视频轨道中，如图8-3所示。

STEP 02 ❶切换至“滤镜”功能区；❷在“夜景”选项中单击“暖黄”滤镜右下角的“添加到轨道”按钮，如图8-4所示。

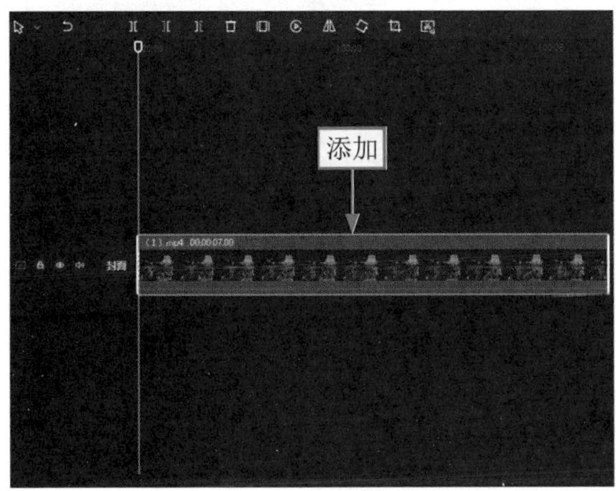

图8-3　将素材添加到视频轨道

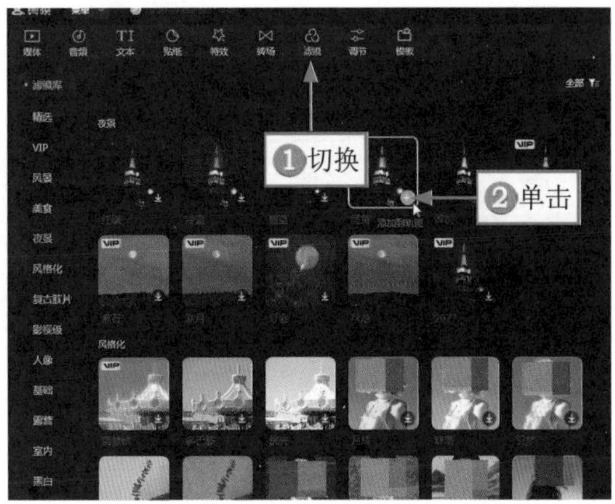

图8-4　单击“添加到轨道”按钮

STEP 03 将滤镜的时长调整为与素材的时长一致，如图8-5所示。单击“导出”按钮，将调好的素材导出备用。

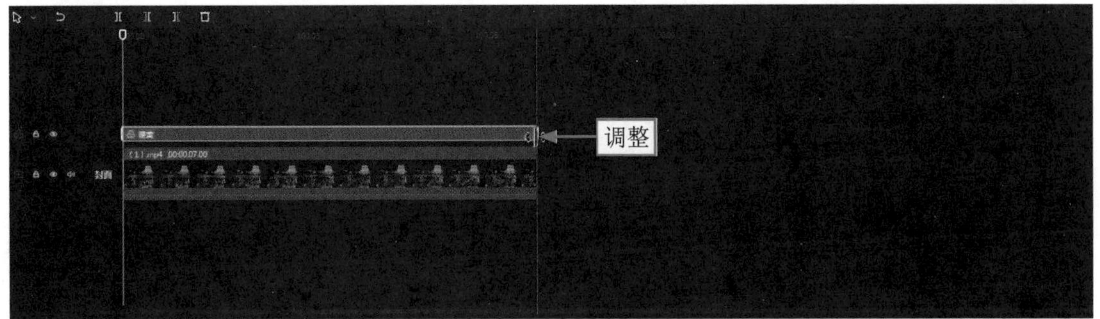

图8-5　调整滤镜的时长

STEP 04 清空所有轨道，为第2段视频素材添加“影视级”选项中的“青橙”滤镜，并调整滤镜的时长，如图8-6所示，然后将调好色的素材导出。

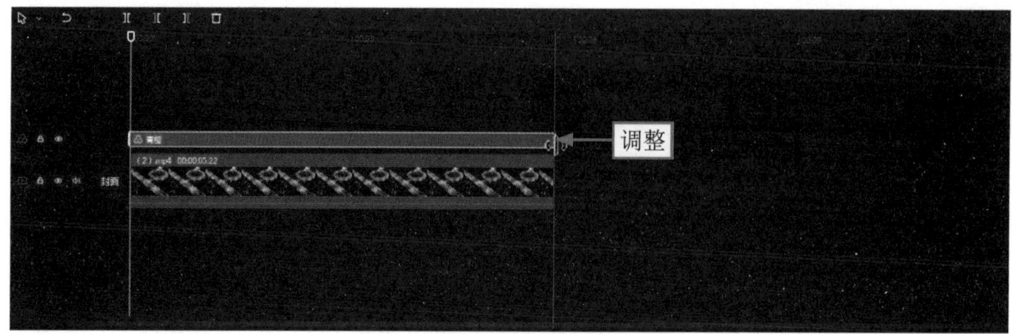

图8-6 调整“青橙”滤镜的时长

STEP 05 清空所有轨道，为第3段视频素材添加“风景”选项中的“冰夏”滤镜，并调整滤镜的时长，如图8-7所示，然后将调好色的素材导出。用同样的方法，分别为片头素材添加“夜景”选项中的“橙蓝”滤镜，为片尾素材添加“夜景”选项中的“冷蓝”滤镜，并调整滤镜的时长，然后将调好色的素材进行导出。

图8-7 调整“冰夏”滤镜的时长

8.2.2 制作片头

用户可以直接在剪映的素材库中搜索合适的素材来制作片头文字效果。下面介绍制作片头的操作方法。

STEP 01 新建一个草稿文件，将调好色的片头素材添加到“本地”选项卡中，如图8-8所示。

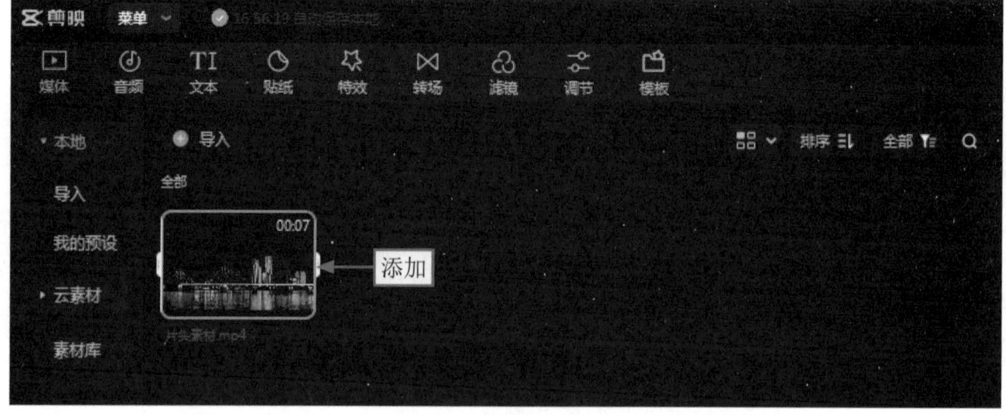

图8-8 将调好色的片头素材添加到“本地”选项卡

STEP 02 在“媒体”功能区的“素材库”选项卡中，①搜索“金色粒子素材”；②在搜索结果中单击相应素材右下角的“添加到轨道”按钮，如图8-9所示。

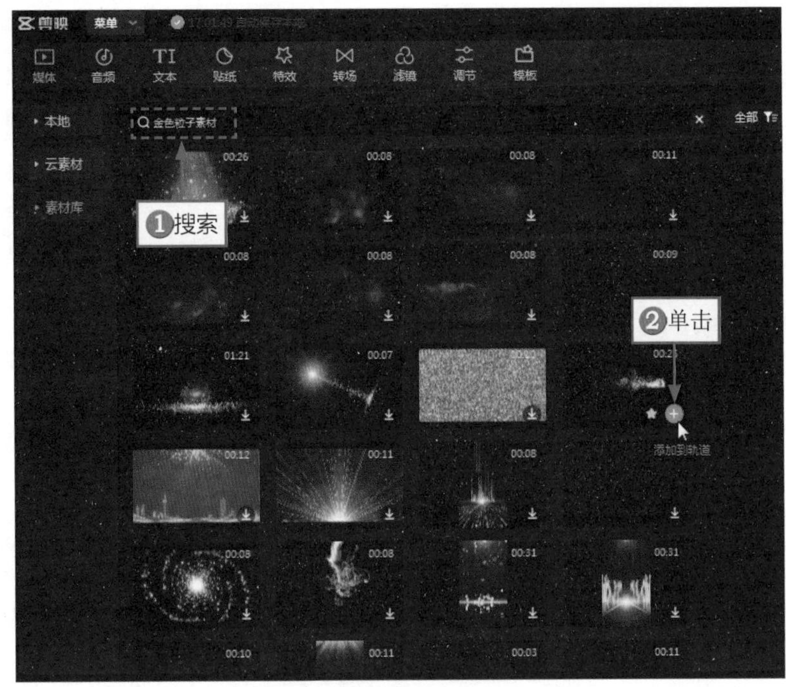

图8-9 单击“添加到轨道”按钮

STEP 03 将其添加到视频轨道中，设置素材的“混合模式”为“滤色”，如图8-10所示。

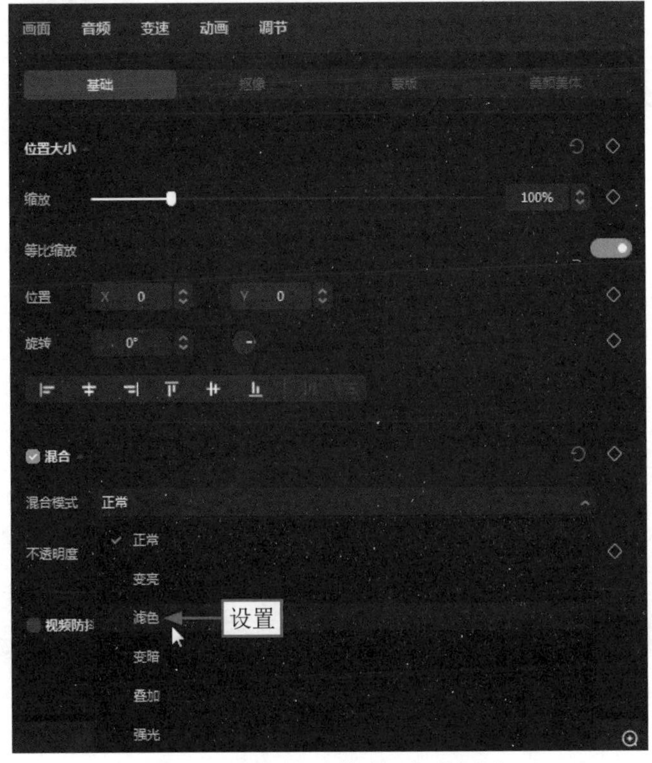

图8-10 设置“混合模式”为“滤色”

STEP 04 ❶拖曳时间滑块至00:00:18:13的位置；❷单击“分割”按钮，如图8-11所示，对粒子素材进行分割。用同样的方法，在00:00:22:19的位置，再次进行分割。

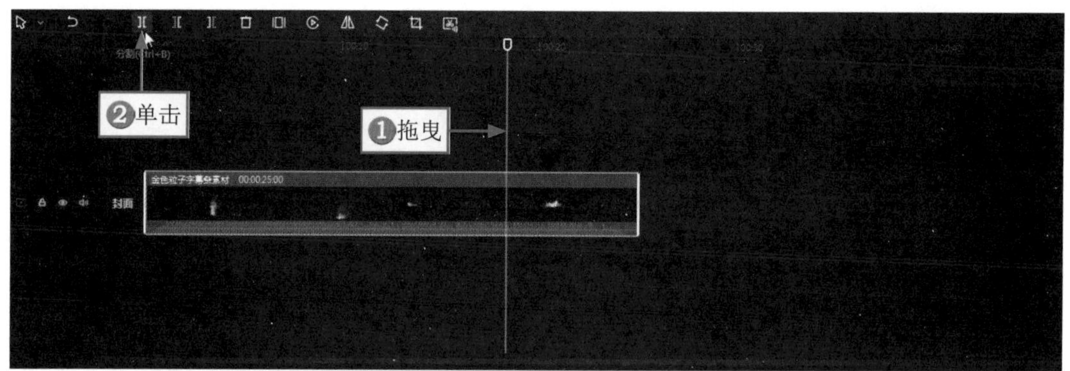

图8-11 单击“分割”按钮

STEP 05 删除分割出的第1段和第3段粒子素材后，❶将片头素材添加到视频轨道；❷拖曳粒子素材至画中画轨道中，如图8-12所示。

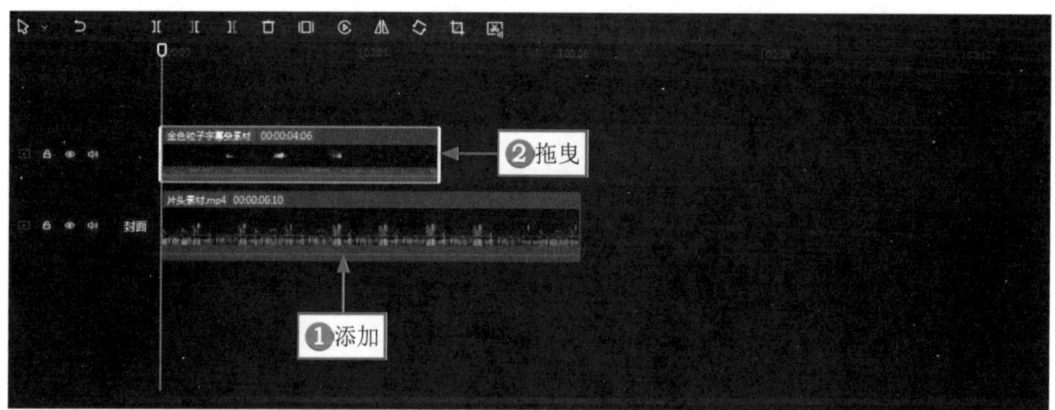

图8-12 拖曳粒子素材至画中画轨道

STEP 06 单击画中画轨道起始位置的“关闭原声”按钮，如图8-13所示，关闭粒子素材的声音。

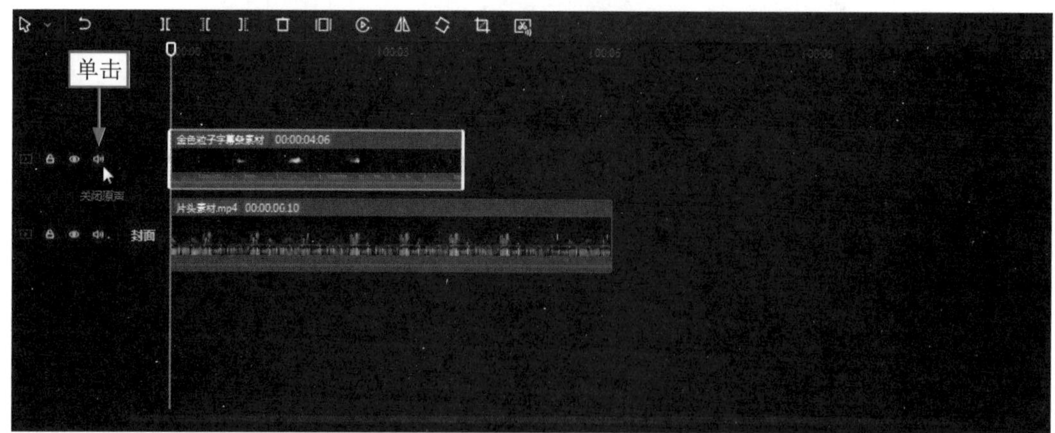

图8-13 单击“关闭原声”按钮

STEP 07 拖曳时间滑块至00:00:00:10的位置，在“文本”功能区的“新建文本”选项卡中单击“默认文本”右下角的“添加到轨道”按钮，添加一段默认文本，如图8-14所示。

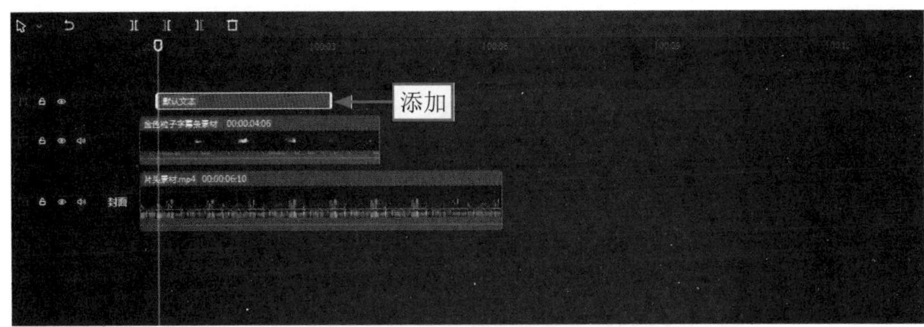

图8-14 添加一段默认文本

STEP 08 在“文本”操作区的“基础”选项卡中，❶修改文本内容；❷选择合适的字体；❸在“播放器”面板中调整文字的大小和位置，如图8-15所示。

图8-15 调整文字的大小和位置

STEP 09 ❶切换至“动画”操作区；❷选择“羽化向右擦开”入场动画；❸设置“动画时长”参数为3.0s，如图8-16所示，延长动画特效。

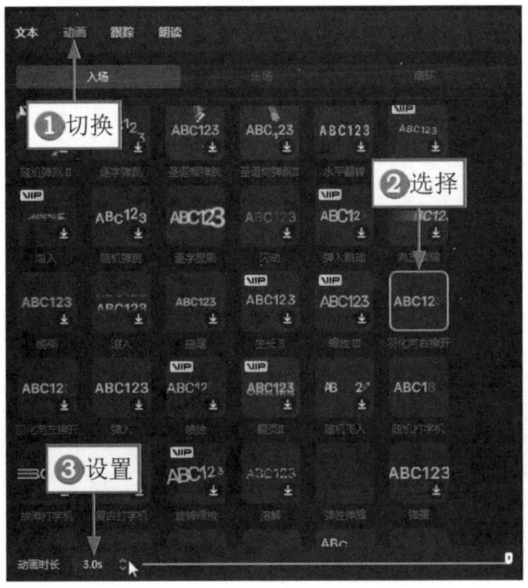

图8-16 设置“动画时长”参数

STEP 10 适当调整片头素材的时长，如图8-17所示。

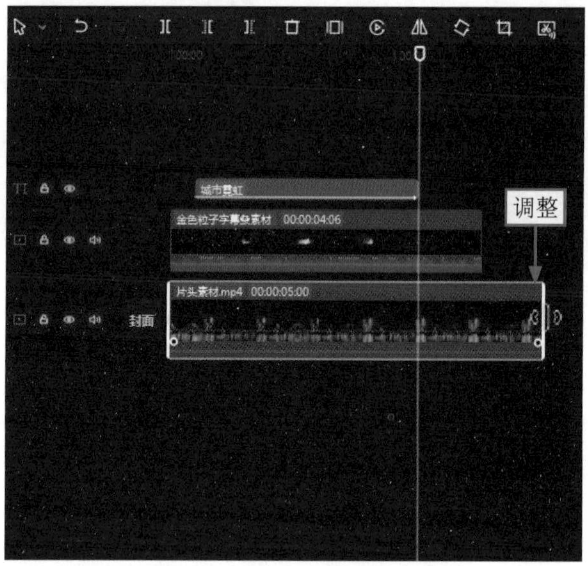

图8-17 调整片头素材的时长

STEP 11 调整文本的时长，使其与片头素材的结束位置对齐，如图8-18所示，即可完成片头的制作。单击“导出”按钮，将其导出备用。

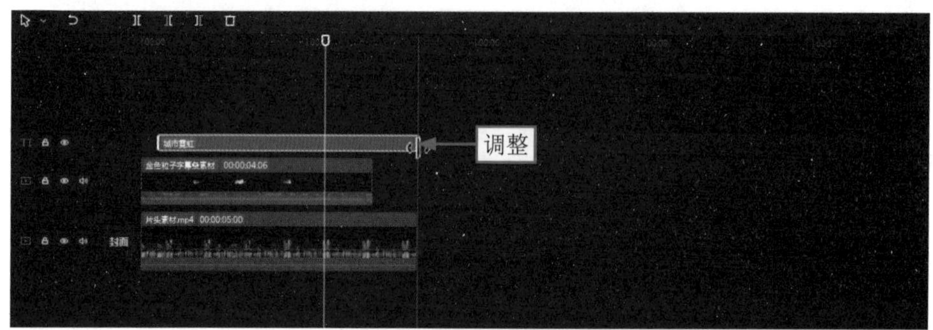

图8-18 调整文本的时长

8.2.3 制作片尾

用户可以通过文字动画和特效制作出好看的片尾效果。下面介绍制作片尾的操作方法。

STEP 01 清空所有轨道，将片尾素材添加至视频轨道中，如图8-19所示。

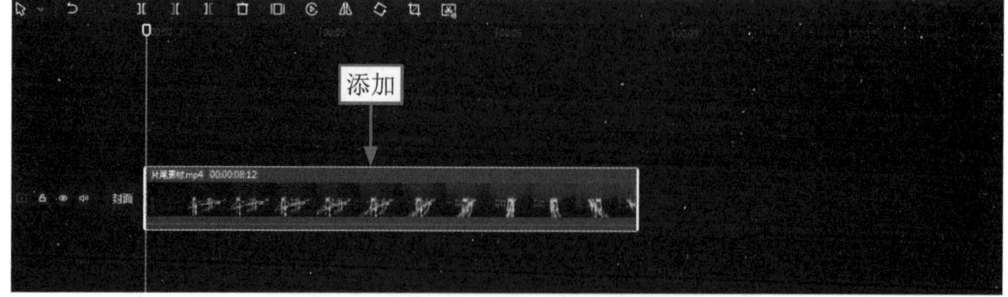

图8-19 添加片尾素材至视频轨道

STEP 02 ❶在“播放器”面板中设置画面比例为16：9；❷在“画面”操作区的“基础”选项卡中设置“背景填充”为“模糊”；❸选择第3个模糊效果，如图8-20所示。

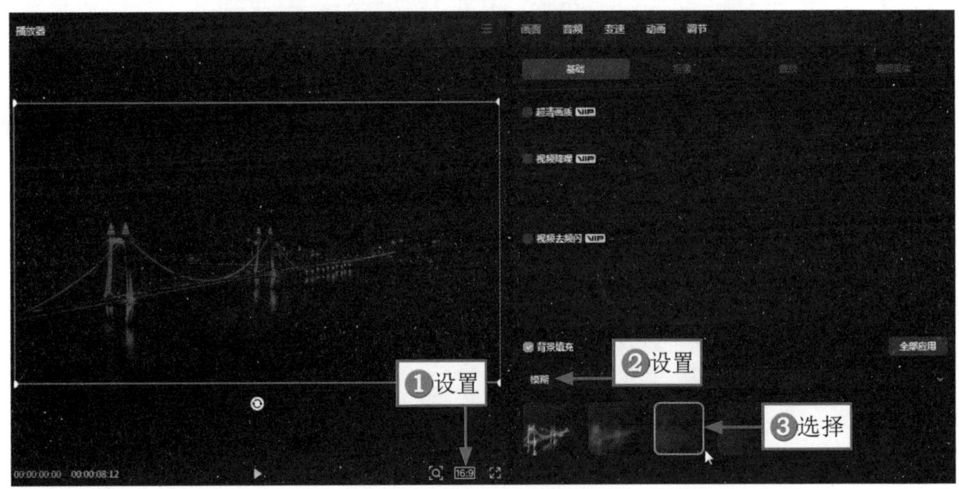

图8-20 选择第3个模糊效果

STEP 03 在视频起始位置添加一段默认文本，❶修改文字内容；❷选择合适的字体；❸调整文字的大小和位置，如图8-21所示。

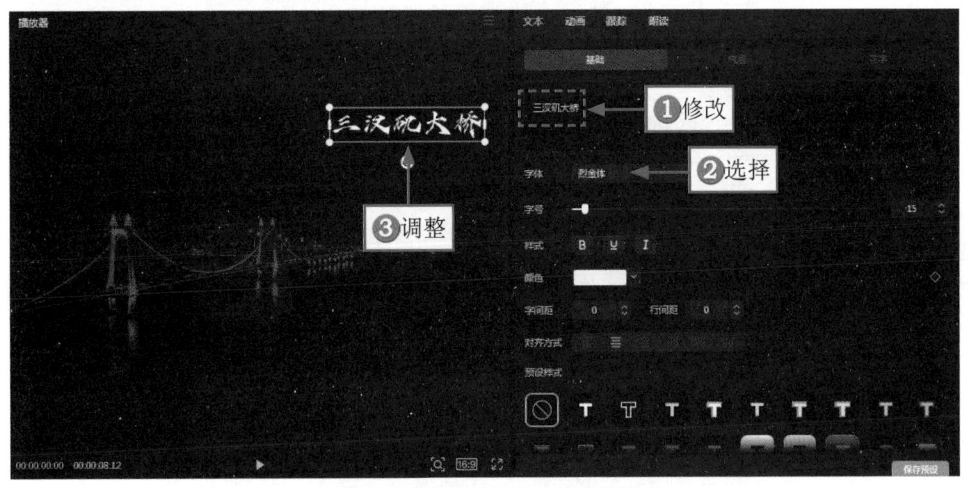

图8-21 调整文字的大小和位置

STEP 04 在“动画”操作区的“入场”选项卡中，❶选择“逐字显影”动画；❷设置“动画时长”参数为1.0s，如图8-22所示，适当延长动画效果。

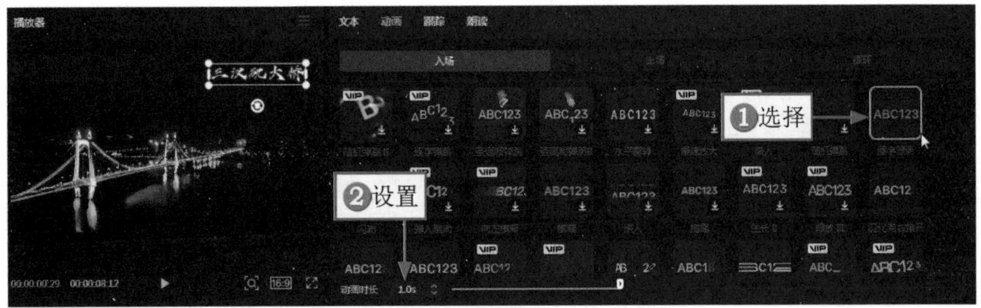

图8-22 设置“动画时长”参数（1）

STEP 05 执行操作后，将文本的时长调整为5s，如图8-23所示，让文字显示时间变长。

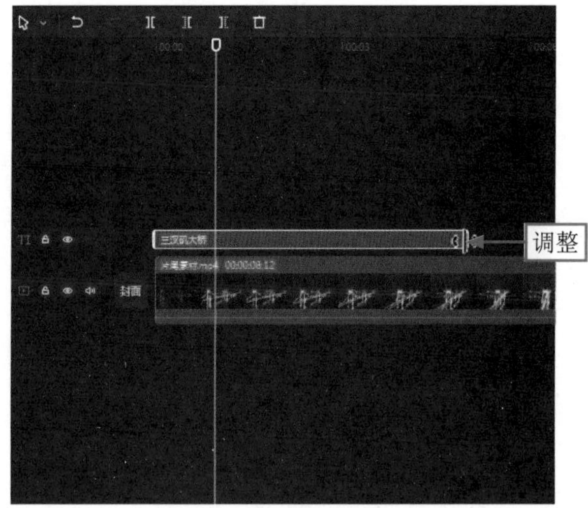

图8-23　调整文本时长

STEP 06 用同样的方法，❶为文本添加“闭幕”出场动画；❷设置“动画时长”参数为2.5s，如图8-24所示，延长动画效果。

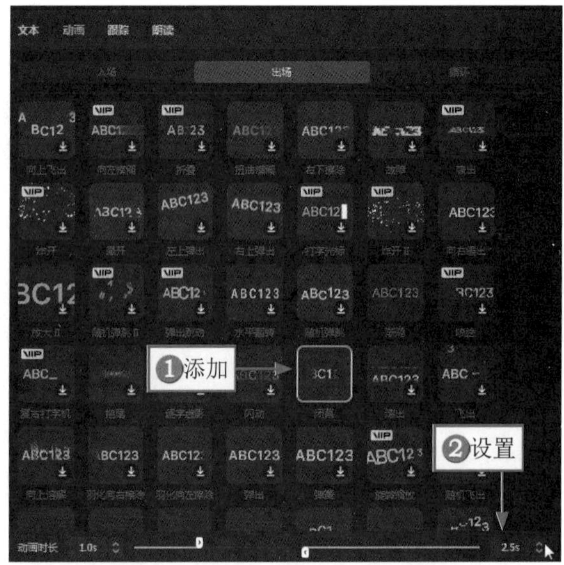

图8-24　设置“动画时长”参数（2）

STEP 07 执行操作后，调整片尾素材的时长为00:00:06:16，如图8-25所示。

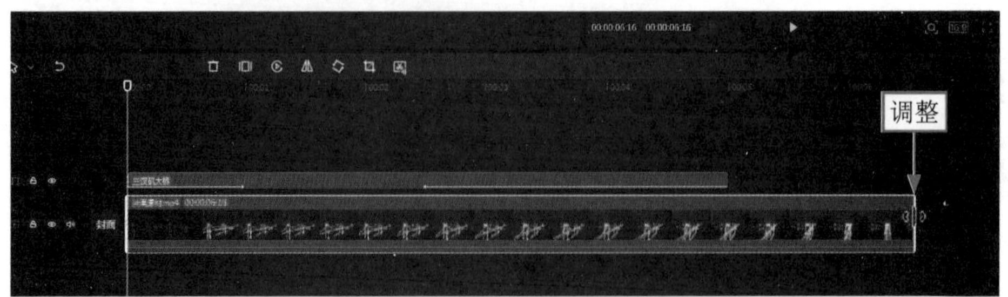

图8-25　调整片尾素材的时长

STEP 08 拖曳时间滑块至4s位置处，在“特效”功能区的“画面特效”选项卡中，❶选择“基础”选项；❷单击“全剧终”特效右下角的“添加到轨道”按钮，如图8-26所示。

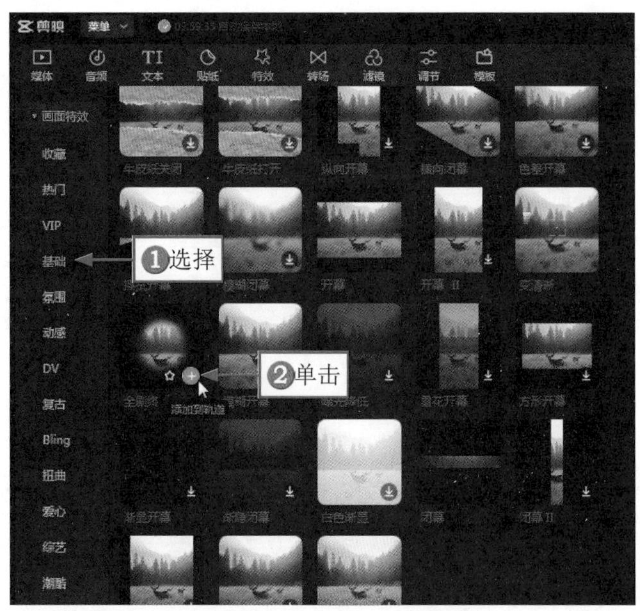

图8-26　单击“添加到轨道”按钮

STEP 09 调整特效时长，使其与片尾素材对齐，如图8-27所示，即可完成片尾的制作。单击“导出”按钮，将其导出备用。

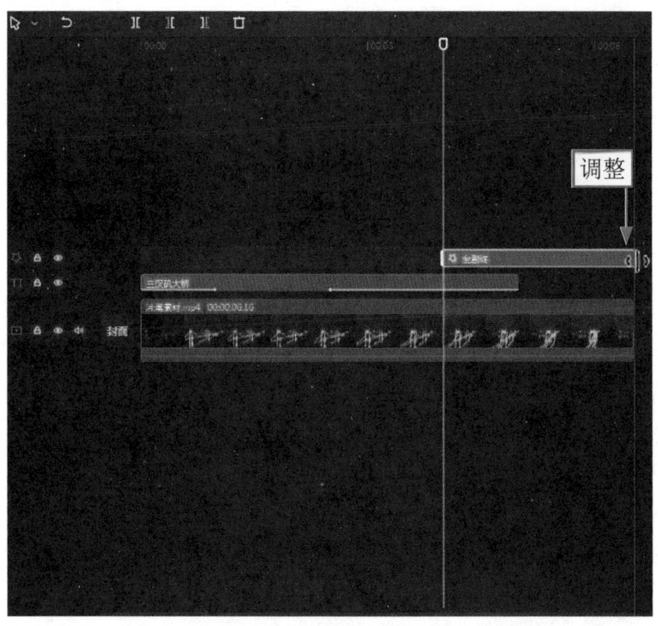

图8-27　调整特效时长

8.2.4　添加文字

制作完片头片尾之后，用户还可以为视频中间的素材添加文字，并设置动画效果，以此来丰富整个视频画面。下面介绍添加文字的操作方法。

STEP 01 清空所有轨道，按顺序添加之前制作好的片头素材、3段视频素材和片尾素材，如图8-28所示。

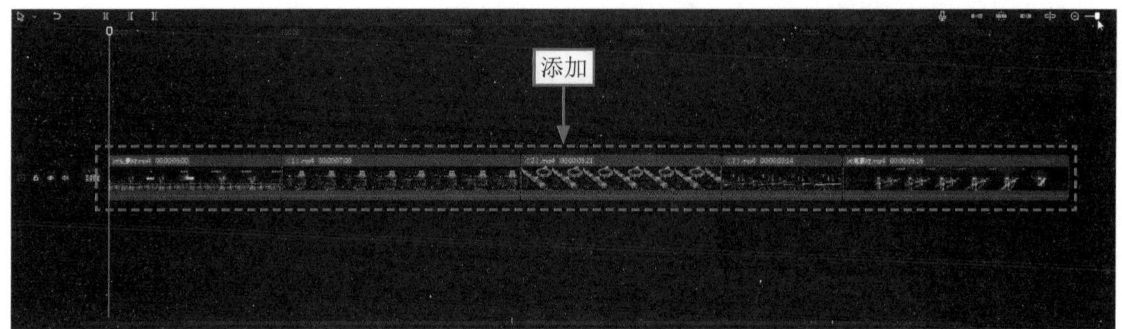

图8-28 添加所有素材至视频轨道

STEP 02 调整3段视频素材的时长，使其保持一致，如图8-29所示。

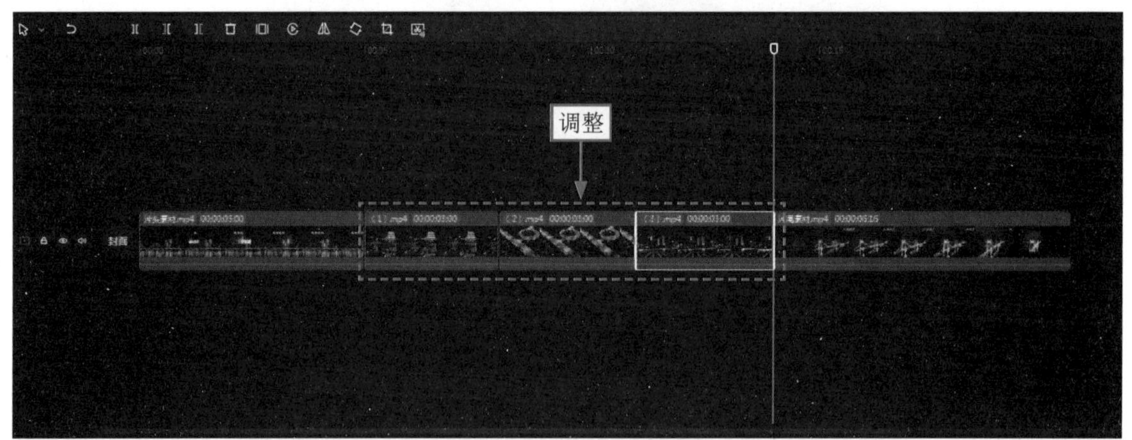

图8-29 调整视频素材的时长

STEP 03 拖曳时间滑块至第1段视频素材的开始位置，为其添加一段默认文本，❶修改文字内容；❷选择合适的字体；❸在“播放器”面板中调整文字的大小和位置，如图8-30所示。

图8-30 调整文字的大小和位置

STEP 04 在“动画”操作区的“入场”选项卡中，❶选择“逐字显影”动画；❷设置“动画时长”参数为1.0s，如图8-31所示。

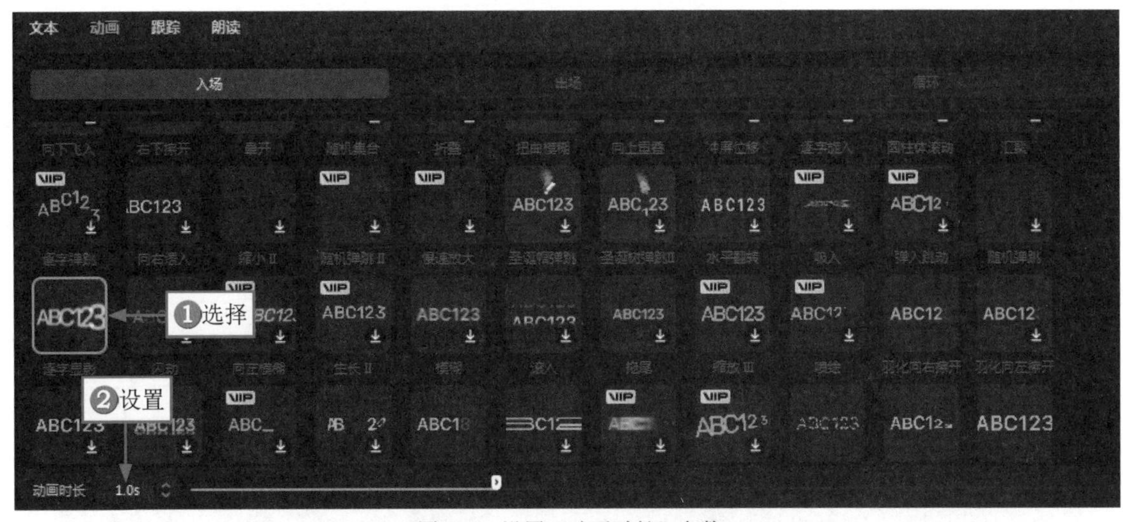

图8-31 设置"动画时长"参数

STEP 05 复制该文本，拖曳时间滑块至第2段视频素材的起始位置，粘贴该文本，如图8-32所示。

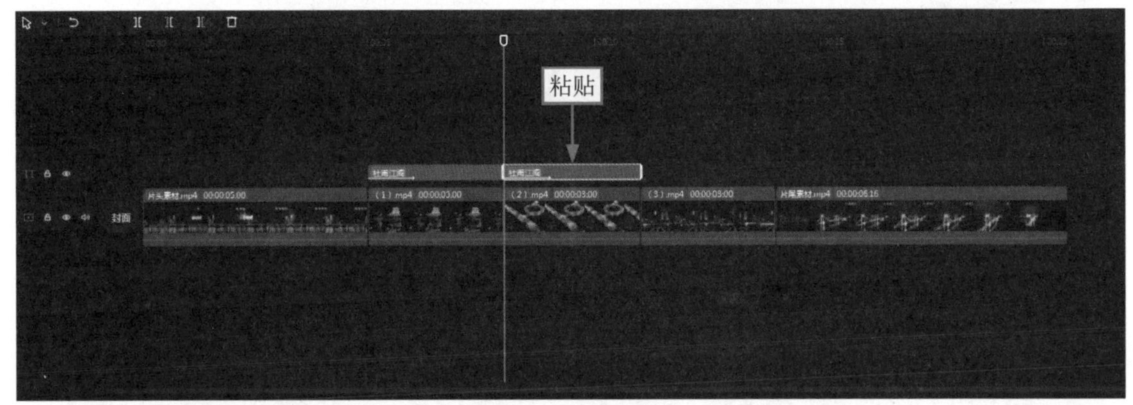

图8-32 粘贴文本

STEP 06 ❶修改文字内容；❷调整文字的位置，如图8-33所示。用同样的方法，为第3段视频素材添加相应文字，并调整文字的位置。

图8-33 调整文字的位置

8.2.5 添加音乐

视频制作完成后，用户可以为其添加一个合适的背景音乐。下面介绍为视频添加音乐的操作方法。

STEP 01 拖曳时间滑块至视频素材的开始位置，如图8-34所示。

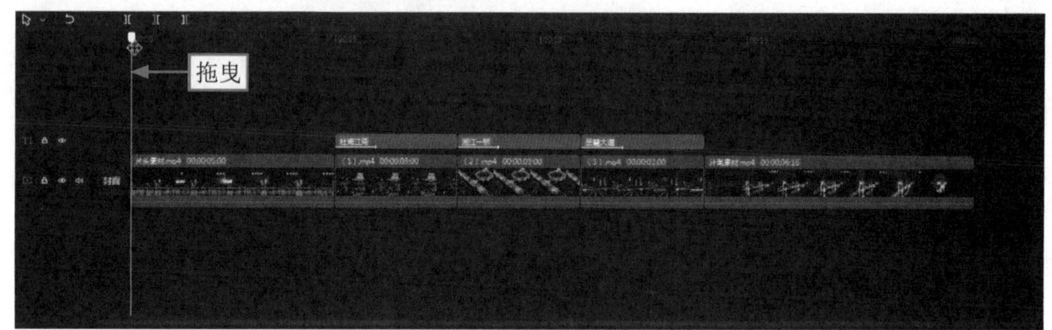

图8-34 拖曳时间轴

STEP 02 ❶在“音频”功能区的“音乐素材”选项卡中搜索相应的音乐；❷单击搜索结果中合适音乐右下角的“添加到轨道”按钮，如图8-35所示。

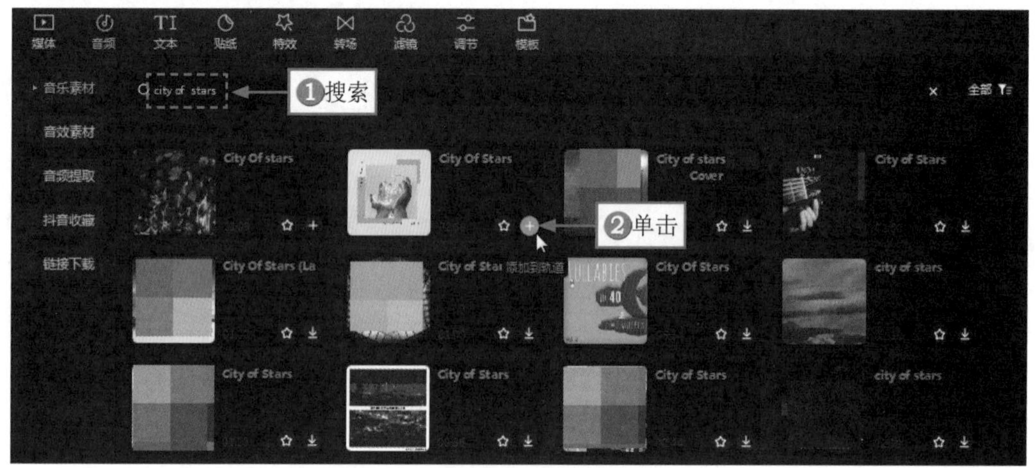

图8-35 单击“添加到轨道”按钮

STEP 03 ❶拖曳时间滑块至视频素材的结束位置；❷单击“分割”按钮，分割音频素材；❸单击“删除”按钮，如图8-36所示，删除多余的音频素材。

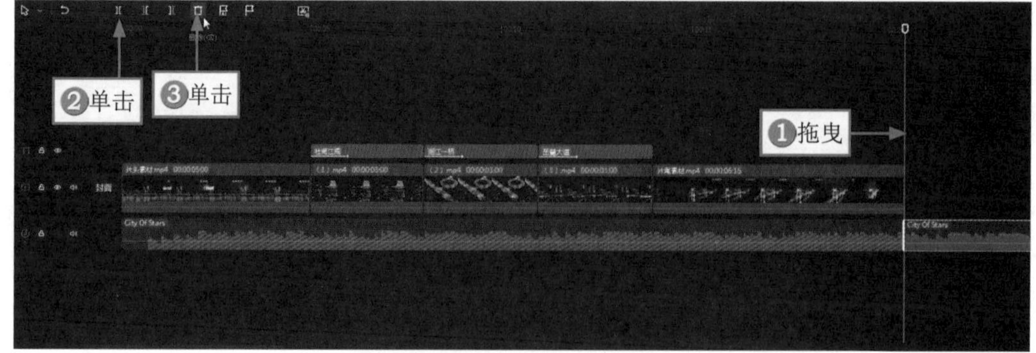

图8-36 单击“删除”按钮

第9章 观光视频：制作《城市风光》

观光视频中的画面内容要足够优质，才能够吸引别人来看，这就要求其画面色彩饱和度较高且色彩分布均匀、画质清晰不模糊、主体突出有特色等。通过对观光视频添加相应的转场、文字、特效、滤镜和背景音乐，能让该类视频具备更强的吸引力。

9.1 《城市风光》效果展示

观光视频主要突出的是某一个地方的风景，既包括自然风光，也包括人文风光。本案例就是向大家展示了城市的风景，能让观看该视频的人感受到这个城市的风景、人文等内容。

在制作观光视频的时候，素材最好选择同一个地方的不同画面，如同一个城市里面不同地点的景色。

在制作《城市风光》视频之前，首先来欣赏本案例的视频效果，并了解案例的学习目标、制作思路、知识讲解和要点讲堂。

9.1.1 效果欣赏

《城市风光》观光视频的画面效果如图9-1所示。

图9-1 画面效果

9.1.2 学习目标

知识目标	掌握观光视频的制作方法
技能目标	（1）掌握为视频调整时长的操作方法 （2）掌握为视频添加转场的操作方法 （3）掌握为视频添加文字的操作方法 （4）掌握为视频添加特效的操作方法 （5）掌握为视频添加滤镜的操作方法 （6）掌握为视频添加音乐的操作方法
本章重点	为视频添加文字
本章难点	为视频添加特效
视频时长	11分49秒

9.1.3 制作思路

本案例首先介绍了调整视频素材的时长，然后为其添加相应的转场、文字、特效和滤镜，最后为其添加合适的背景音乐。图9-2所示为本案例视频的制作思路。

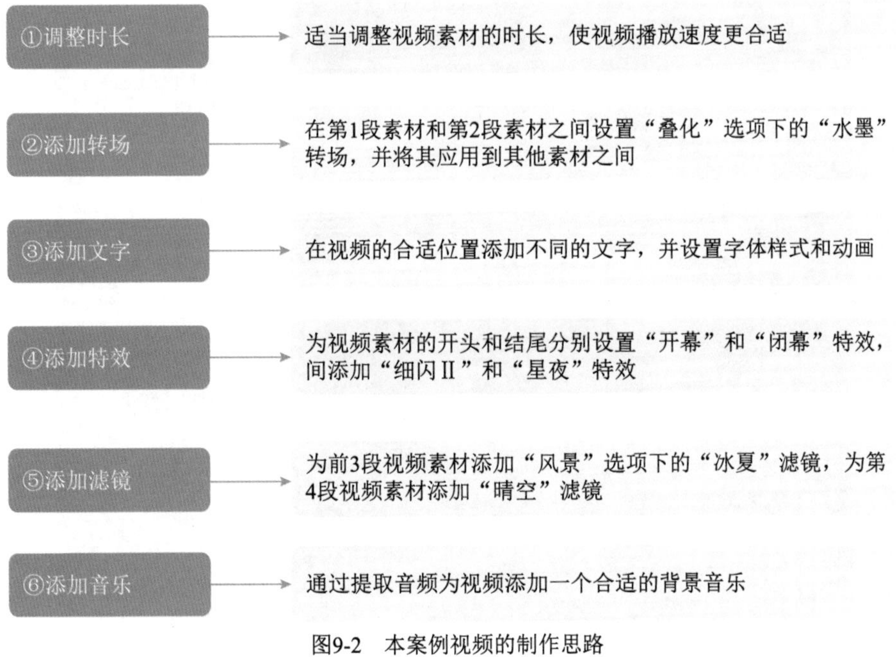

图9-2　本案例视频的制作思路

9.1.4 知识讲解

观光视频主要是指去参观、游览风景名胜，该类视频对画面的精美度要求很高。一个好的观光视频，能够在一定程度上起到宣传的作用。

9.1.5 要点讲堂

在本章内容中，会用到一个剪映功能——添加特效，该功能的主要作用是提升画面的美观度。为视频添加特效有利于让视频画面变得更加精致，既丰富了画面的内容，又达到让人赏心悦目的效果。

为视频添加特效的主要方法为：在“特效”功能区中，选择合适的特效，单击“添加到轨道”按钮，即可完成特效的添加。

9.2 《城市风光》制作流程

本节将为大家介绍观光视频的制作方法，包括调整素材时长，为视频添加转场、文字、特效、滤镜和音乐，希望大家能够熟练掌握。

9.2.1 调整时长

扫码看视频

《城市风光》视频是由4段视频素材制作而成的，制作该视频的第一步就是按照顺序导入这些素材，然后按照需要调整每段素材的时长。下面介绍在剪映中调整视频素材时长的操作方法。

STEP 01 将4段视频素材导入至“本地”选项卡中，如图9-3所示。

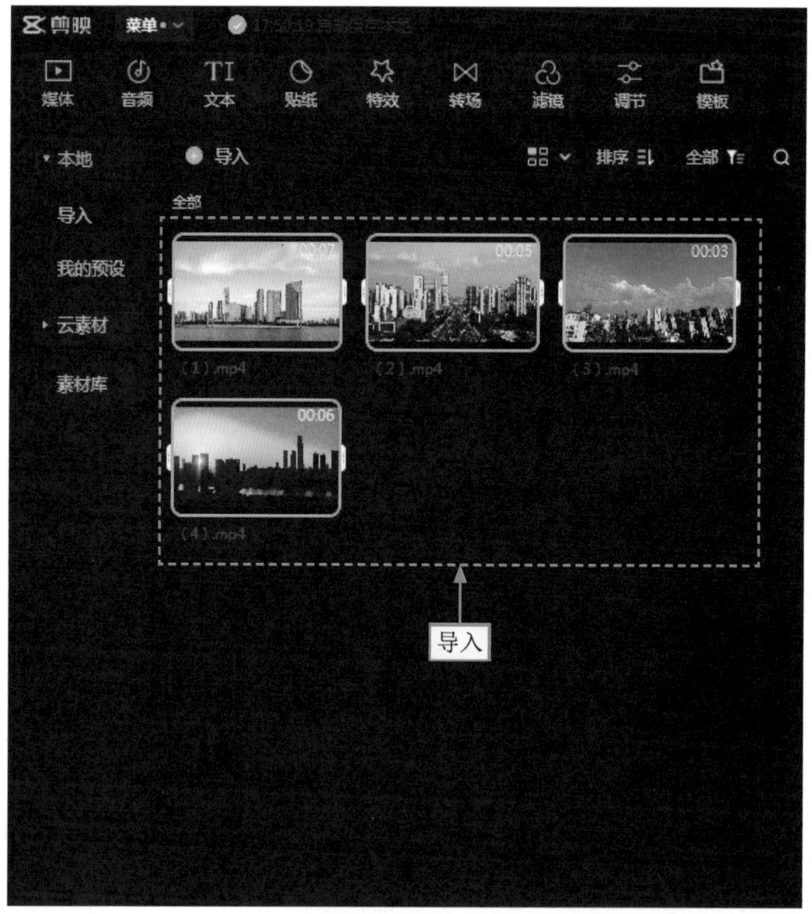

图9-3　导入视频素材至“本地”选项卡

STEP 02 单击第1段视频素材右下角的“添加到轨道”按钮，如图9-4所示，将素材添加到视频轨道中。

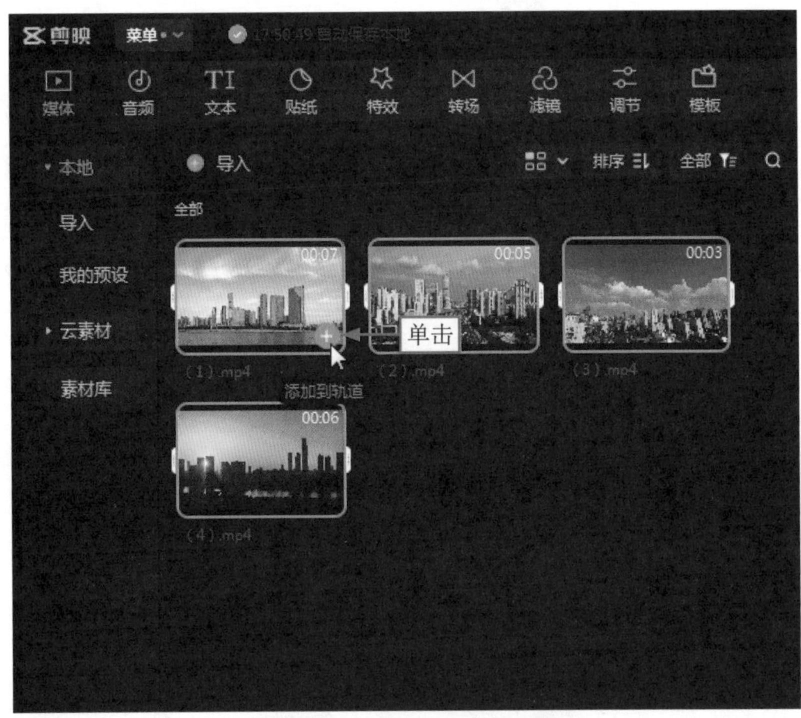

图9-4　单击“添加到轨道”按钮

STEP 03 ①拖曳时间滑块至00:00:05:11的位置；②单击“分割”按钮，如图9-5所示，对素材进行分割。

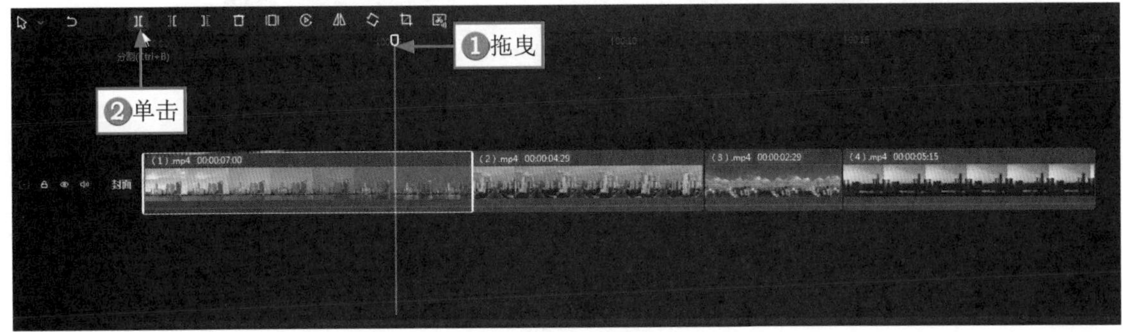

图9-5　单击“分割”按钮

STEP 04 单击“删除”按钮，如图9-6所示，删除不需要的视频片段。

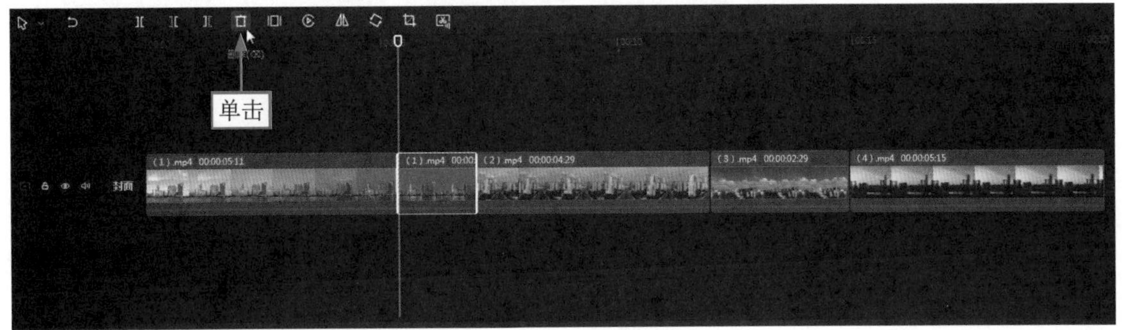

图9-6　单击“删除”按钮

STEP 05 ❶选择第2段视频素材；❷调整素材的时长为00:00:03:29，如图9-7所示。

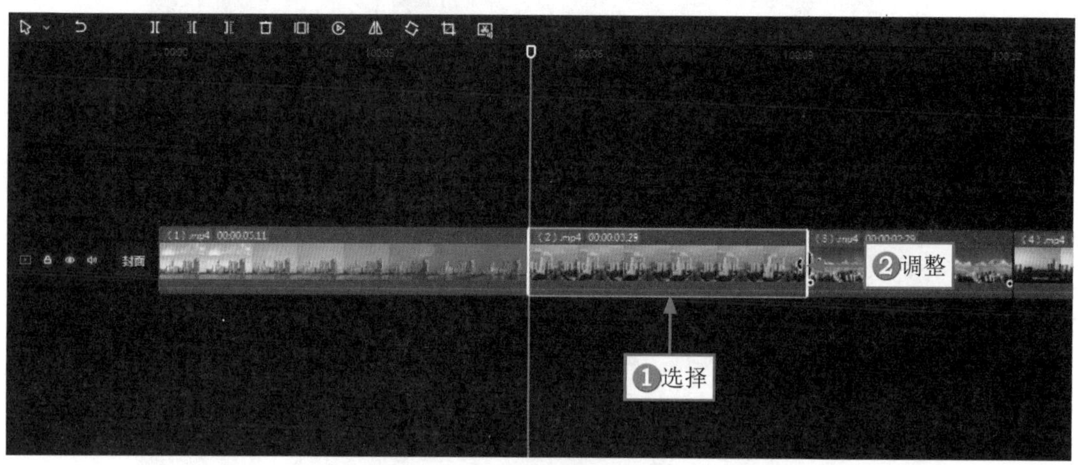

图9-7　调整第2段视频素材的时长

STEP 06 用同样的方法，调整第4段视频素材的时长为00:00:04:29，如图9-8所示。

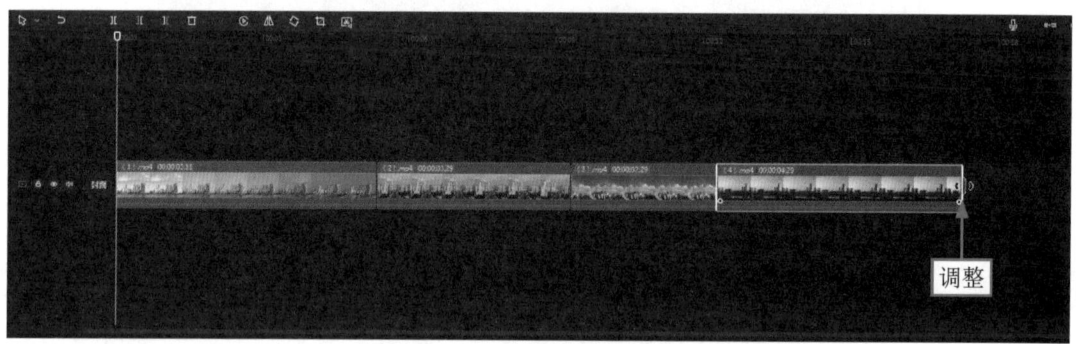

图9-8　调整第4段视频素材的时长

9.2.2　添加转场

为多段视频素材之间添加合适的转场效果，可以让视频的切换更为流畅，也可以增加视频的趣味性。下面介绍在剪映中为视频添加转场的操作方法。

STEP 01 拖曳时间滑块至第1段视频素材的结束位置，如图9-9所示。

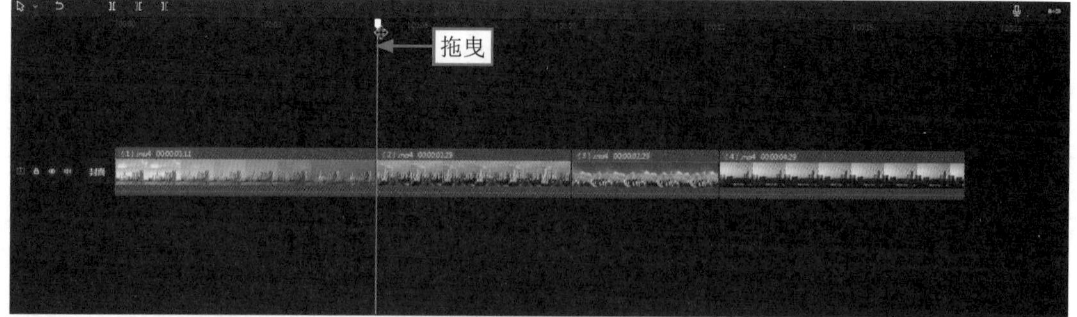

图9-9　拖曳时间轴

STEP 02 ❶单击“转场”按钮，进入“转场”功能区；❷切换至“叠化”选项；❸单击“水墨”转场右下角的“添加到轨道”按钮，如图9-10所示。

STEP 03 在弹出的界面中单击“应用全部”按钮，如图9-11所示。

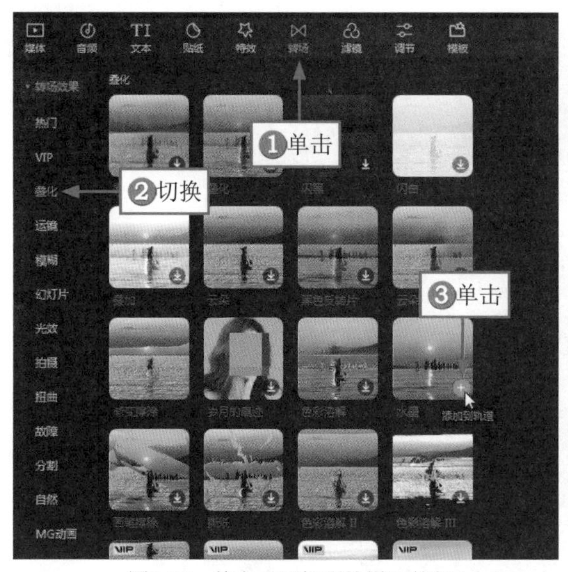

图9-10 单击“添加到轨道”按钮

图9-11 单击“应用全部”按钮

9.2.3 添加文字

想让观看视频的人了解该视频的主题，最简单的方法就是为视频添加合适的文字，而为文字添加动画可以让文字的入场和出场更自然，也可以增加视频的看点。下面介绍在剪映中为视频添加文字的操作方法。

STEP 01 拖曳时间滑块至视频素材的开始位置，如图9-12所示。

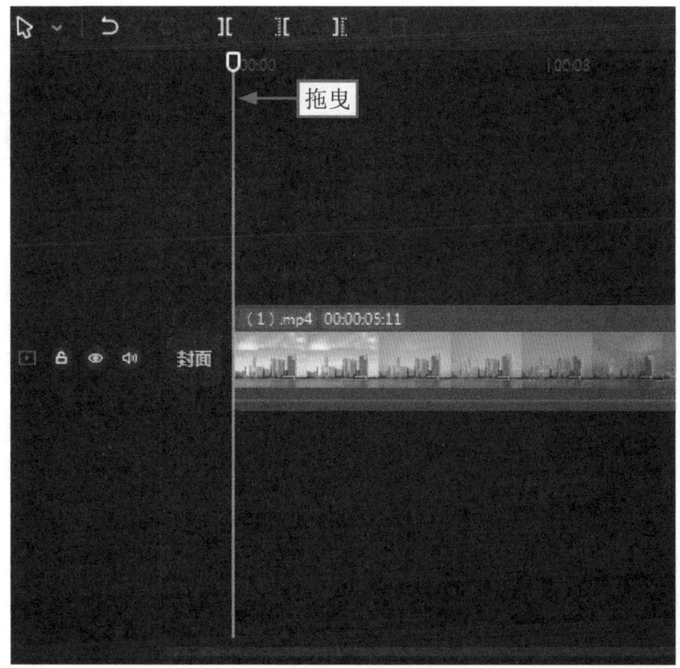

图9-12 拖曳时间轴

STEP 02 ❶单击“文本”按钮，进入“文本”功能区；在“新建文本”选项卡中，❷单击“默认文本”右下角的“添加到轨道”按钮，如图9-13所示。

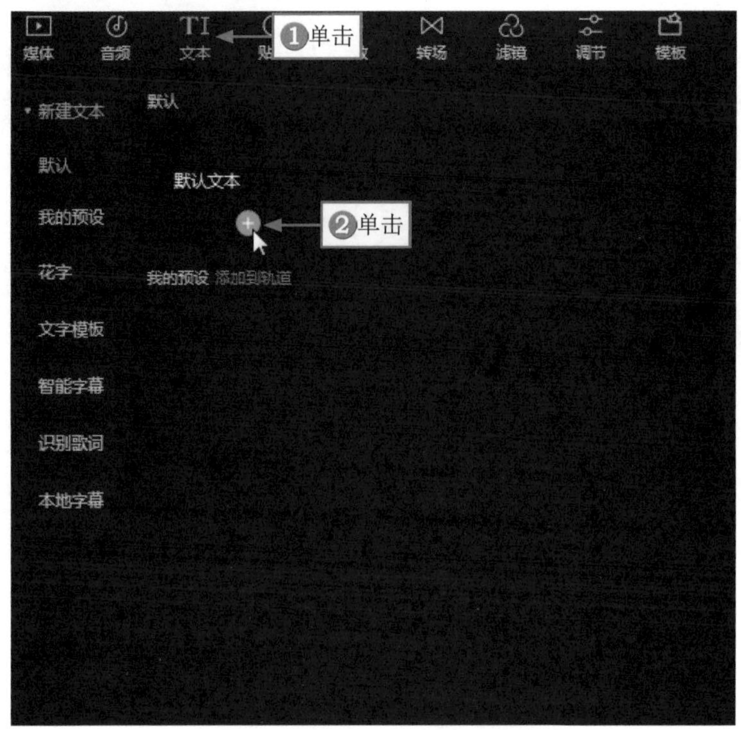

图9-13　单击“添加到轨道”按钮

STEP 03 在“文本”操作区的“基础”选项卡中，①修改文本内容；②选择合适的字体；③在“播放器”面板中调整文字的大小和位置，如图9-14所示。

图9-14　调整文字的大小和位置

STEP 04 ①选择第2个预设样式；②选择合适的字体颜色，如图9-15所示。

STEP 05 ①切换至“动画”操作区；②选择“入场”选项卡中的“弹簧”动画，如图9-16所示，为文字添加“弹簧”入场动画。

STEP 06 拖曳“动画时长”右侧的滑块，设置“动画时长”参数为1.5s，如图9-17所示，适当延长动画效果。

STEP 07 ①切换至“出场”选项卡；②选择“模糊”动画，如图9-18所示。

图9-15　选择合适的字体颜色

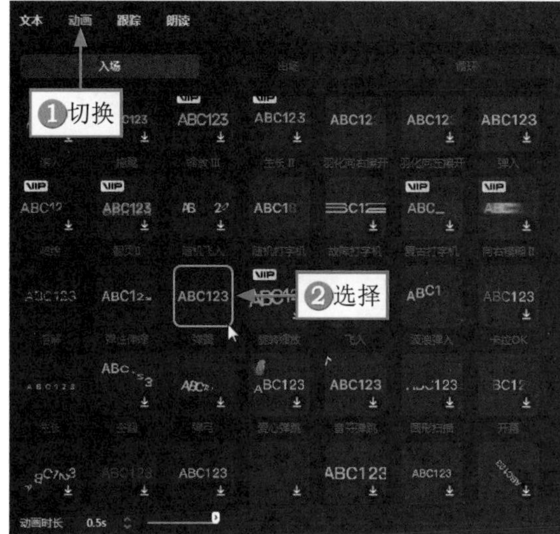

图9-16　选择“弹簧”动画

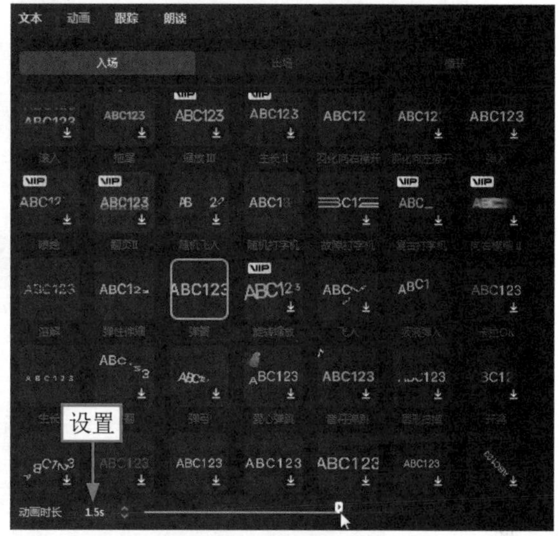

图9-17　设置动画时长

STEP 08 ❶拖曳时间滑块至00:00:03:13的位置；❷调整文本时长，使其末尾位置与时间轴保持一致，如图9-19所示。

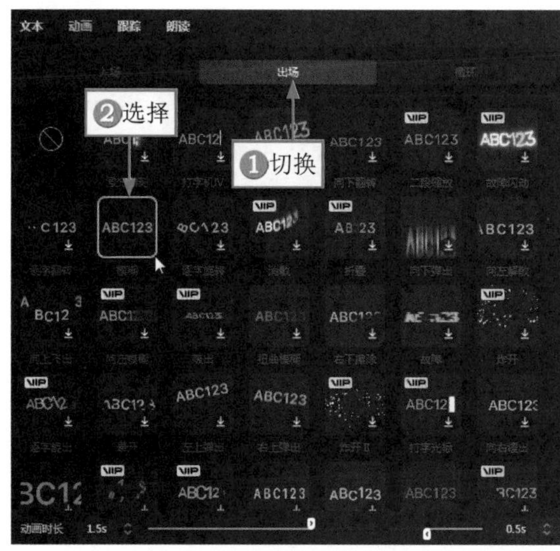

图9-18　选择“模糊”动画

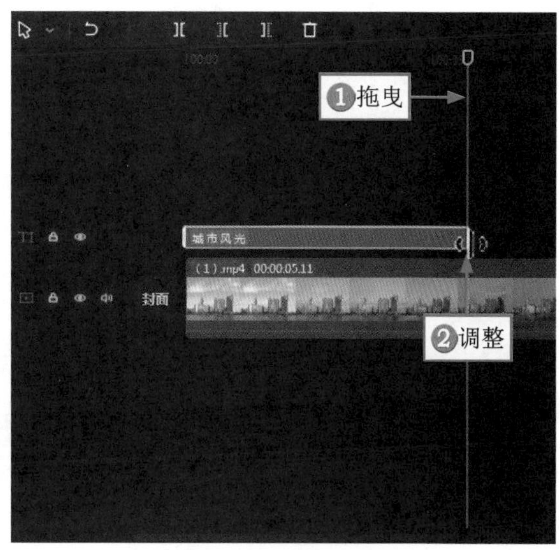

图9-19　调整文本时长

STEP 09 单击鼠标右键，在弹出的快捷菜单中选择“复制”命令，如图9-20所示。

STEP 10 ❶拖曳时间滑块至00:00:05:11的位置；单击鼠标右键，❷在弹出的快捷菜单中选择“粘贴”命令，如图9-21所示。

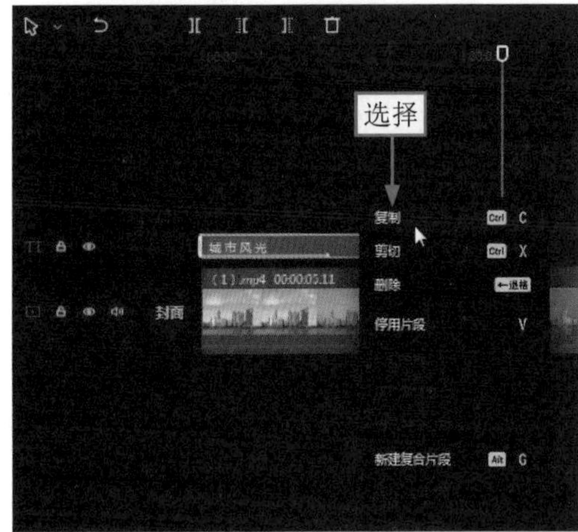

图9-20 选择“复制”命令

图9-21 选择“粘贴”命令

STEP 11 ❶修改文本内容；❷调整文字的大小和位置，如图9-22所示。

图9-22 调整文字的大小和位置

STEP 12 ❶切换至“动画”操作区；❷选择“入场”选项卡中的“溶解”动画，如图9-23所示。

STEP 13 ❶切换至“出场”选项卡；❷选择“闭幕”动画，如图9-24所示。

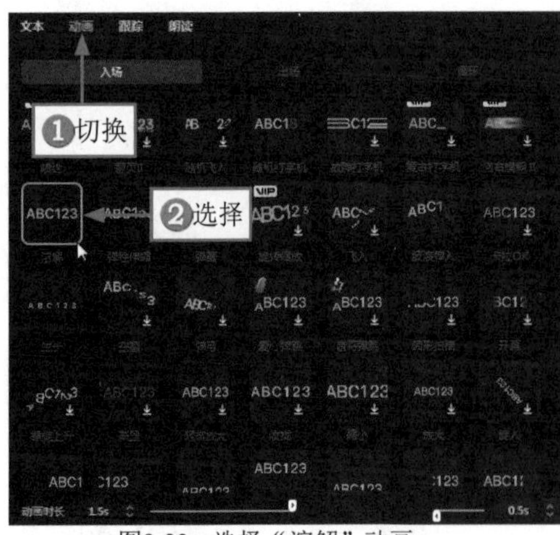

图9-23 选择“溶解”动画

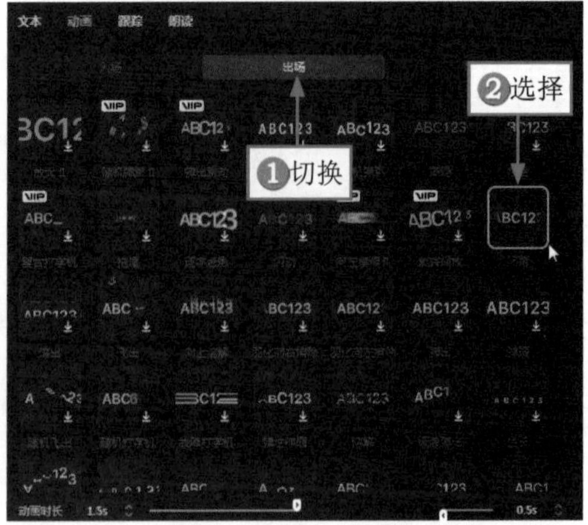

图9-24 选择“闭幕”动画

STEP 14 ❶拖曳时间滑块至00:00:08:11的位置；❷调整文本时长，使其末尾位置与时间轴保持一致，如

图9-25所示，复制第2段文本。

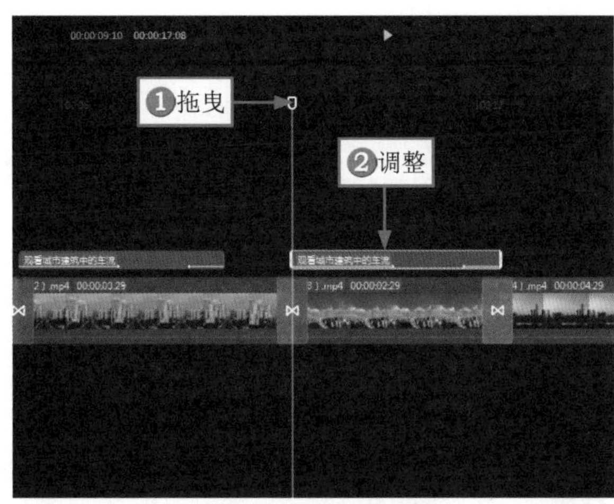

图9-25　调整文本时长

STEP 15 ❶拖曳时间滑块至00:00:09:10的位置；❷粘贴复制的文本，如图9-26所示。

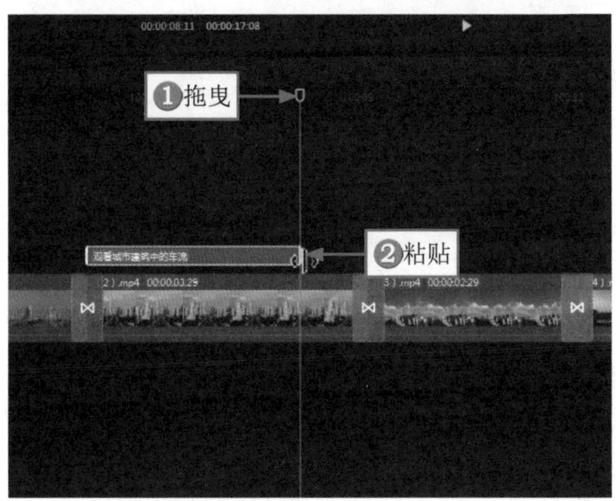

图9-26　粘贴文本

STEP 16 修改文本内容并调整持续时长。用同样的方法，为第4段视频素材也添加一段文本，并修改文字内容和调整文本持续时长，如图9-27所示。

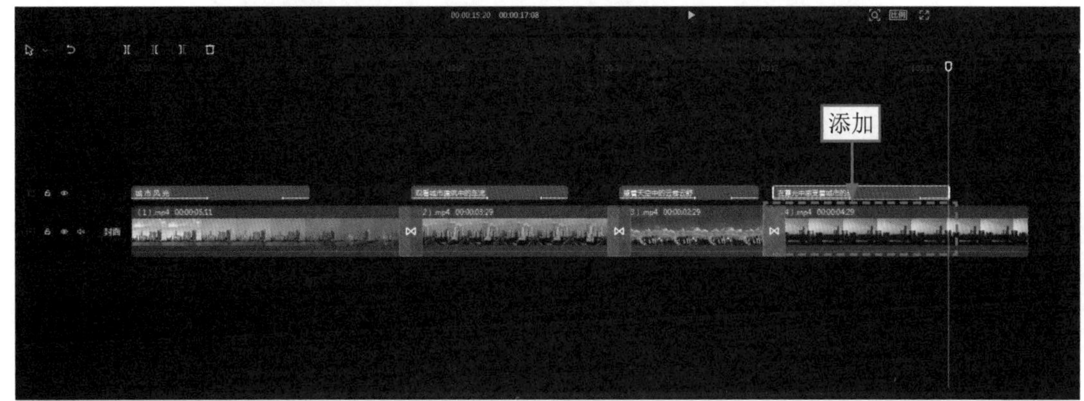

图9-27　添加文本

9.2.4 添加特效

为视频添加特效可以制作出不一样的视频效果，如为视频添加“开幕”和“闭幕”特效就可以轻松制作出片头片尾。下面介绍在剪映中为视频添加特效的操作方法。

STEP 01 拖曳时间滑块至视频素材的开始位置，在“特效”功能区的“画面特效”选项卡中，❶选择“基础”选项；❷单击“开幕”特效右下角的“添加到轨道”按钮，如图9-28所示。

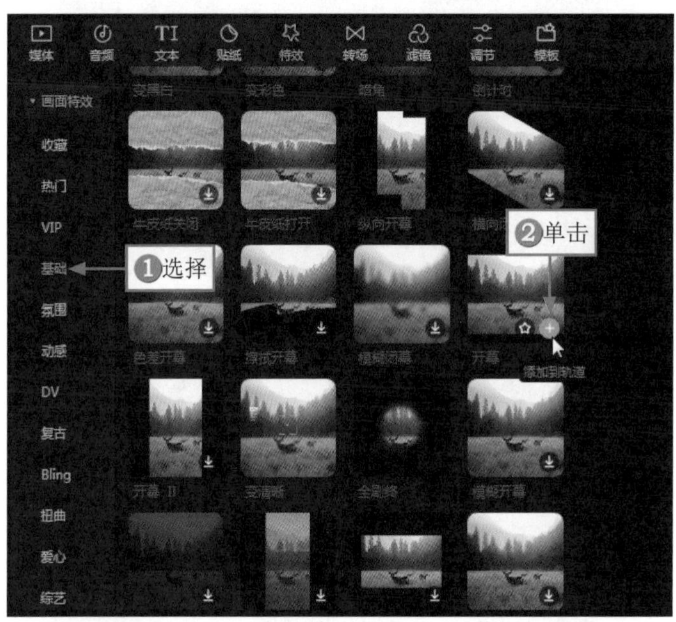

图9-28　单击“开幕”特效的“添加到轨道”按钮

STEP 02 调整“开幕”特效的时长，如图9-29所示。

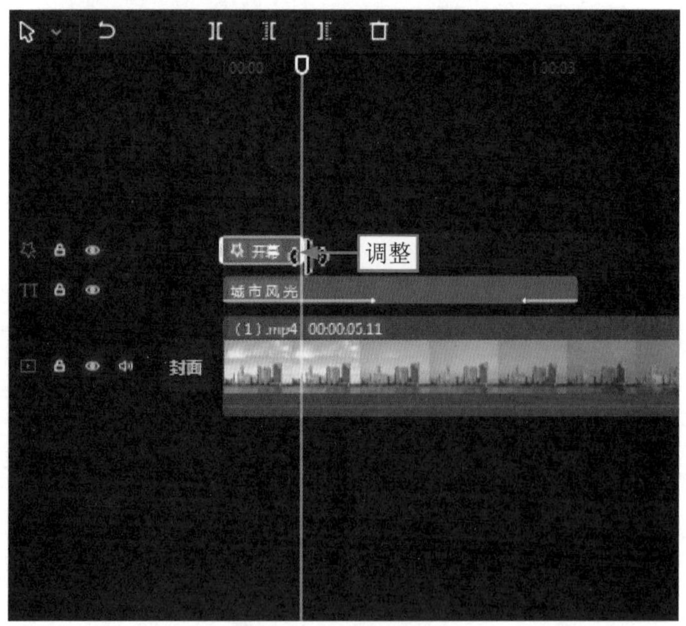

图9-29　调整特效时长

STEP 03 拖曳时间滑块至第2段文本的开始位置，如图9-30所示。

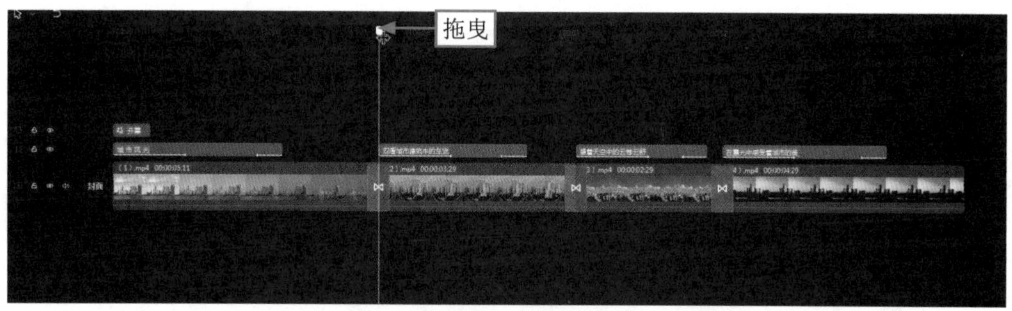

图9-30　拖曳时间轴

STEP 04 ➢ ❶选择Bling选项；❷单击“细闪Ⅱ”特效右下角的“添加到轨道”按钮，如图9-31所示。

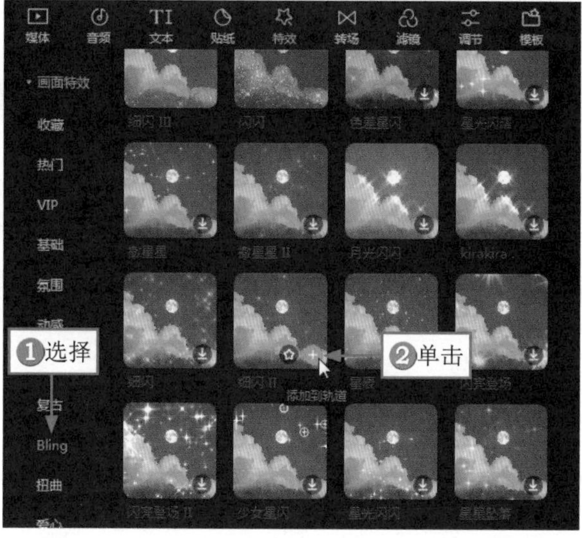

图9-31　单击“细闪Ⅱ”特效的“添加到轨道”按钮

STEP 05 ➢ 用同样的方法，拖曳时间滑块至第3段文本的开始位置，单击“星夜”特效右下角的“添加到轨道”按钮，如图9-32所示，并调整特效的时长。

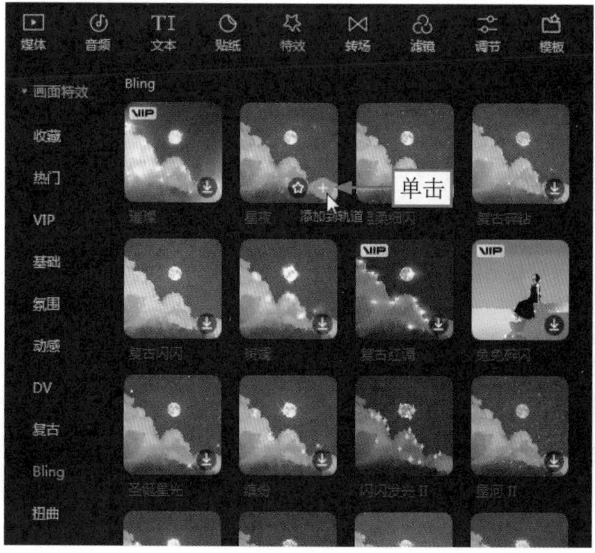

图9-32　单击“星夜”特效的“添加到轨道”按钮

STEP 06 拖曳时间滑块至00:00:16:00的位置，❶选择“基础”选项；❷单击“闭幕”特效右下角的“添加到轨道”按钮，如图9-33所示。

STEP 07 调整“闭幕”特效的时长，使其与视频的结束位置对齐，如图9-34所示。

图9-33 单击“闭幕”特效的“添加到轨道”按钮

图9-34 调整特效时长

9.2.5 添加滤镜

由于视频是由多个素材构成，为视频添加合适的滤镜可以使视频画面更加精美，也可以使视频画面的色调更统一。下面介绍在剪映中为视频添加滤镜的具体操作方法。

STEP 01 拖曳时间滑块至视频素材的开始位置，❶单击“滤镜”按钮，进入“滤镜”功能区；❷切换至“风景”选项；❸单击“冰夏”滤镜右下角的“添加到轨道”按钮，如图9-35所示，为视频添加相应的滤镜。

STEP 02 适当调整滤镜的时长，如图9-36所示。

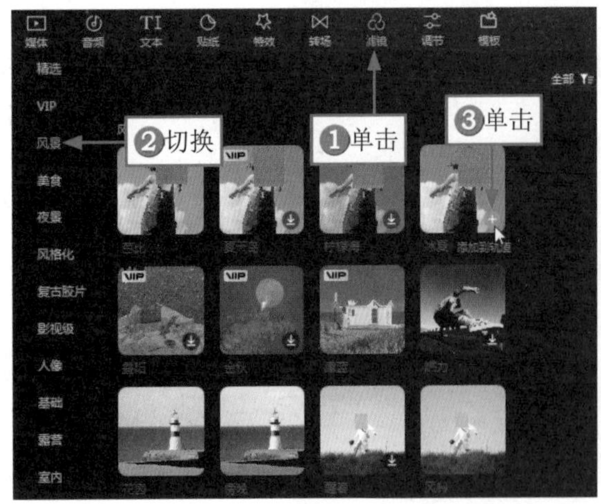

图9-35 单击“冰夏”滤镜的“添加到轨道”按钮

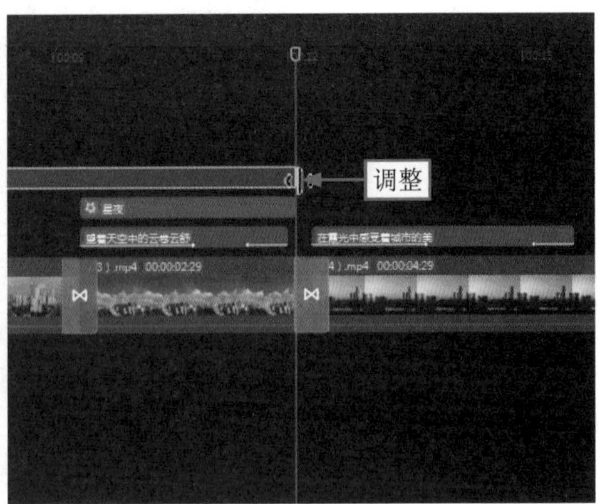

图9-36 调整滤镜时长

STEP 03 ▶▶ 拖曳时间滑块至00:00:12:02的位置，在“风景”选项中，单击“晴空”滤镜右下角的“添加到轨道”按钮，如图9-37所示。

STEP 04 ▶▶ 调整滤镜的时长，使其与视频素材的结束位置对齐，如图9-38所示。

图9-37　单击“晴空”滤镜的“添加到轨道”按钮

图9-38　调整滤镜时长

9.2.6　添加音乐

贴合视频的音乐能为视频增加记忆点和亮点，下面介绍在剪映中添加音乐的操作方法。

STEP 01 ▶▶ 拖曳时间滑块至视频素材的开始位置，如图9-39所示。

STEP 02 ▶▶ ①单击“音频”按钮，进入“音频”功能区；②单击“音频提取”选项卡中的“导入”按钮，如图9-40所示。

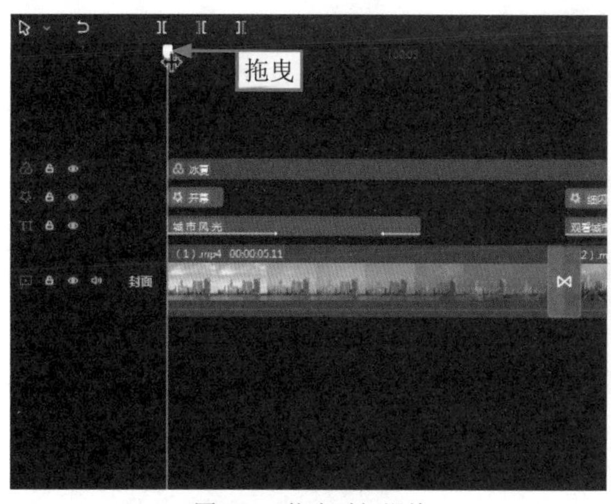

图9-39　拖曳时间滑块

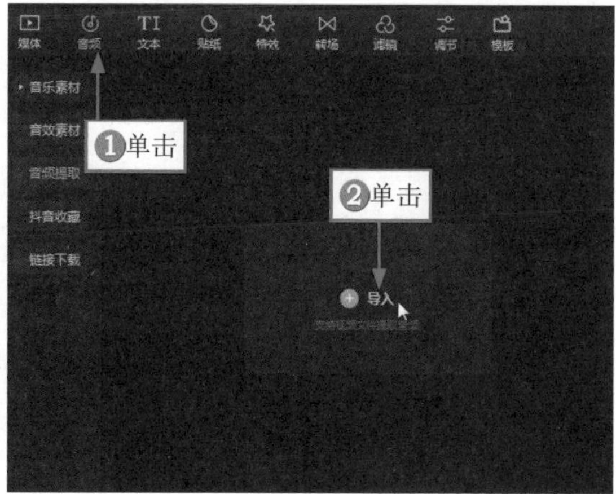

图9-40　单击“导入”按钮

STEP 03 ▶▶ 导入相应音频素材后，单击音频素材右下角的“添加到轨道”按钮，如图9-41所示。

STEP 04 ▶▶ 成功添加音频之后，拖曳时间滑块至视频素材的结束位置，如图9-42所示。

STEP 05 ▶▶ 单击“分割”按钮，如图9-43所示。

STEP 06 ▶▶ 执行操作后，即可成功分割出多余的音频素材，如图9-44所示。

STEP 07 ▶▶ 单击“删除”按钮，如图9-45所示，即可成功删除多余的音频素材。

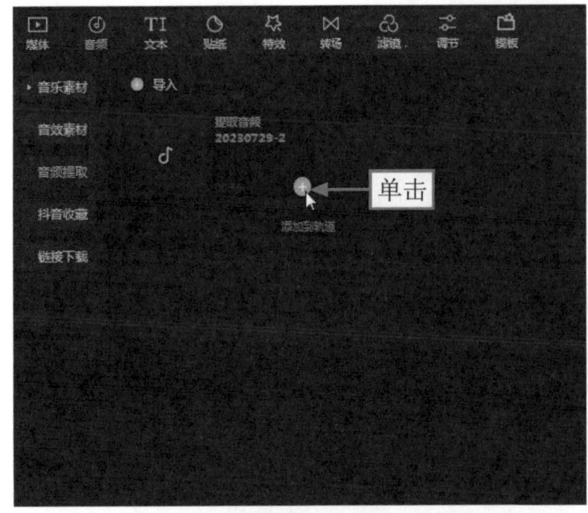

图9-41　单击“添加到轨道”按钮

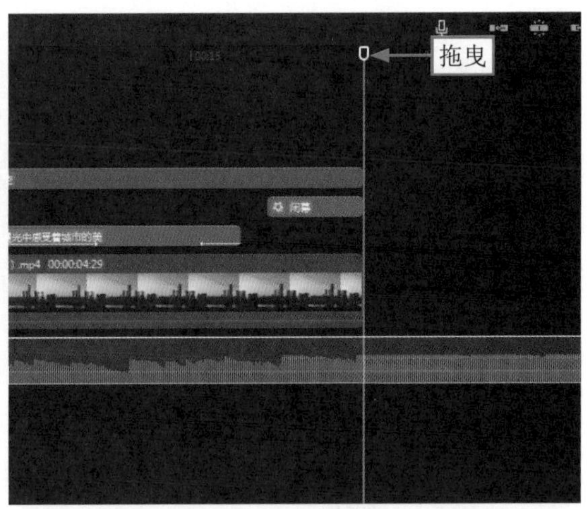

图9-42　拖曳时间滑块

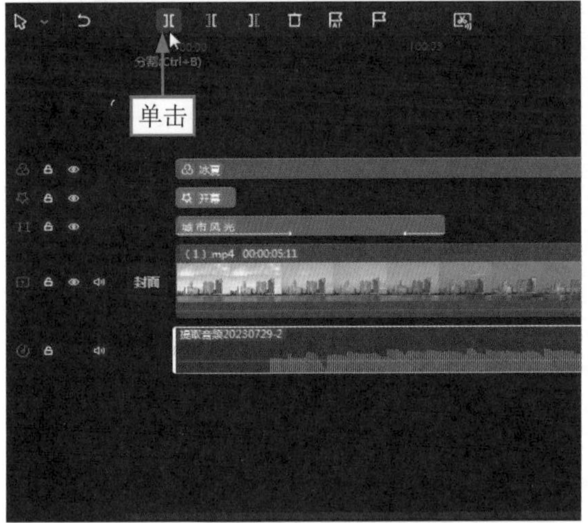

图9-43　单击“分割”按钮

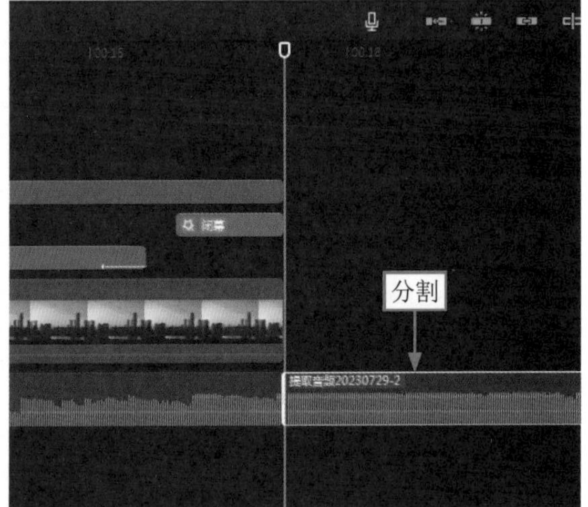

图9-44　成功分割出多余的音频素材

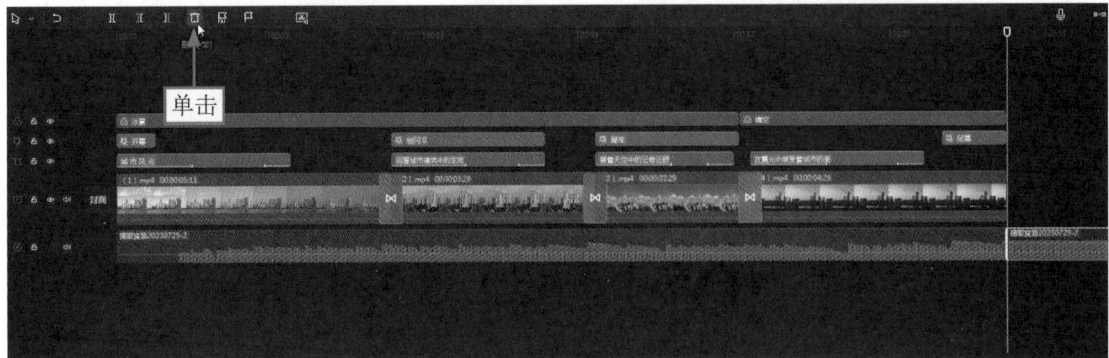

图9-45　单击“删除”按钮

第10章 种草视频：制作《汉服推荐》

种草视频是一种向观众安利相关物品的视频。种草视频可以是详细介绍商品用途，可以是分享使用感受，也可以是纯粹地展示商品。而成功的种草视频，可以激发观众的购买欲，短时间内提高商品的销量。种草视频比较适合发布在抖音、快手、小红书、淘宝等具有购买商城的平台上，能够极大提升商品转化率。

10.1 《汉服推荐》效果展示

种草视频是一种在社交媒体上流行的内容形式，主要是通过视频的形式向观众介绍各种产品、物品或体验，以激发观众的兴趣和购买欲望。以《汉服推荐》视频为例，它的主要种草物品是汉服，所以在制作该视频的时候，画面中要时刻出现“汉服”这一元素，即每一个画面都需要有人物穿着汉服出现。

在制作《汉服推荐》视频之前，首先来欣赏本案例的视频效果，并了解案例的学习目标、制作思路、知识讲解和要点讲堂。

10.1.1 效果欣赏

《汉服推荐》种草视频的画面效果如图10-1所示。

图10-1 画面效果

10.1.2 学习目标

知识目标	掌握种草视频的制作方法
技能目标	（1）掌握对视频进行人像美化处理的操作方法 （2）掌握对视频进行调色处理的操作方法 （3）掌握为视频添加特效的操作方法 （4）掌握为视频添加转场的操作方法 （5）掌握为视频添加贴纸的操作方法 （6）掌握为视频添加音乐的操作方法
本章重点	为视频添加特效
本章难点	对视频进行人像美化处理
视频时长	11分50秒

10.1.3 制作思路

本案例首先介绍了对视频素材中的人像进行美化，然后对视频素材进行调色处理，并为其添加特效、转场、贴纸和背景音乐。图10-2所示为本案例视频的制作思路。

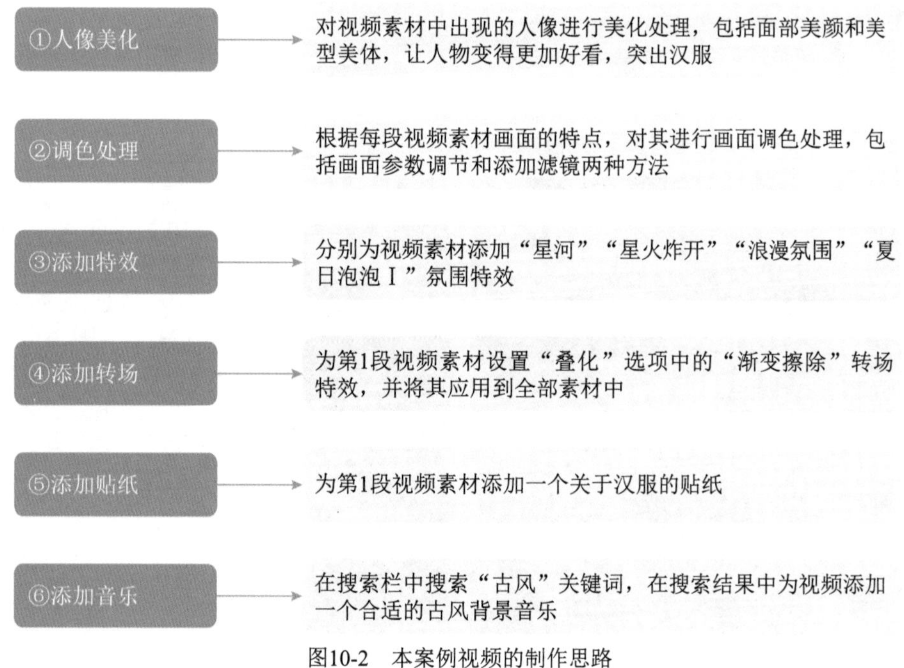

图10-2 本案例视频的制作思路

10.1.4 知识讲解

种草视频的主要目的是让别人对视频中的物品感兴趣，从而产生购买的欲望。制作种草视频时，要以突出主要物品为目标，强调产品的特点、优点和痛点，让观众更加深入地了解产品的卖点和优势。

10.1.5 要点讲堂

在本章内容中，会用到一个剪映功能——人像美化，该功能的主要作用是让人物变得好看，从而提高视频画面的精美度。在种草视频中，长得好看的人物出现，会莫名地吸引更多的观众，所以在制作该类视频时，要尤其注意人物的美化处理。

对视频进行人像美化处理的主要方法为：选中要处理的素材，在“画面”操作区的“美颜美体”选项卡中设置相关的参数。需要注意的是，参数的调节要适度，不能太过夸张。

10.2 《汉服推荐》制作流程

本节将为大家介绍种草视频的制作方法，包括人像美化、对视频进行调色处理、为视频添加特效、为视频添加转场，以及为视频添加贴纸和音乐，希望大家能够熟练掌握。

10.2.1 人像美化

对视频中的人物进行美化处理，可以让人物呈现出更好的状态，看起来更加赏心悦目。由于在本案例中只有两段视频素材中出现了人物正脸，所以只对这两段视频素材进行美化处理即可。下面介绍为视频进行人像美化的操作方法。

STEP 01 将6段视频素材按顺序导入“本地”选项卡中，单击第1段视频素材右下角的“添加到轨道”按钮，如图10-3所示。

STEP 02 执行操作后，即可将素材添加到视频轨道中，如图10-4所示。

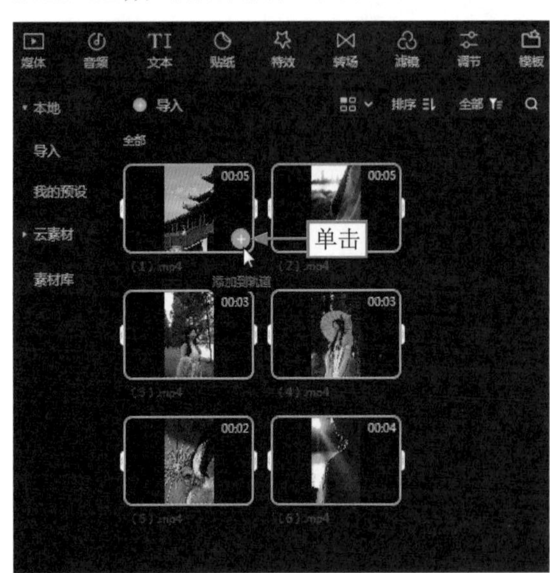

图10-3 单击“添加到轨道”按钮

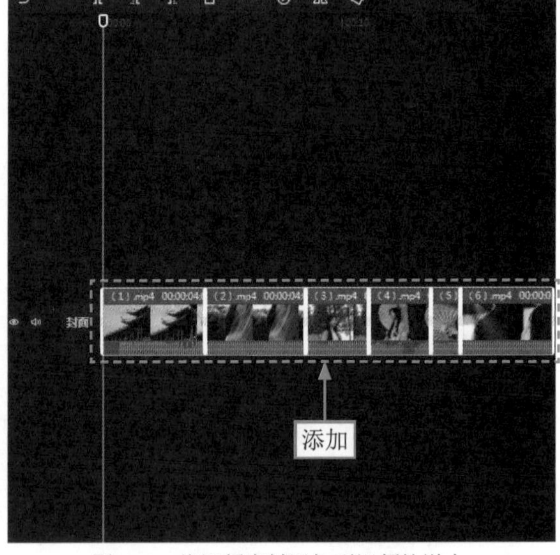

图10-4 将视频素材添加到视频轨道中

STEP 03 ①拖曳时间滑块至第3段视频素材的开始位置；②选择第3段视频素材，如图10-5所示。

STEP 04 在“画面”操作区中，①切换至“美颜美体”选项卡；②选中“美颜”复选框，如图10-6所示。

STEP 05 设置“磨皮”参数为35，“祛法令纹”参数为16，“祛黑眼圈”参数为14，“美白”参数为70，如图10-7所示，让人物皮肤更细腻，看起来更年轻、更有活力，让人物的肤色看起来更加白皙。

STEP 06 ①选中“美体”复选框；②设置“瘦身”参数为23，“瘦腰”参数为13，“美白”参数为70，如图10-8所示，让人物看起来更加上镜。用同样的方法，为第4段视频素材设置同样的“美颜美体”参数。

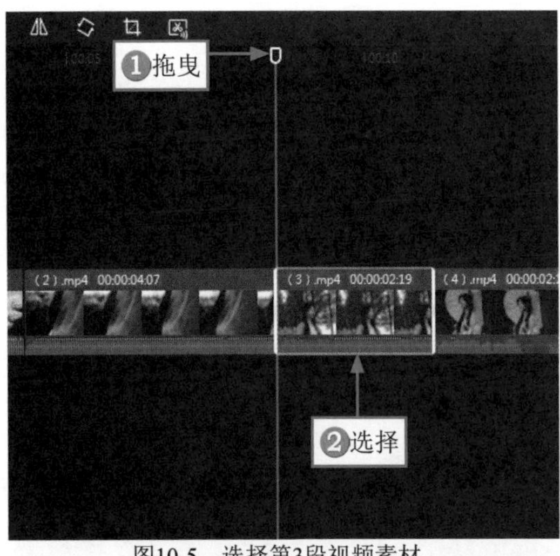

图10-5　选择第3段视频素材

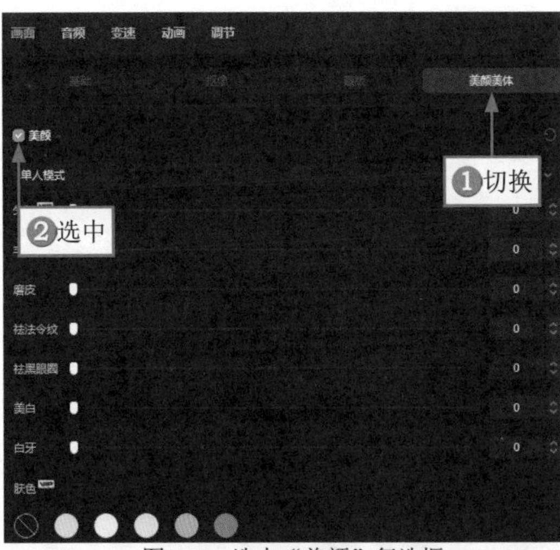

图10-6　选中“美颜”复选框

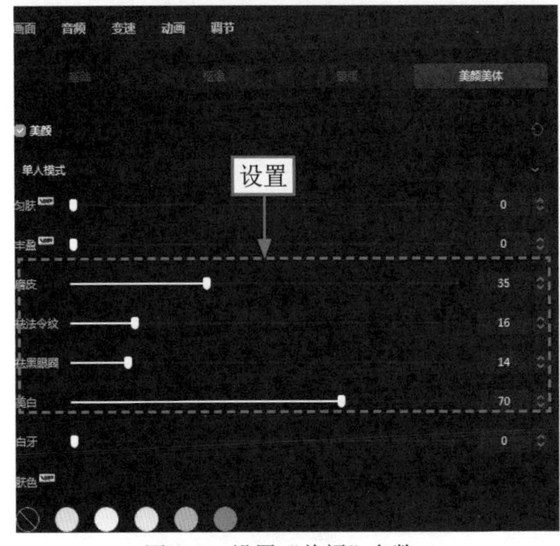

图10-7　设置“美颜”参数

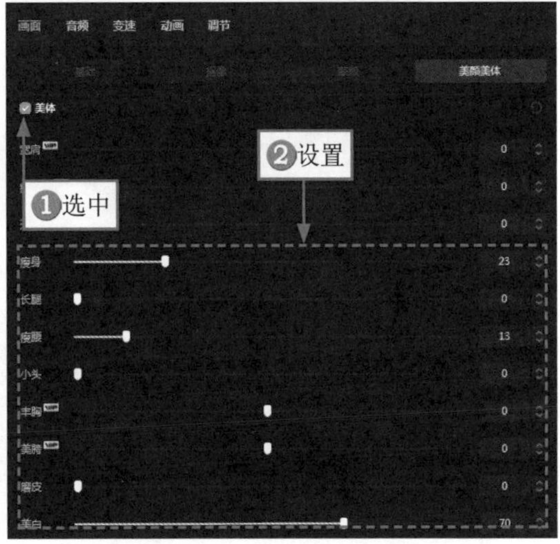

图10-8　设置“美体”参数

10.2.2　调色处理

对视频画面进行调色处理有两种方法：一是通过调节相关参数来调色；二是添加滤镜。在本案例中，6段视频素材的原始色调的区别不是很大，可以将同样的参数应用到所有素材，再进行一定的微调。

而滤镜的选择，也需要根据不同的画面特点来进行，但一定要确保画面和谐统一。下面介绍在剪映中进行基础调色和添加滤镜的操作方法。

STEP 01 ①拖曳时间滑块至视频素材的开始位置；②选择第1段视频素材，如图10-9所示。

STEP 02 执行操作后，切换至“调节”操作区，如图10-10所示。

STEP 03 ①设置“色温”参数为–8，“色调”参数为15，“饱和度”参数为17，“亮度”参数为6，“对比度”参数为14，“阴影”参数为10，提高画面整体的美观度；②单击“应用全部”按钮，如图10-11所示，让所调节的参数应用到所有素材中。

STEP 04 ①单击“滤镜”按钮；②在“风景”选项中单击“绿妍”滤镜右下角的“添加到轨道”按钮，如图10-12所示。

STEP 05 调整滤镜的时长，使其与第1段视频素材的时长对齐，如图10-13所示。

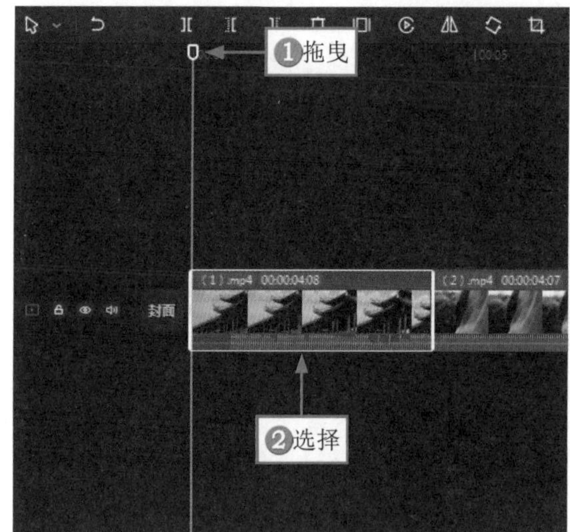

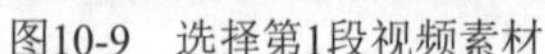

图10-9　选择第1段视频素材

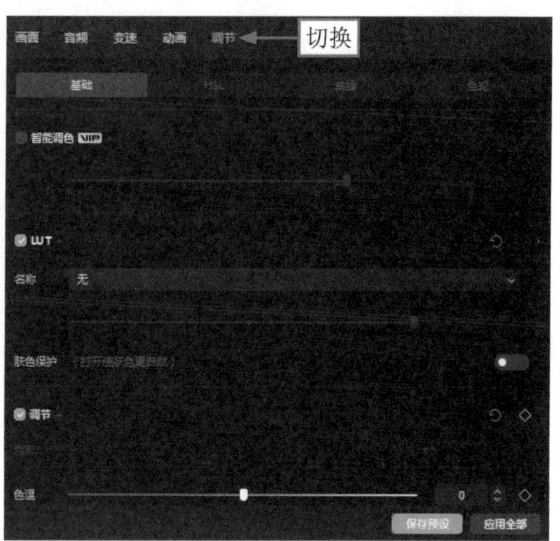

图10-10　切换至“调节”操作区

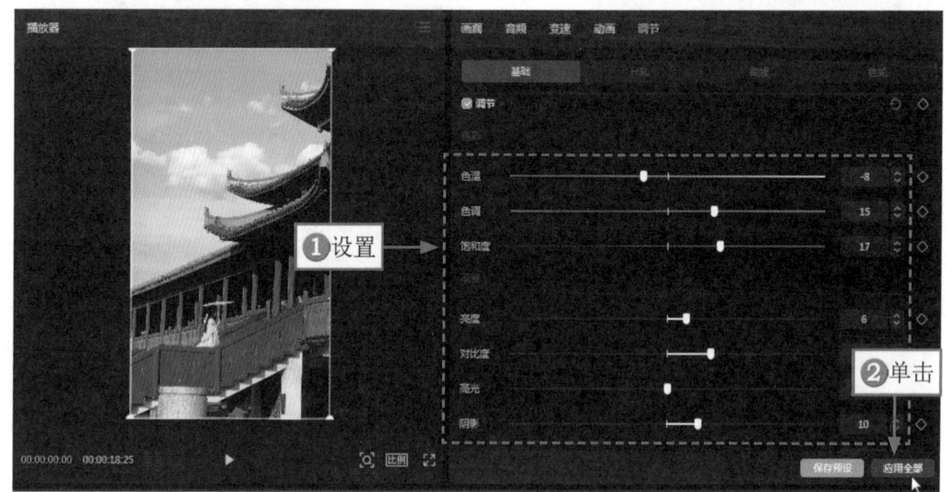

图10-11　单击“应用全部”按钮

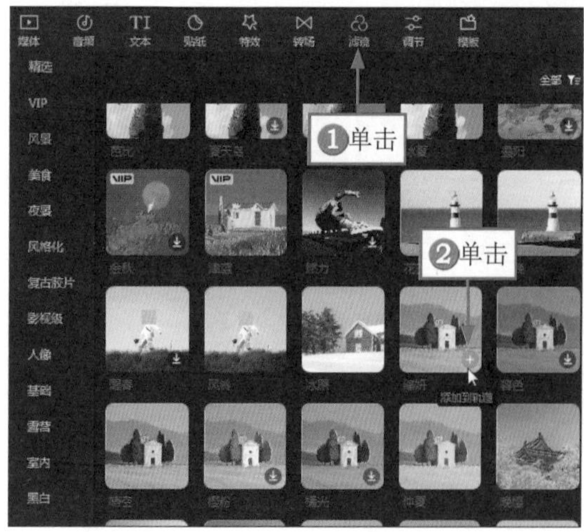

图10-12　单击“添加到轨道”按钮

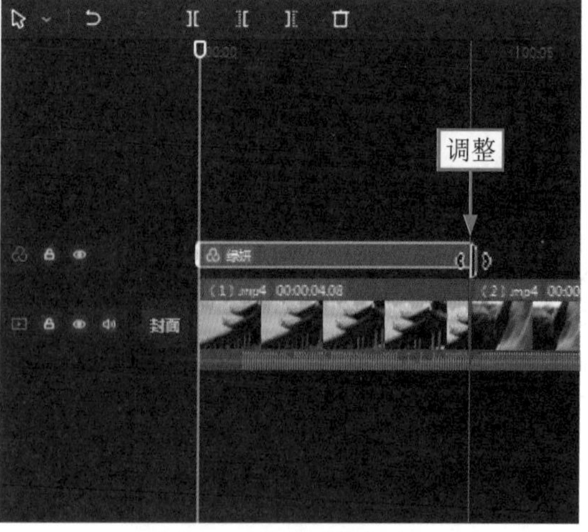

图10-13　调整滤镜的时长

STEP 06 用同样的方法，为第2段视频素材添加“晚樱”风景滤镜，为第3、4、5、6段视频素材添加“绿妍”风景滤镜，如图10-14所示。

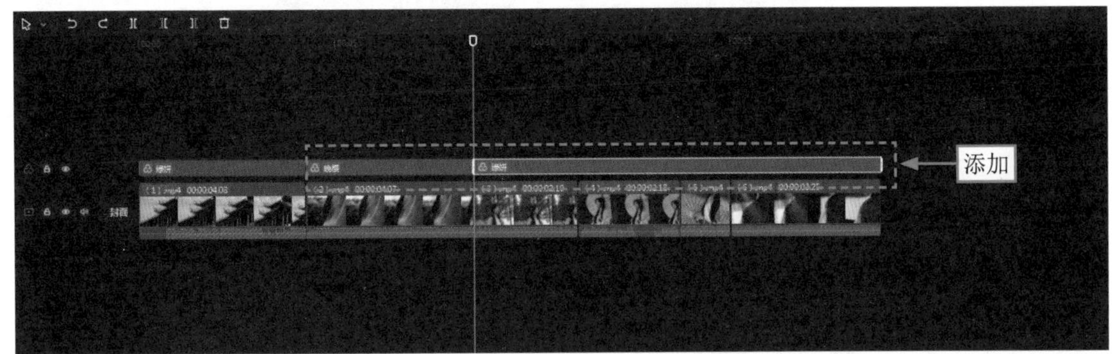

图10-14　为剩余的视频素材添加滤镜

10.2.3　添加特效

为视频添加合适的特效，可以让整个视频更具氛围感，画面元素更丰富。下面介绍在剪映中为视频添加特效的操作方法。

STEP 01 拖曳时间滑块至视频素材的开始位置，①单击“特效”按钮；在“画面特效”选项卡中，②选择“氛围”选项；③单击“星河”特效右下角的“添加到轨道”按钮，如图10-15所示。

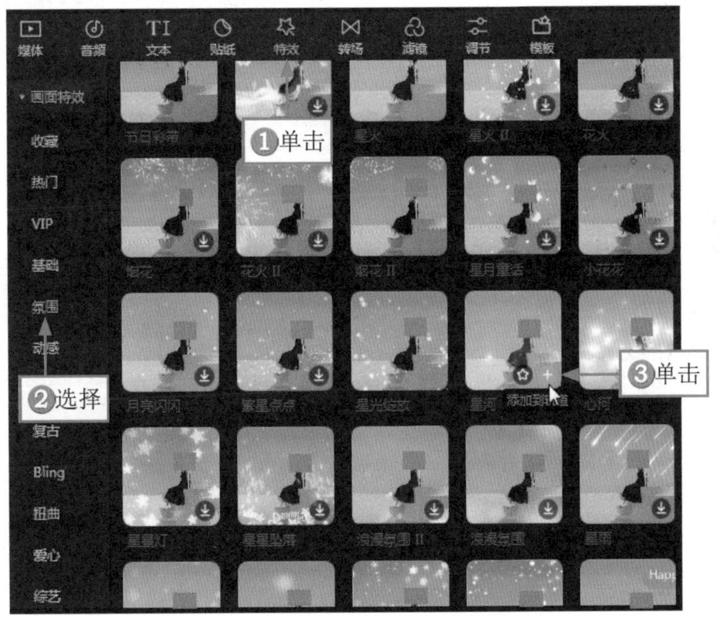

图10-15　单击“添加到轨道”按钮

STEP 02 设置“星河”特效的“星星氛围”参数为35，“波浪强度”参数为20，“速度”参数为60，如图10-16所示，让特效更适应视频画面。

STEP 03 调整“星河”特效的时长，使其与第1段视频素材的时长对齐，如图10-17所示。

STEP 04 用同样的方法，为第2段视频素材添加“星火炸开”特效，为第3、4段视频素材添加“浪漫氛围”特效，为第5、6段视频素材添加“夏日泡泡Ⅰ”特效，并调整时长，如图10-18所示。

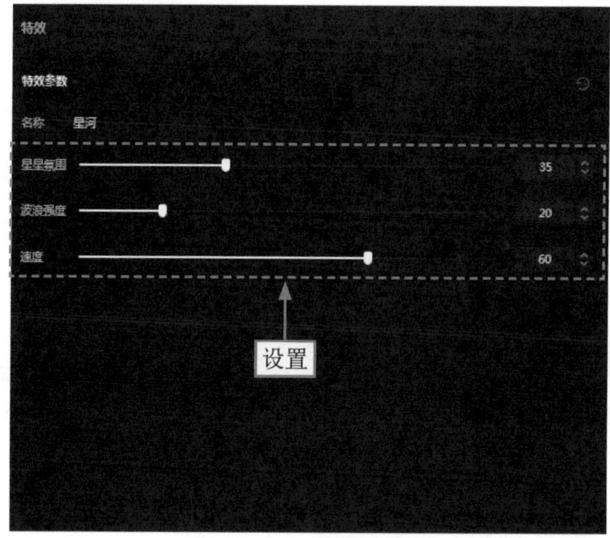

图10-16 设置特效参数

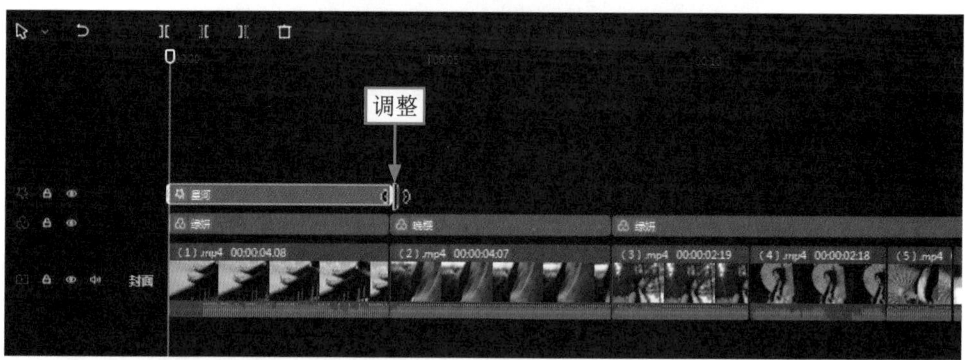

图10-17 调整特效时长

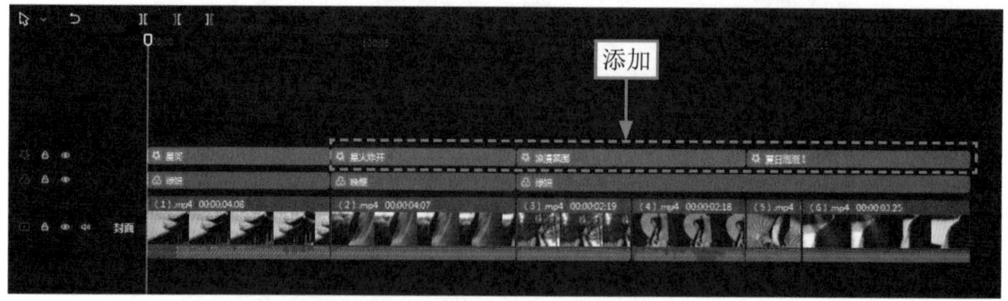

图10-18 为剩余的视频素材添加特效

10.2.4 添加转场

在剪映中，有非常多的转场效果可以选择，用户可以根据视频风格进行选择。在本案例中，为强化视频的古风感，添加了“渐变擦除”转场效果。下面介绍为视频添加转场的操作方法。

STEP 01 拖曳时间滑块至第1段视频素材和第2段视频素材中间的位置，如图10-19所示。

STEP 02 ❶单击“转场”按钮；❷切换至“叠化”选项；❸单击“渐变擦除”转场右下角的“添加到轨道”按钮，如图10-20所示。

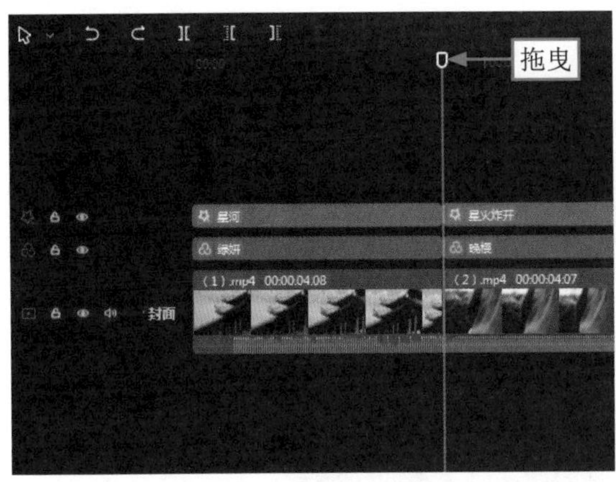

图10-19 拖曳时间滑块

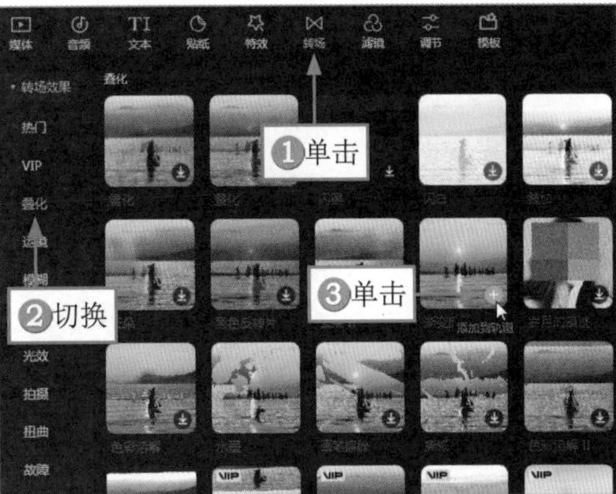

图10-20 单击“添加到轨道”按钮

STEP 03 ▶▶ 执行操作后，单击“应用全部”按钮，如图10-21所示，将转场效果应用到所有素材之间。

图10-21 单击“应用全部”按钮

10.2.5 添加贴纸

为视频《汉服推荐》添加古风的贴纸，能够增强视频的吸引力。下面介绍在剪映中为视频添加贴纸的操作方法。

STEP 01 ▶▶ 拖曳时间滑块至视频素材的开始位置，如图10-22所示。

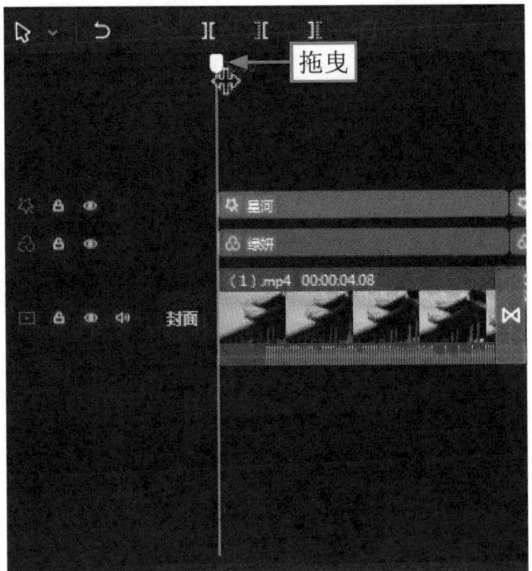

图10-22 拖曳时间滑块

STEP 02 ▶▶ ❶单击“贴纸”按钮；❷在搜索框中搜索“汉服”关键词；❸在搜索结果中单击所选贴纸右下角的“添加到轨道”按钮，如图10-23所示。

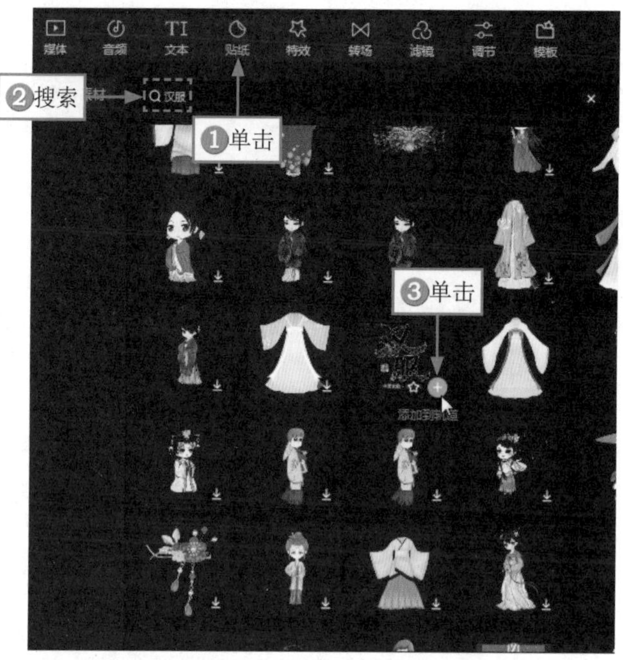

图10-23　单击“添加到轨道”按钮

STEP 03 ▶▶ 在“播放器”面板中，调整贴纸的大小和位置，如图10-24所示。

图10-24　调整贴纸的大小和位置

10.2.6　添加音乐

想要增加视频的古风感，一定要为其添加一段古风的背景音乐。下面介绍为视频添加音乐的操作方法。

STEP 01 ▶▶ 单击视频轨道左侧的“关闭原声”按钮，如图10-25所示，即可将视频素材的原声关闭。

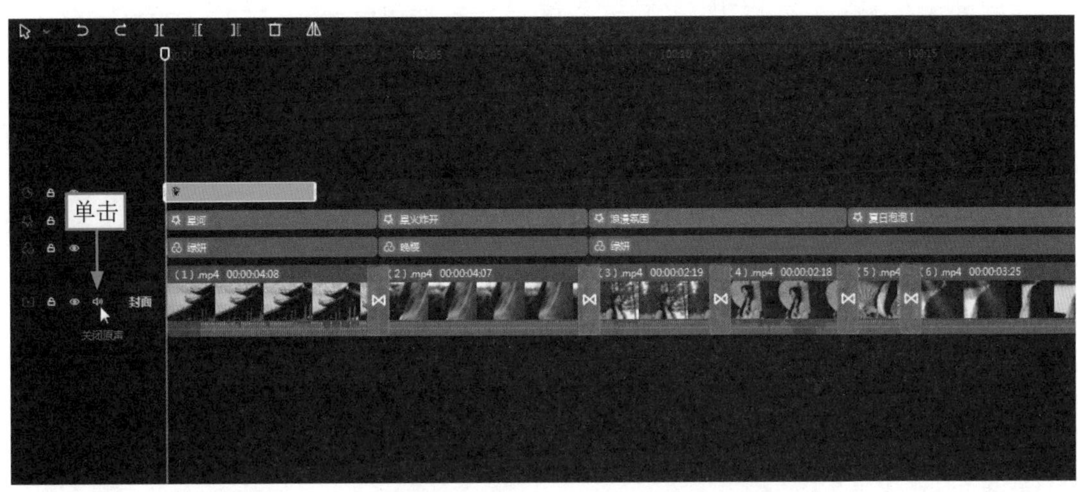

图10-25 单击“关闭原声”按钮

STEP 02 ①单击“音频”按钮；②在搜索框中搜索“古风”关键词；③在搜索结果中单击所选音频右下角的“添加到轨道”按钮，如图10-26所示。

STEP 03 拖曳时间滑块至视频素材的结束位置，如图10-27所示。

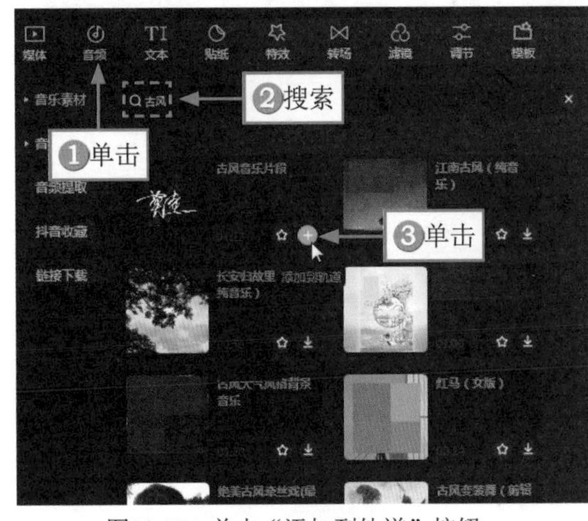

图10-26 单击“添加到轨道”按钮

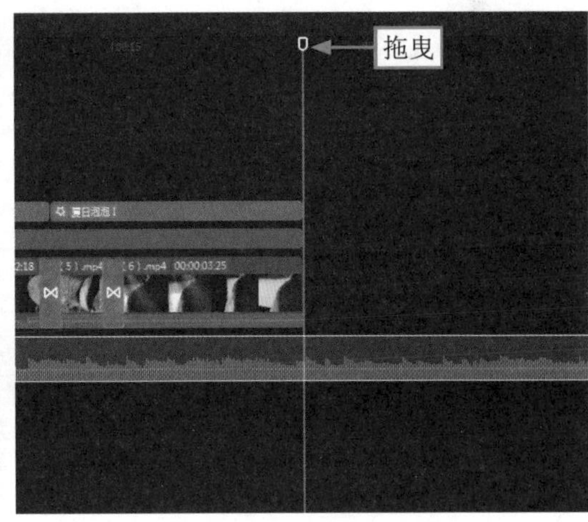

图10-27 拖曳时间滑块

STEP 04 ①单击“分割”按钮，分割音频素材；②单击“删除”按钮，如图10-28所示，删除多余的音频素材。

图10-28 单击“删除”按钮

第11章 寿宴记录：制作《七十大寿》

寿宴记录视频是用来记录寿宴过程中相关活动的一种视频形式，主要记录内容包括开始时的迎客，寿宴中的表演、祝寿、开席、敬酒等活动。一个好的寿宴记录视频应该有一个完整的片头片尾，即在视频刚开始的时候表明主题，在结束的时候送上相关的祝福。

11.1 《七十大寿》效果展示

寿宴记录主要突出的内容是寿宴上的活动。以《七十大寿》视频为例，它为大家详细地介绍了视频的主题、寿宴举办地点和周围的环境、寿宴的详细流程，以及视频最后的祝福语等内容。在制作该类视频的时候，要展现寿宴上的每一个活动，这样才会让视频显得更为真实。

在制作《七十大寿》寿宴记录视频之前，首先来欣赏本案例的视频效果，并了解案例的学习目标、制作思路、知识讲解和要点讲堂。

11.1.1 效果欣赏

《七十大寿》寿宴记录视频的画面效果如图11-1所示。

图11-1 画面效果

11.1.2 学习目标

知识目标	掌握寿宴记录视频的制作方法
技能目标	（1）掌握设置视频素材时长的操作方法 （2）掌握为视频添加转场的操作方法 （3）掌握为视频添加特效的操作方法 （4）掌握为视频添加贴纸的操作方法 （5）掌握为视频添加文字的操作方法 （6）掌握为视频添加滤镜的操作方法 （7）掌握为视频添加音乐的操作方法
本章重点	为视频添加文字
本章难点	为视频添加贴纸
视频时长	11分49秒

11.1.3 制作思路

本案例首先介绍了设置视频素材的时长，然后为视频添加转场，并为其添加特效、贴纸、文字、滤镜和背景音乐。图11-2所示为本案例视频的制作思路。

图11-2 本案例视频的制作思路

11.1.4 知识讲解

寿宴记录视频主要是对寿宴中的活动进行记录，最好的方法是按照活动发生的先后顺序进行表述。因此，在制作该类视频时，要格外注重视频的完整性，千万不要漏、缺某项重要活动。而且，寿宴记录视频也具有极大的纪念意义。

11.1.5 要点讲堂

在本章内容中，会用到一个剪映功能——添加文字，该功能的主要作用是解说视频中的内容，让观看该视频的人能更好地理解视频，丰富视频要素。

为视频添加文字的主要方法为：拖曳时间轴至需要添加文字的位置，先添加一个默认文本，再对其进行内容的修改和相关样式的设置，即可完成解说文字的添加。

11.2 《七十大寿》制作流程

本节将为大家介绍寿宴记录视频的制作方法，包括设置素材时长，添加转场，为视频添加特效、贴纸、文字、滤镜和音乐，希望大家能够熟练掌握。

11.2.1 设置素材时长

在剪映中用户可以设置素材的时长，并选取精彩的画面组成视频。下面介绍在剪映中设置视频素材时长的操作方法。

STEP 01 在“本地”选项卡中，导入所有的视频素材，如图11-3所示。

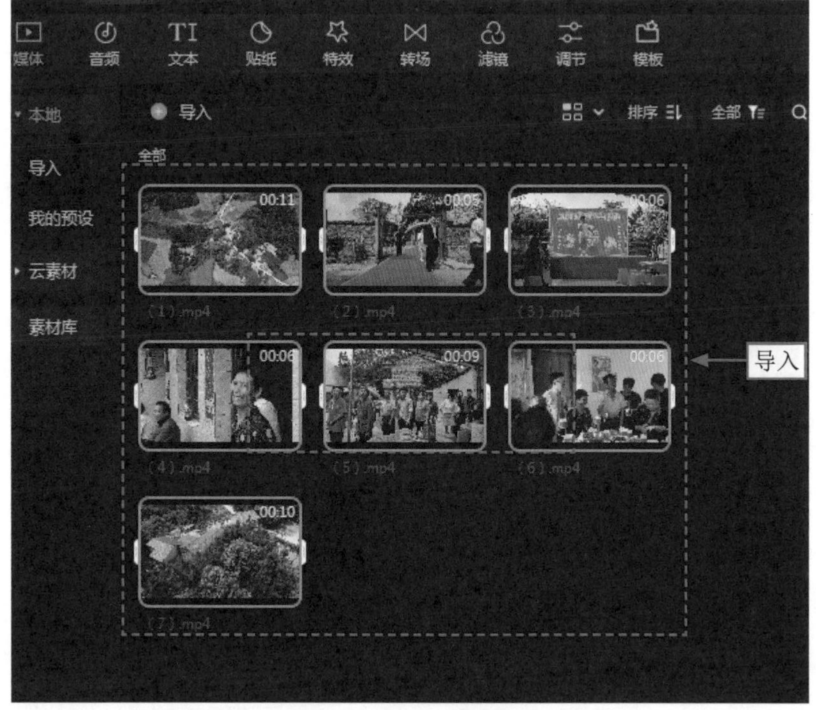

图11-3 导入视频素材

STEP 02 单击第1段视频素材右下角的“添加到轨道”按钮，如图11-4所示，将所有的素材添加到视频轨道中。

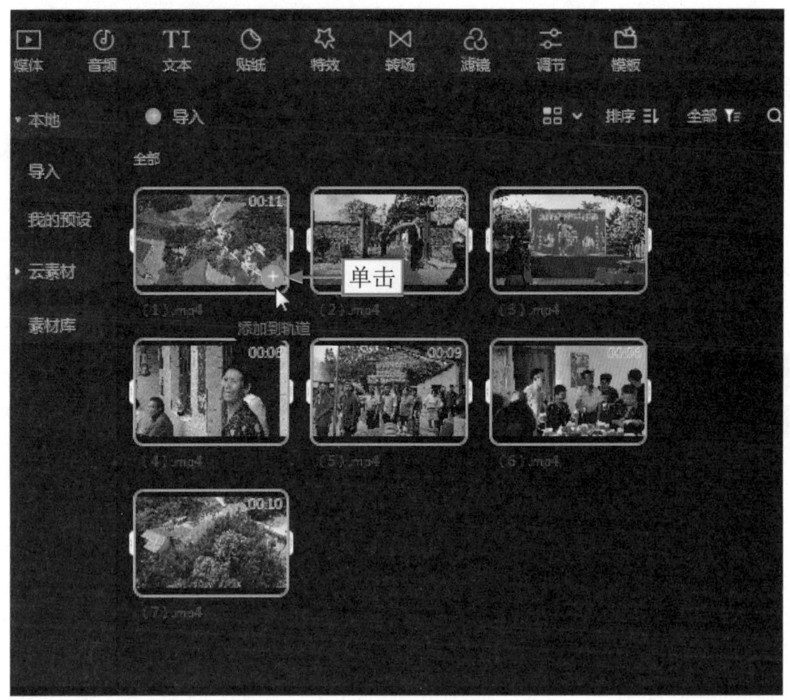

图11-4　单击“添加到轨道”按钮

STEP 03 ❶拖曳时间滑块至00:00:14:00的位置；❷单击“分割”按钮，如图11-5所示，分割视频素材。

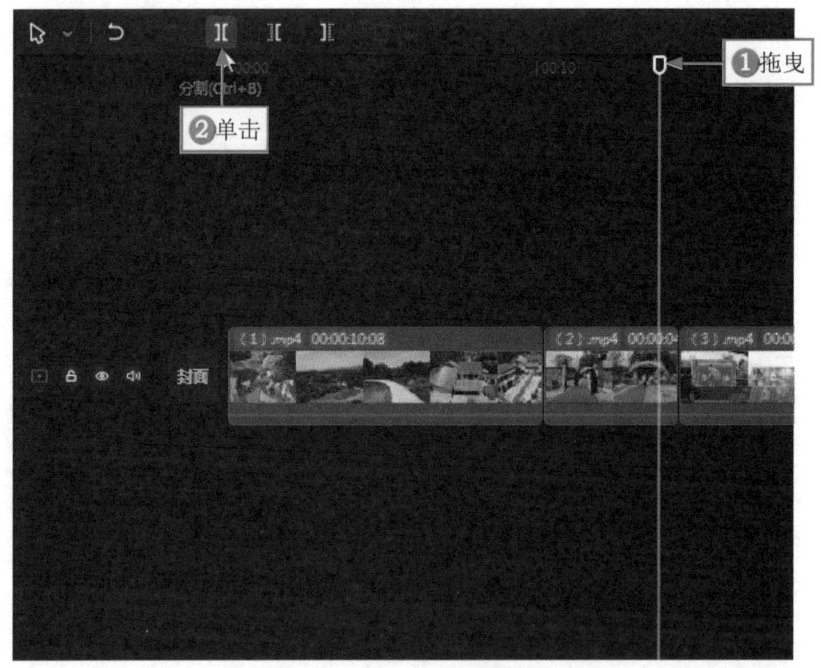

图11-5　单击“分割”按钮

STEP 04 ❶选择分割出来的后半段视频素材；❷单击“删除”按钮，如图11-6所示，删除不需要的视频片段。

STEP 05 ❶选择第3段视频素材；❷调整第3段视频素材的时长，如图11-7所示。

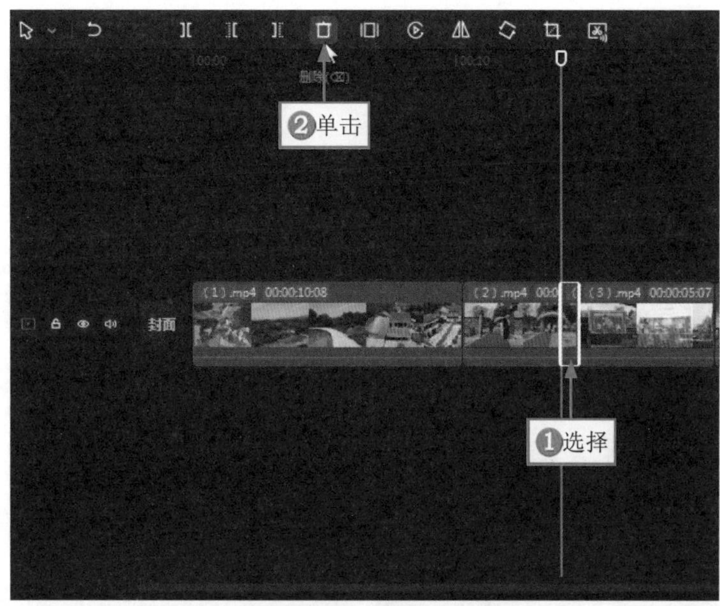

图11-6 单击“删除”按钮

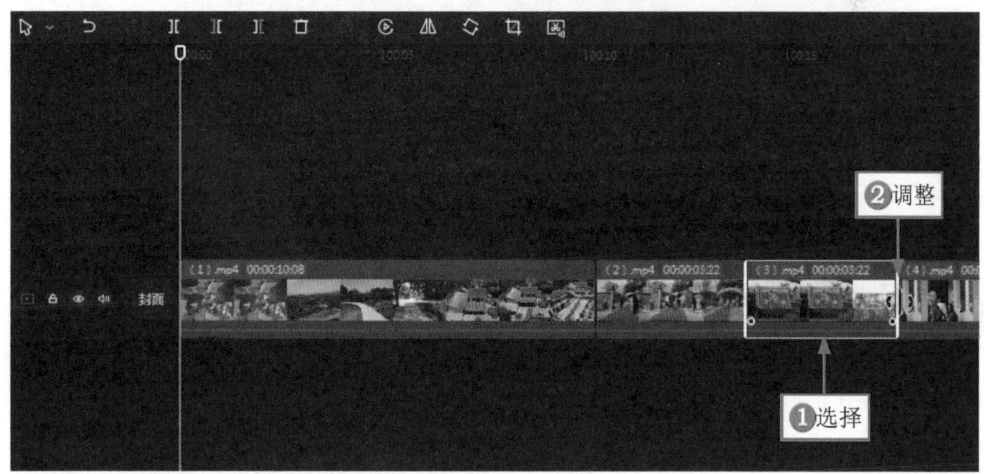

图11-7 调整视频素材的时长

STEP 06 用同样的方法，调整剩余视频素材的时长，如图11-8所示。

图11-8 调整剩余视频素材的时长

11.2.2 添加转场

添加转场可以使不同素材切换得更自然，增强视频的视觉效果。下面介绍在剪映中为视频添加转场的操作方法。

STEP 01 拖曳时间滑块至第1段视频素材的结束位置，如图11-9所示。

STEP 02 ❶单击“转场”按钮；❷切换至“光效”选项，如图11-10所示。

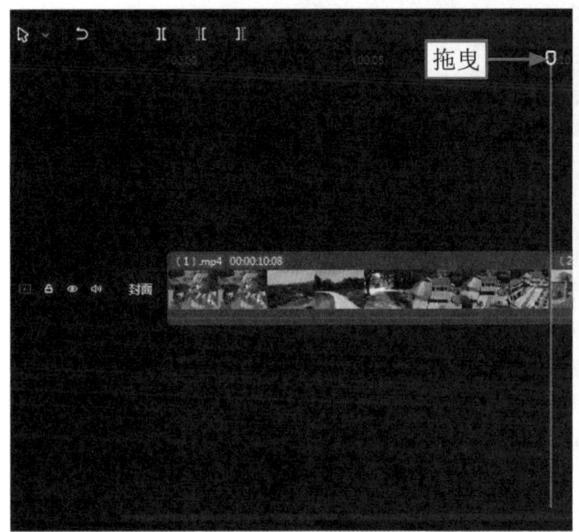

图11-9 拖曳时间滑块

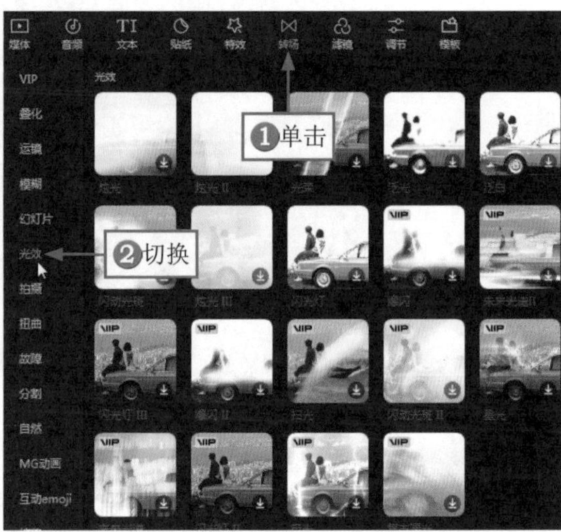

图11-10 切换至“光效”选项

STEP 03 单击“炫光II”转场右下角的“添加到轨道”按钮，如图11-11所示，在第1段视频素材和第2段视频素材之间添加“炫光II”转场效果。

STEP 04 单击“应用全部”按钮，如图11-12所示，在剩余视频素材间也添加相同的转场效果。

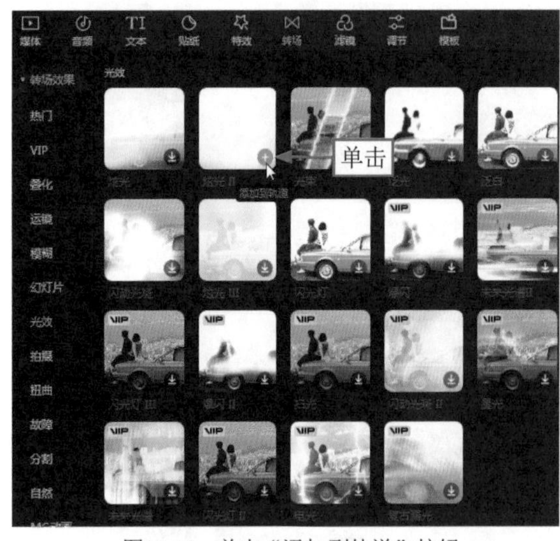

图11-11 单击“添加到轨道”按钮

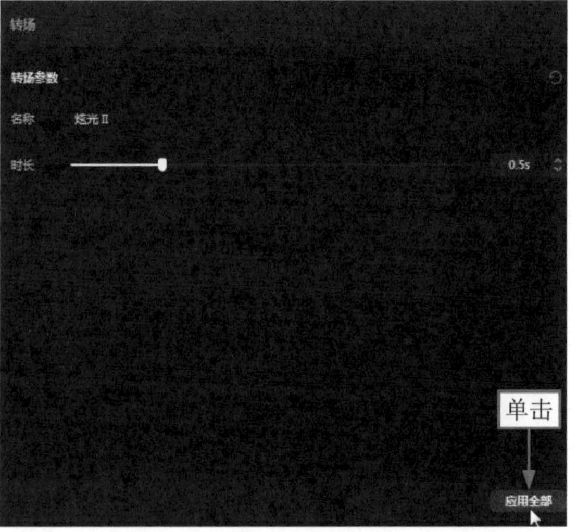

图11-12 单击“应用全部”按钮

11.2.3 添加特效

剪映中拥有数量庞大、风格迥异的特效素材，用户可以任意选择并进行组合搭配。下面介绍在剪映中为视频添加特效的操作方法。

STEP 01 拖曳时间滑块至视频素材的开始位置，如图11-13所示。

STEP 02 ❶单击“特效”按钮；❷选择“画面特效”选项卡中的“基础”选项，如图11-14所示。

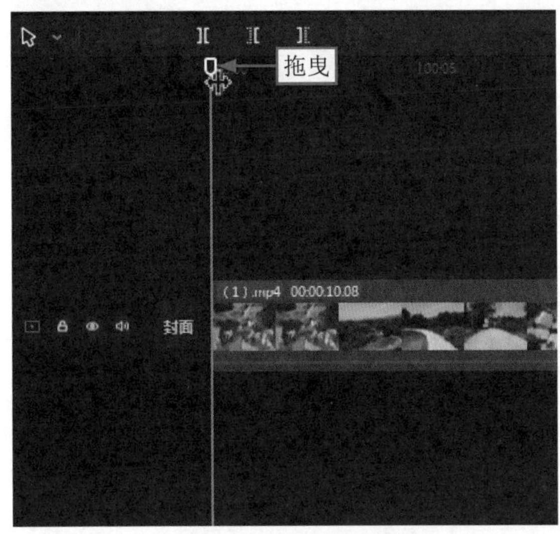

图11-13 拖曳时间滑块

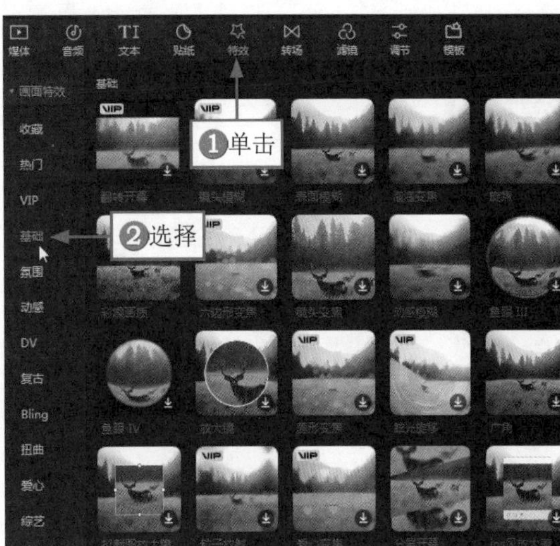

图11-14 选择“基础”选项

STEP 03 单击“纵向开幕”特效右下角的“添加到轨道”按钮，如图11-15所示。

STEP 04 拖曳时间滑块至第4段视频素材的开始位置，如图11-16所示。

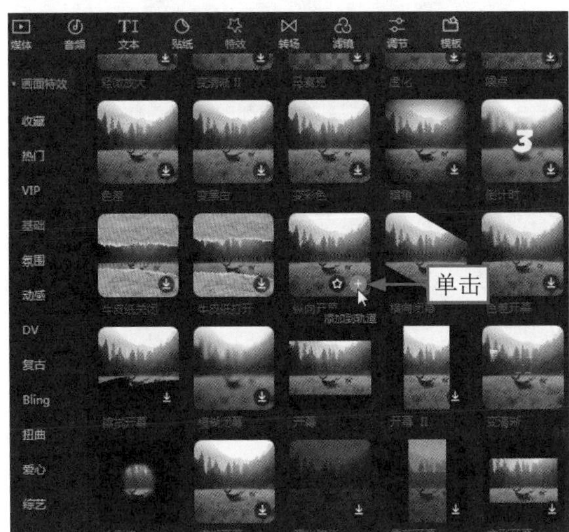

图11-15 单击“纵向开幕”特效的“添加到轨道”按钮

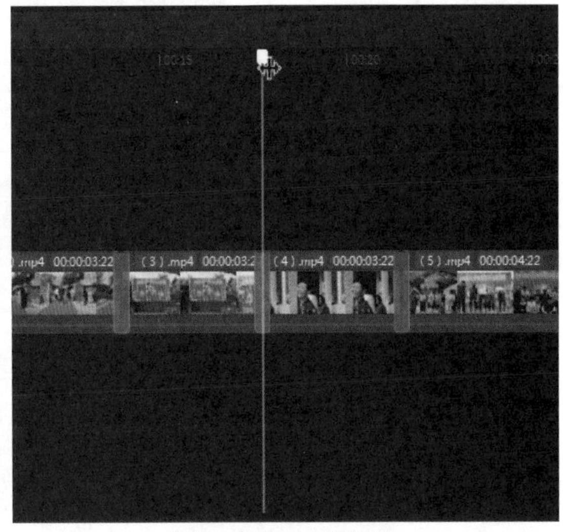

图11-16 拖曳时间滑块

STEP 05 ❶选择“氛围”选项；❷单击“庆祝彩带”特效右下角的“添加到轨道”按钮，如图11-17所示。

STEP 06 适当调整特效的时长，如图11-18所示。

STEP 07 拖曳时间轴至00:00:36:00的位置，如图11-19所示。

STEP 08 ❶选择“基础”选项；❷单击“闭幕”特效右下角的“添加到轨道”按钮，如图11-20所示。

STEP 09 调整特效的时长，使其与视频素材的结束位置对齐，如图11-21所示。

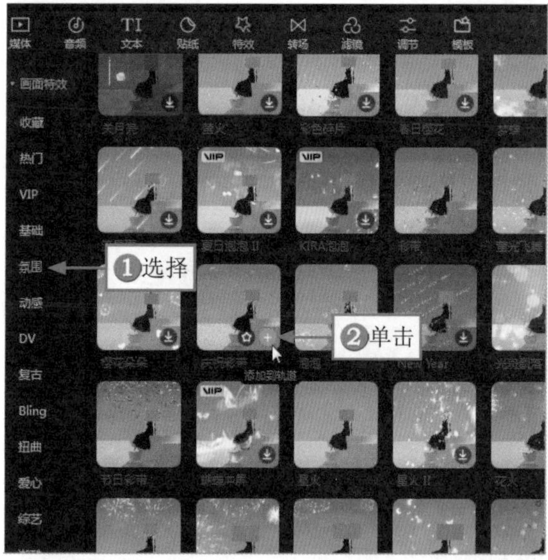

图11-17 单击“庆祝彩带”的“添加到轨道”按钮

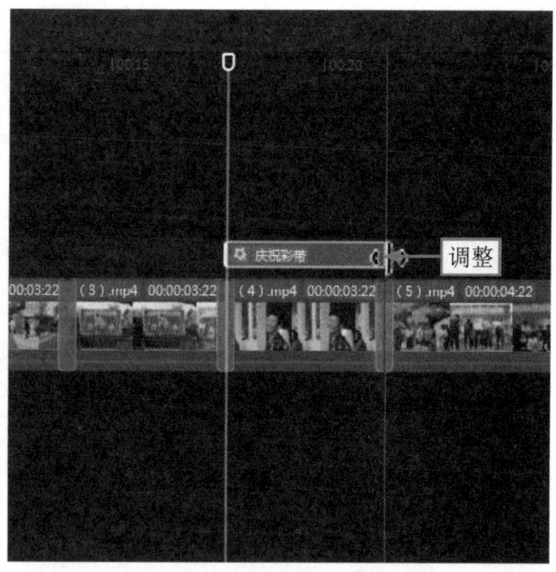

图11-18 调整“庆祝彩带”特效的时长

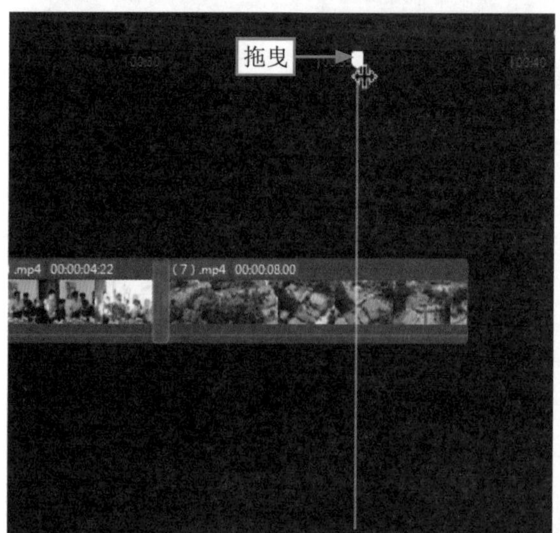

图11-19 拖曳时间滑块

图11-20 单击“闭幕”特效的“添加到轨道”按钮

图11-21 调整“闭幕”特效的时长

11.2.4 添加贴纸

剪映中拥有丰富的贴纸素材，用户可以根据视频画面和自身喜好选择并组合搭配贴纸。下面介绍在剪映中为视频添加贴纸的操作方法。

STEP 01 拖曳时间滑块至00:00:01:10的位置，单击“贴纸”按钮，如图11-22所示。

STEP 02 ❶切换至“炸开”选项；❷单击相应烟花贴纸右下角的“添加到轨道”按钮，如图11-23所示。

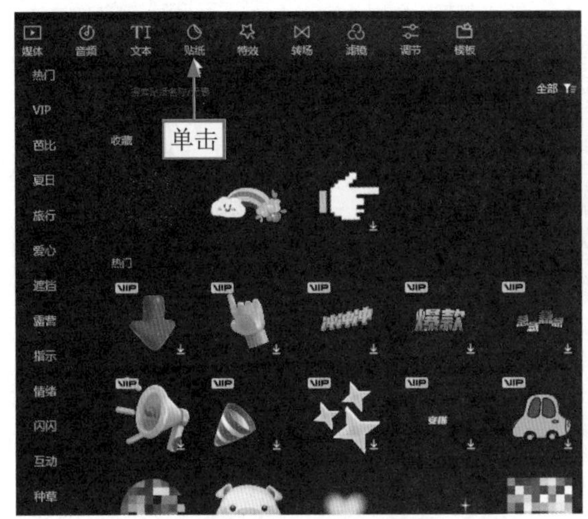

图11-22 单击“贴纸”按钮

图11-23 单击“添加到轨道”按钮

STEP 03 使用同样的方法，再添加两个烟花贴纸，如图11-24所示。

图11-24 添加贴纸

STEP 04 在“播放器”面板中，调整贴纸的大小和位置，如图11-25所示。

图11-25 调整贴纸的大小和位置

11.2.5 添加文字

为视频添加相应的解说文字，可以使观看视频的人了解视频的内容和主题，而为解说文字设置动画效果则可以增加视频的趣味性。下面介绍在剪映中为视频制作解说文字的操作方法。

STEP 01 拖曳时间滑块至00:00:01:25的位置，如图11-26所示。

图11-26 拖曳时间滑块

STEP 02 ❶单击“文本”按钮；❷在“新建文本”选项卡中单击“默认文本”右下角的“添加到轨道”按钮，如图11-27所示。

STEP 03 ❶修改文字内容；❷选择合适的字体，如图11-28所示。

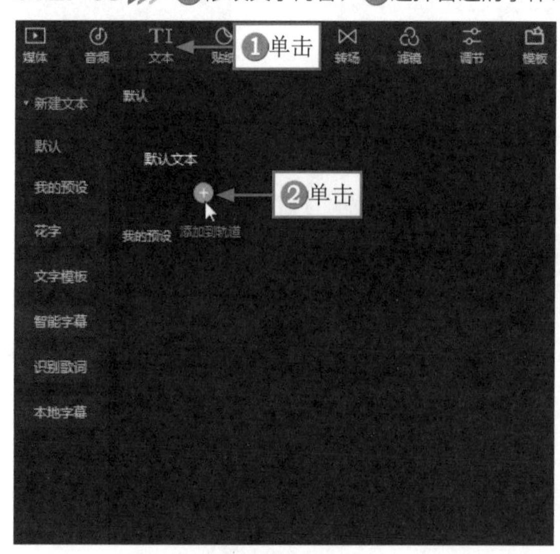

图11-27 单击“添加到轨道”按钮

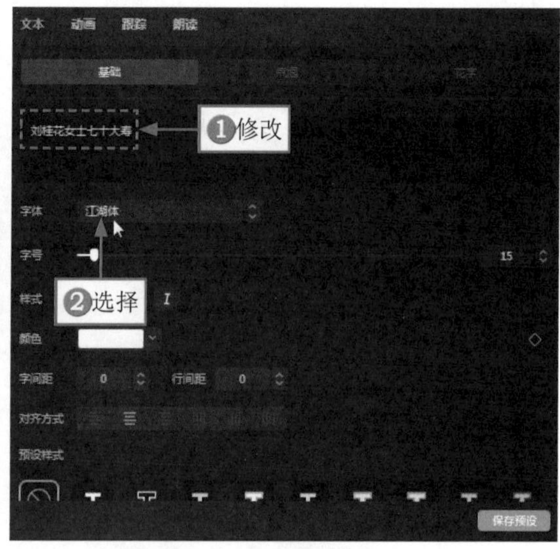

图11-28 选择文字字体

STEP 04 ❶切换至“花字”选项卡；❷选择合适的花字样式，如图11-29所示。

STEP 05 适当调整文本的时长，使其与烟花特效的时长一致，如图11-30所示。

STEP 06 在“播放器”面板中，调整文字的大小和位置，如图11-31所示。

STEP 07 ❶单击“动画”按钮；❷选择“入场”选项卡中的“打字机 Ⅱ”动画，如图11-32所示。

STEP 08 拖曳下面的滑块，设置“动画时长”参数为1.0s，如图11-33所示，适当增加动画时长。

图11-29　选择花字样式

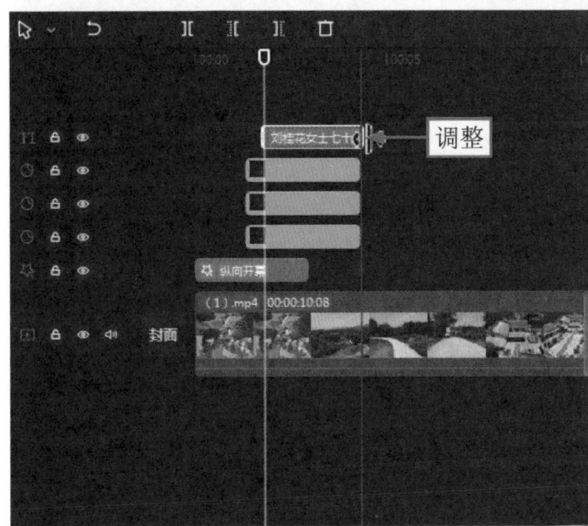

图11-30　调整文本时长

图11-31　调整文字的大小和位置

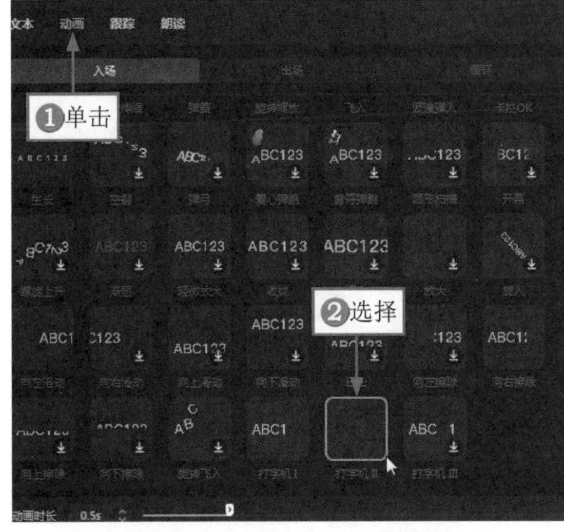

图11-32　选择“打字机Ⅱ”动画

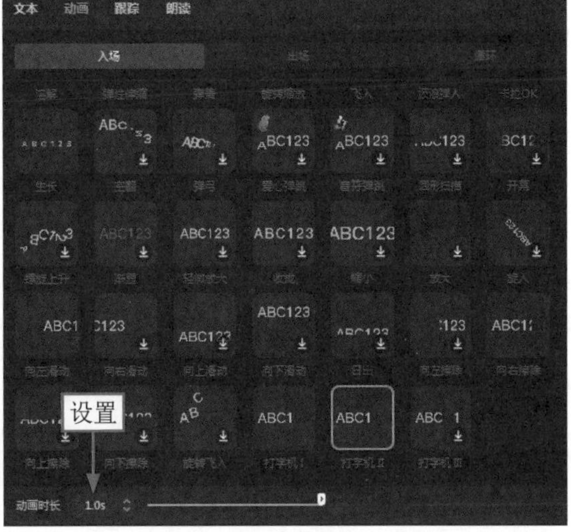

图11-33　设置“动画时长”参数

STEP 09 ❶切换至“出场”选项卡；❷选择“闭幕”动画；❸设置“动画时长”参数为0.7s，如图11-34所示。

STEP 10 使用同样的方法，在视频的合适位置添加文字，如图11-35所示。

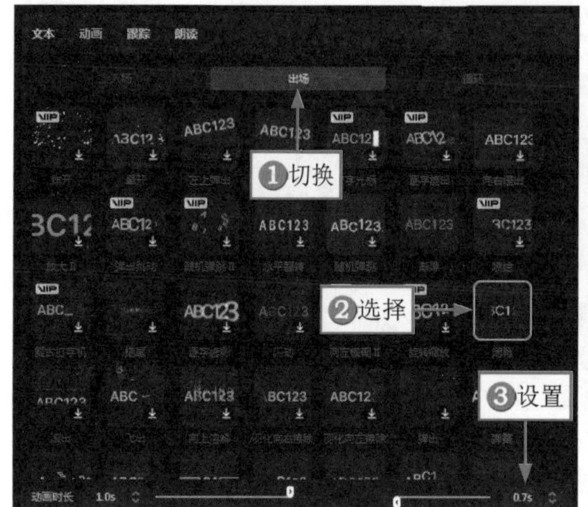

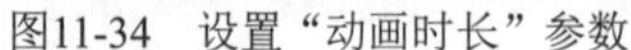

图11-34　设置“动画时长”参数

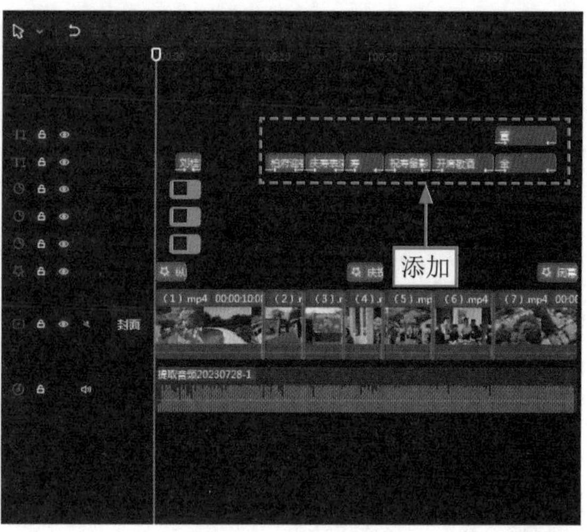

图11-35　添加相应文字

11.2.6　添加滤镜

调节视频的画面色彩，既可以为视频添加滤镜并设置滤镜强度参数，也可以为视频添加调节效果并设置调节参数，还可以两个方法一起使用。下面介绍在剪映中为视频添加滤镜的操作方法。

STEP 01 拖曳时间滑块至视频素材的开始位置，单击“滤镜”按钮，如图11-36所示。

STEP 02 ❶切换至“风景”选项；❷单击“绿妍”滤镜右下角的“添加到轨道”按钮，如图11-37所示。

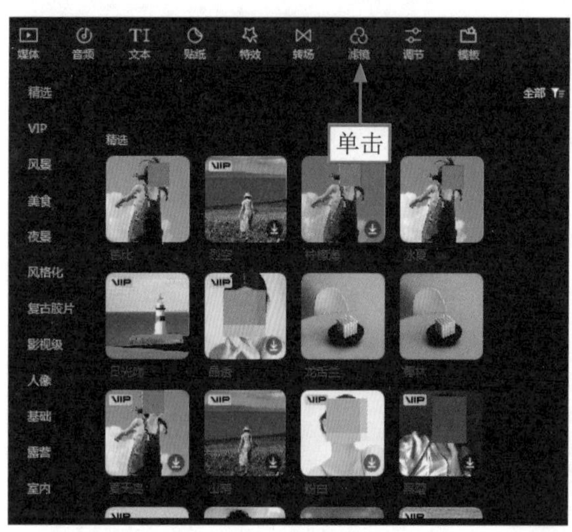

图11-36　单击“滤镜”按钮

图11-37　单击“添加到轨道”按钮

STEP 03 在弹出的界面中拖曳滑块，设置滤镜“强度”参数为80，如图11-38所示，使其更符合视频画面。

STEP 04 调整“绿妍”滤镜的时长，使其结束位置与第1段视频素材的结束位置对齐，如图11-39所示。

STEP 05 在“滤镜”功能区中，❶切换至“人像”选项；❷单击“自然”滤镜右下角的“添加到轨道”按钮 ，如图11-40所示。

STEP 06 调整滤镜的时长，使其与视频素材的结束位置对齐，如图11-41所示。

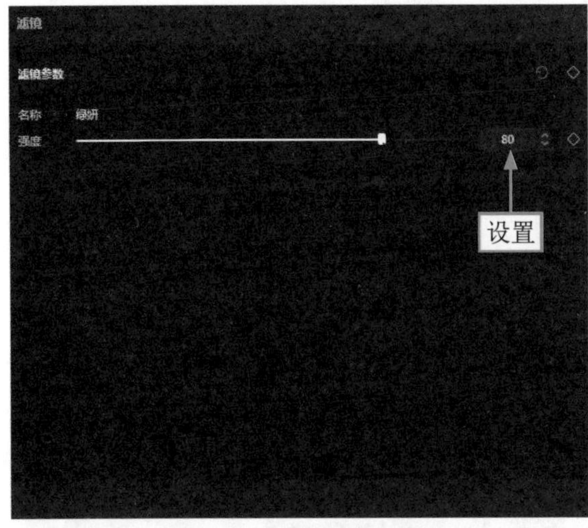

图11-38　设置“强度”参数

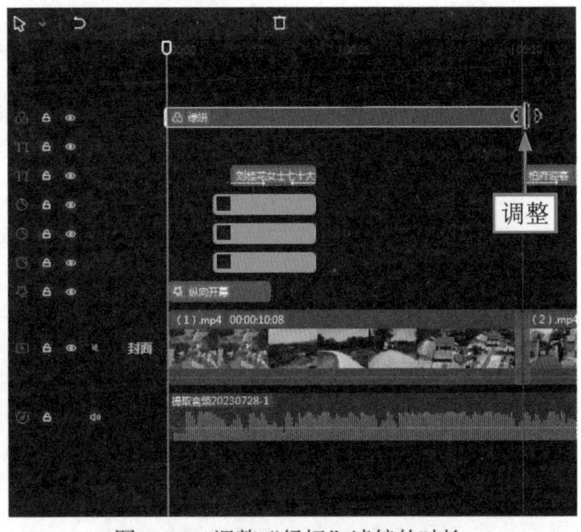

图11-39　调整“绿妍”滤镜的时长

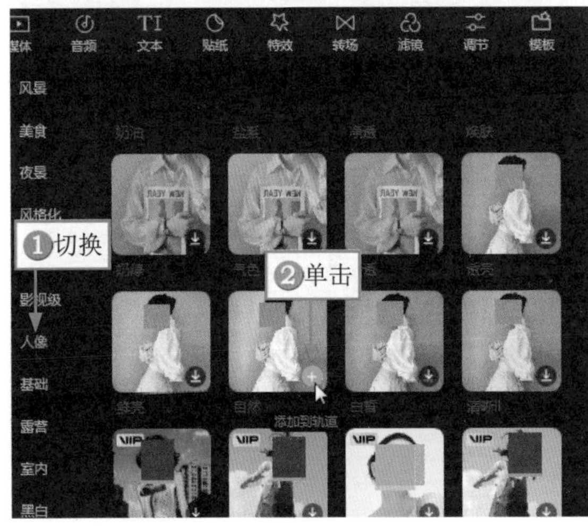

图11-40　单击“添加到轨道”按钮

图11-41　调整“自然”滤镜的时长

11.2.7　添加音乐

添加合适的背景音乐可以更好地增强视频的情感表达，让观众产生代入感。下面介绍在剪映中为视频添加音乐的操作方法。

STEP 01 ①单击“音频”按钮；②切换至“音频提取”选项卡；③单击“导入”按钮，如图11-42所示。

STEP 02 弹出“请选择媒体资源”对话框，①选择视频文件；②单击“打开”按钮，如图11-43所示。

STEP 03 执行操作后，即可提取相应视频中的音频，单击音频右下角的“添加到轨道”按钮 ，如图11-44所示。

STEP 04 调整音频的时长，使其与视频素材的结束位置对齐，如图11-45所示。

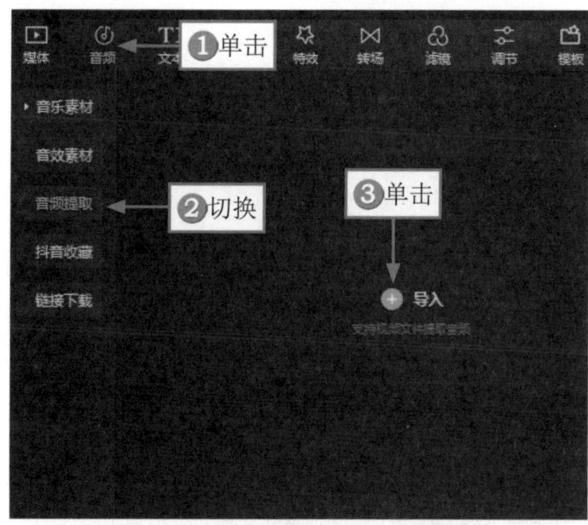

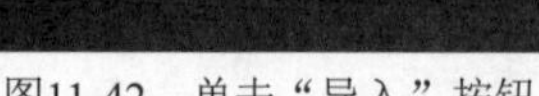

图11-42　单击“导入”按钮

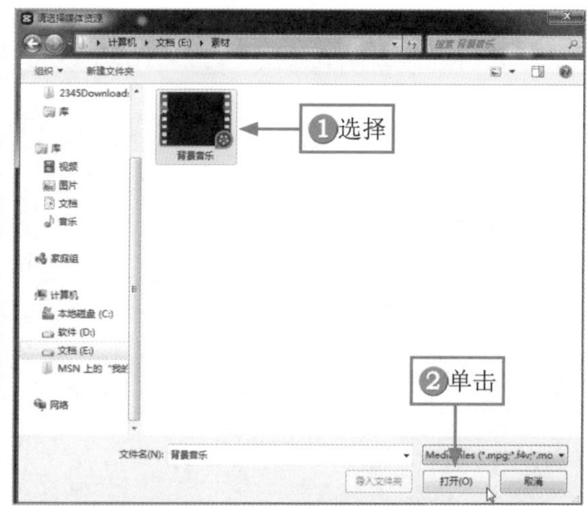

图11-43　单击“打开”按钮

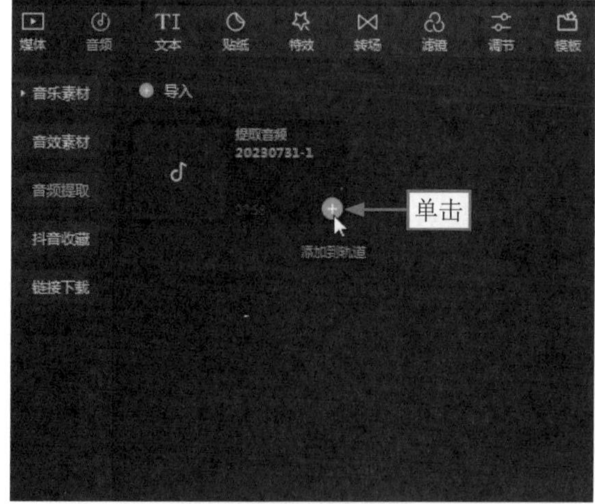

图11-44　单击“添加到轨道”按钮

图11-45　调整音频的时长

第12章 口播视频：制作《古人智慧》

口播视频的一般形式是对视频画面中的人物进行相关文字的播报，同时画面上显示对应的文字。口播视频中的声音大多数采用的是真人的声音，很少使用文本朗读功能，所以在观看这类视频的时候，会更有亲近感。口播视频适合用来制作一些有哲理、有价值的知识分享类内容，在抖音、快手等短视频平台上传播较广。

12.1 《古人智慧》效果展示

《古人智慧》口播视频主要突出的是古人讲的哲理性较强的知识。在制作该类口播视频的时候，因为视频中的画面大部分是不变的，所以需要用户对口播文案的内容进行提炼，精简语言，这样在拍摄的时候会更加简单，后期剪辑制作的时候也会更加方便、快捷。

在制作《古人智慧》视频之前，首先来欣赏本案例的视频效果，并了解案例的学习目标、制作思路、知识讲解和要点讲堂。

12.1.1 效果欣赏

《古人智慧》口播视频的画面效果如图12-1所示。

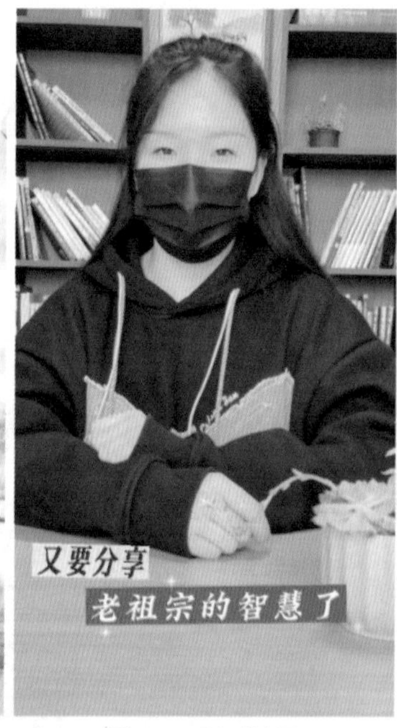

图12-1 画面效果

12.1.2 学习目标

知识目标	掌握口播视频的制作方法
技能目标	（1）掌握为视频编写文案的操作方法 （2）掌握为视频添加字幕的操作方法 （3）掌握对视频进行美化处理的操作方法 （4）掌握为视频制作片头片尾的操作方法 （5）掌握为视频设置封面的操作方法 （6）掌握为视频调整音频的操作方法
本章重点	为视频编写文案
本章难点	为视频添加字幕
视频时长	18分45秒

12.1.3 制作思路

本案例首先介绍了为视频编写文案，然后为其添加字幕、对其进行美化处理，接下来为其制作片头片尾、设置封面，最后调整音频效果。图12-2所示为本案例视频的制作思路。

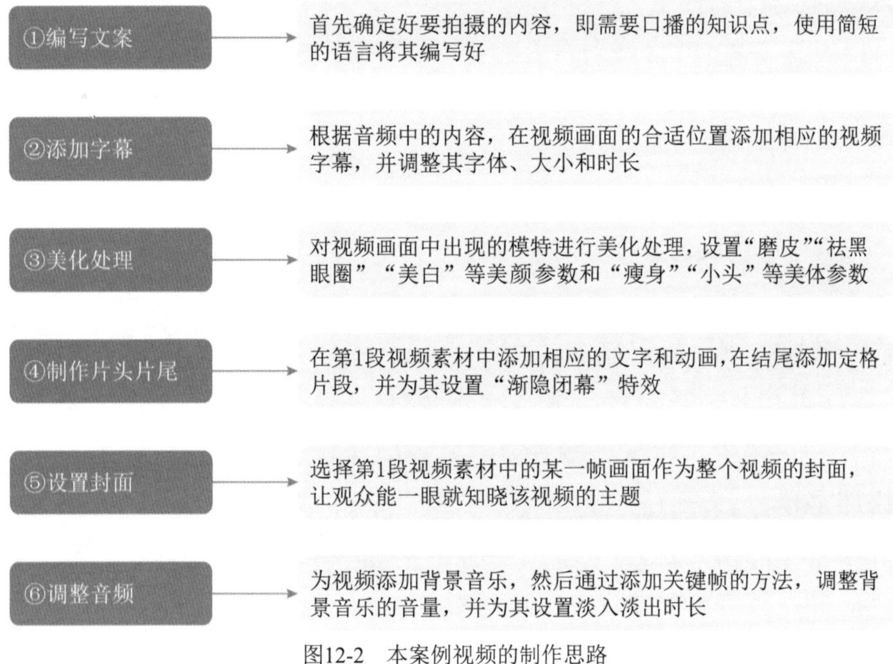

图12-2 本案例视频的制作思路

12.1.4 知识讲解

口播视频主要是模特出镜时对需要讲解的知识点等内容进行播报。口播视频大部分都是现场录音，模特配合出镜，能带给观众一种近距离交流的亲切感。

12.1.5 要点讲堂

在本章内容中，会用到一个剪映功能——设置封面，该功能主要有两个作用，具体内容如下。

❶ 提高视频的吸引力。封面是观众第一眼看到的内容，好的封面能在一定程度上提高视频的吸引力。

❷ 表明视频的主题。封面能够表达出视频的主题内容。

为视频设置封面的主要方法为：在视频轨道起始位置的左侧，单击“封面”按钮，即可进行封面的设置，可以选取视频中的画面片段，也可以制作新的封面内容。

12.2 《古人智慧》制作流程

本节将为大家介绍口播视频的制作方法，包括编写口播文案、添加字幕、对视频进行美化处理、为视频制作片头片尾、设置封面和调整音频效果，希望大家能够熟练掌握。

12.2.1 编写文案

口播视频一般采用固定镜头拍摄模特的上半身，没有特别的运镜要求，但是需要事先编写好口播文案。《古人智慧》的文案内容如下。

又要分享老祖宗的智慧了

藏锋才能无敌

隐智才能保身

隐藏过往，过往成败不提

专注当下，才能聚焦目标

隐藏想法

智者说话，是因为他们有话要说

但是愚者说话，往往是因为他们想说

隐藏本事，满招损，谦受益

恃才傲物者，终会败事

低调收敛，才是成事之基

12.2.2 添加字幕

文字和声音带给人的感受是截然不同的，为视频添加花样字幕可以让观众更直观地了解视频内容。下面介绍在剪映中添加花样字幕的操作方法。

STEP 01 将视频素材按照顺序添加到视频轨道中，拖曳时间滑块至00:00:03:11的位置，如图12-3所示。

STEP 02 ❶切换至“文本”功能区；❷在“文字模板”选项卡中选择“片头标题”选项；❸单击相应文字模板右下角的“添加到轨道”按钮，如图12-4所示，即可添加第1段视频字幕。

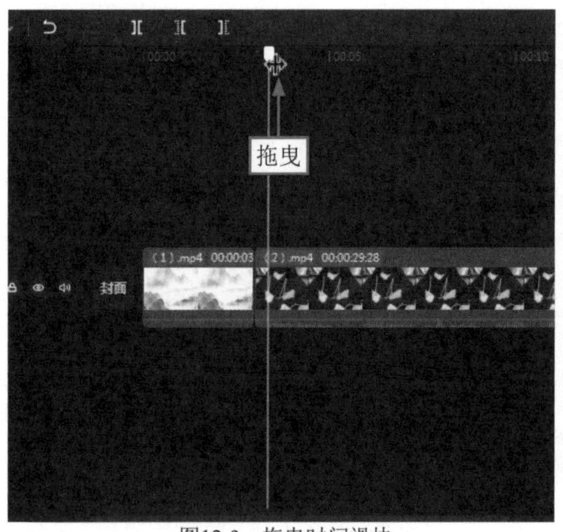

图12-3 拖曳时间滑块

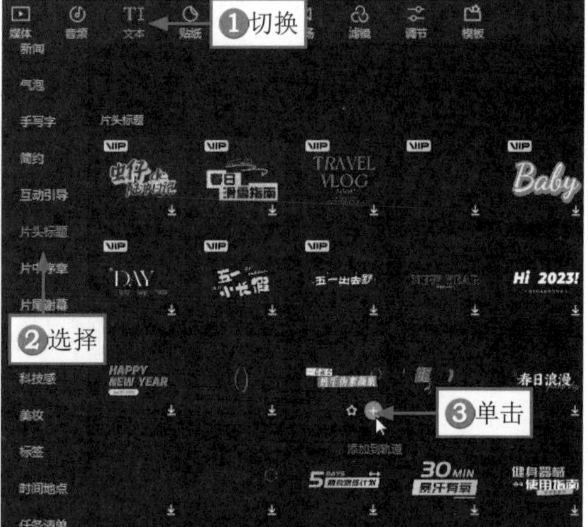

图12-4 单击“添加到轨道”按钮

STEP 03 在“文本”操作区的“基础”选项卡中，❶修改文字内容；在“播放器”面板中，❷调整文字的大小和位置，如图12-5所示。

STEP 04 单击“第1段文本”中的“展开”按钮，展开文本编辑区，选择相应的字体，如图12-6所示。用同样的方法，为第2段文本设置相同的字体。

STEP 05 调整第1段视频字幕的时长，如图12-7所示。

图12-5 调整文字的位置和大小

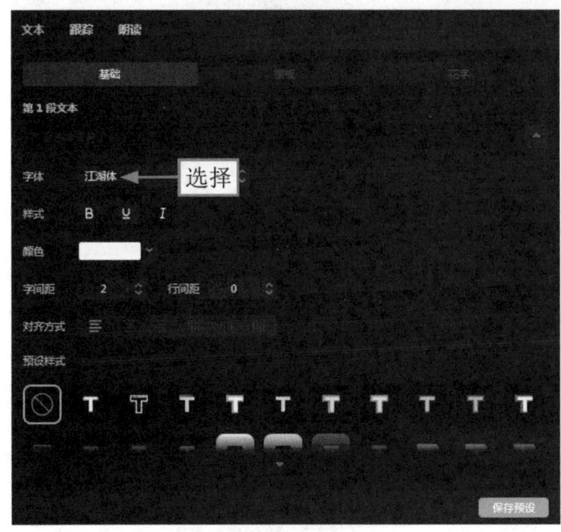

图12-6 选择相应的字体

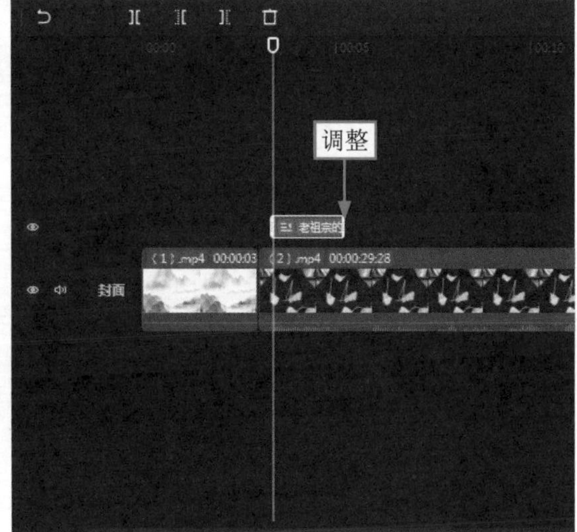

图12-7 调整字幕的时长

STEP 06 拖曳时间滑块至00:00:05:27的位置，选择第1段视频字幕，依次按Ctrl+C和Ctrl+V组合键，将第1段视频字幕复制一份并粘贴在时间轴右侧，即可添加第2段视频字幕，如图12-8所示。

STEP 07 在“文本”操作区中修改相应的文本内容，如图12-9所示，并调整第2段视频字幕的时长。

STEP 08 用同样的方法，添加第3段视频字幕，并修改文本内容，如图12-10所示。

STEP 09 拖曳时间滑块至00:00:09:13的位置，在“文字模板”选项卡的“字幕”选项中，单击相应文字模板右下角的“添加到轨道”按钮，如图12-11所示，添加第4段视频字幕。

STEP 10 调整第4段视频字幕的时长，如图12-12所示。

STEP 11 ❶修改文本内容；❷选择文字字体，如图12-13所示。

STEP 12 ❶设置“缩放”参数为219%，放大文字；在“播放器”面板中，❷调整文本的位置，如图12-14所示。

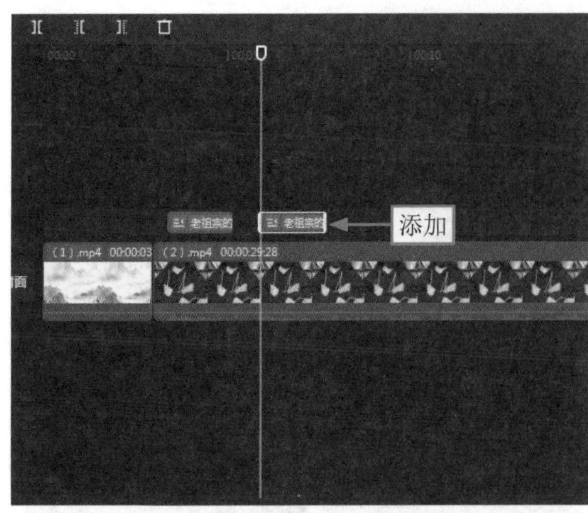

图12-8　添加第2段视频字幕

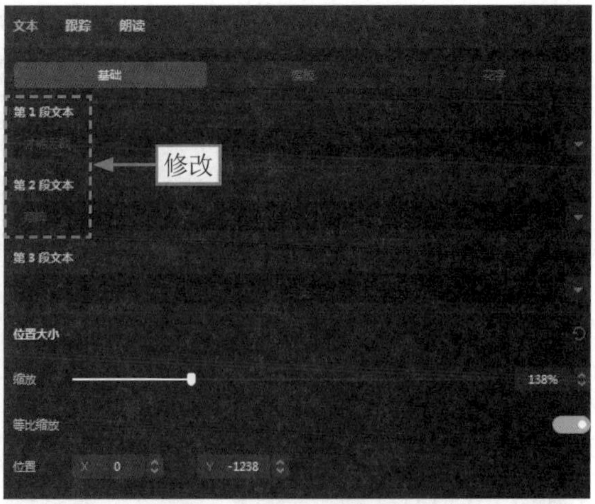

图12-9　修改文本内容（1）

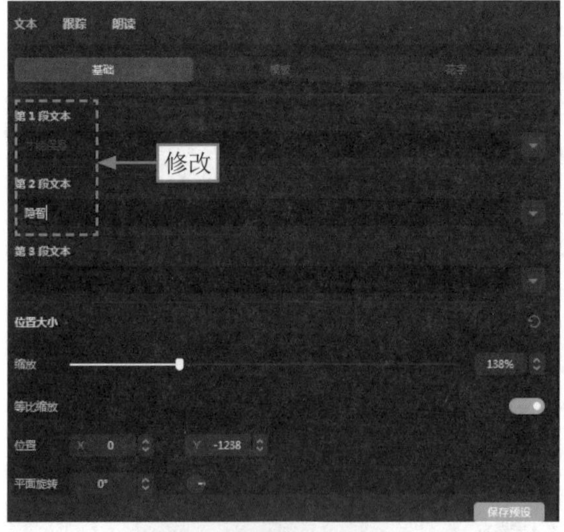

图12-10　修改文本内容（2）

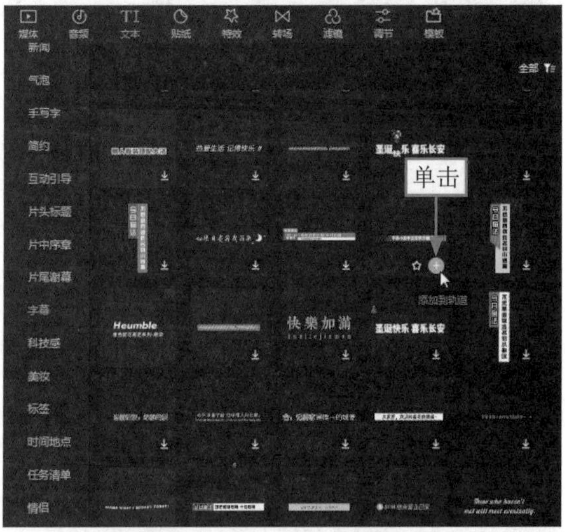

图12-11　单击“添加到轨道”按钮

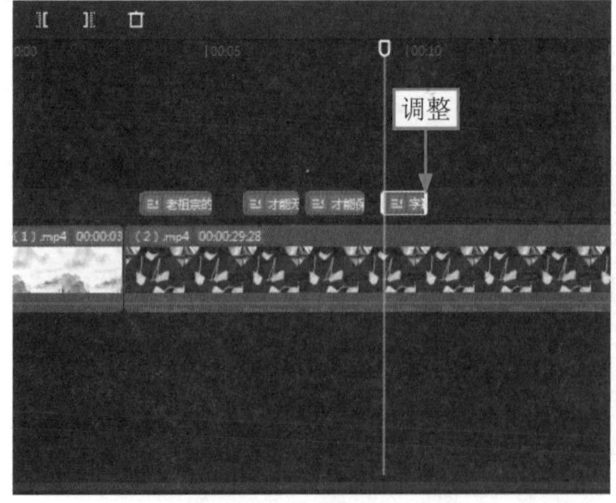

图12-12　调整字幕的时长

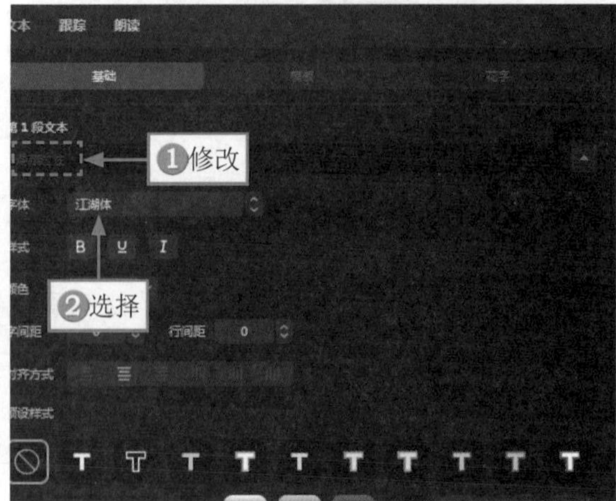

图12-13　选择文字字体

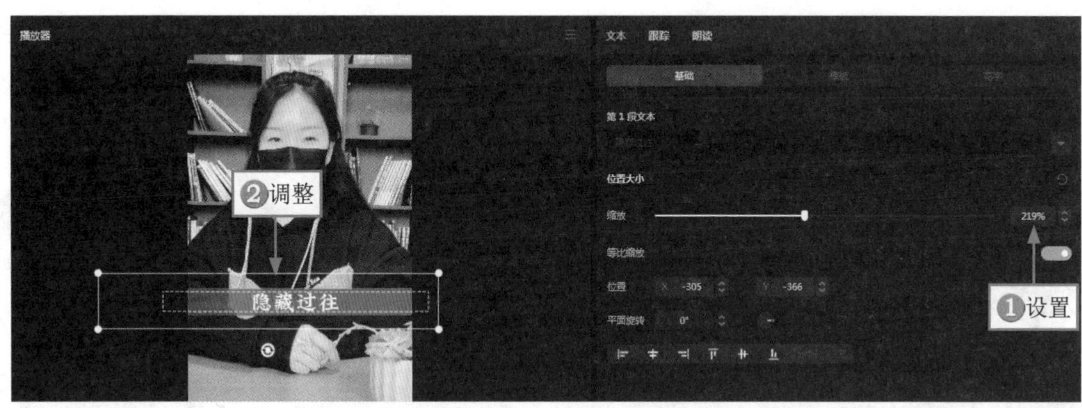

图12-14　调整文本的位置

STEP 13 ▶▶ 用复制粘贴的方法，在其他适当位置添加相应的视频字幕，修改文本内容，并调整其位置和时长，即可完成视频字幕的添加，如图12-15所示。

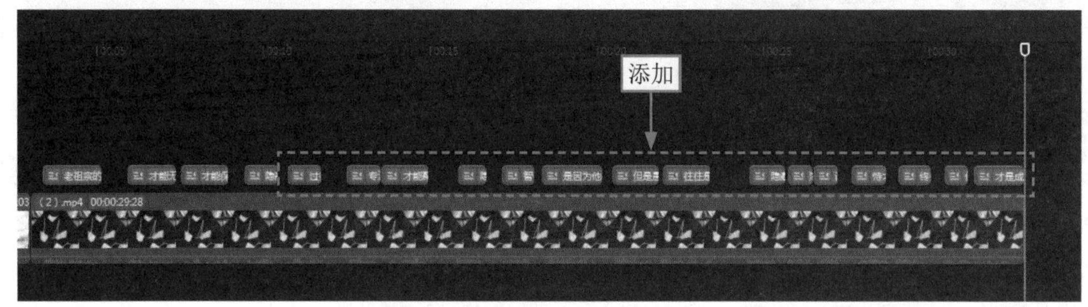

图12-15　添加视频字幕

12.2.3　美化处理

在口播视频中一般都会有出镜的模特，我们可以对模特进行美化处理，以优化模特的形象。下面介绍在剪映中进行美化处理的操作方法。

STEP 01 ▶▶ 选择第2段视频素材，在“画面”操作区中，①切换至“美颜美体”选项卡；②选中“美颜”复选框，如图12-16所示，启用“美颜”功能。

STEP 02 ▶▶ 设置“磨皮”参数为20，如图12-17所示，使人像的皮肤更细腻。

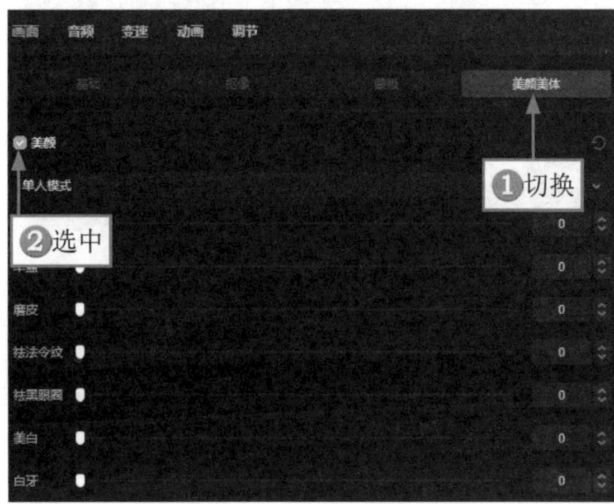

图12-16　选中“美颜”复选框

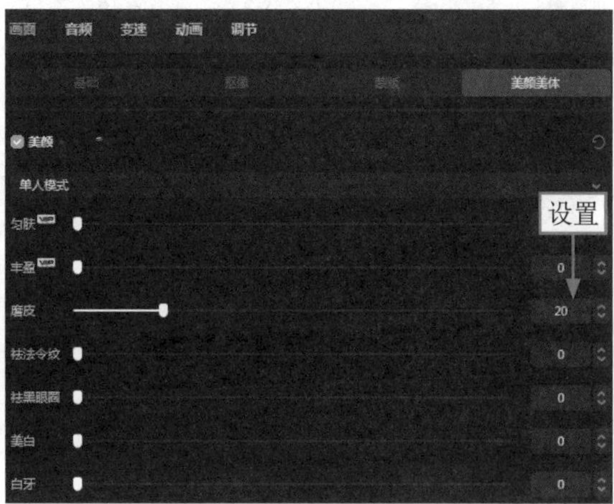

图12-17　设置“磨皮”参数

STEP 03 设置“祛黑眼圈”参数为20，“美白”参数为20，如图12-18所示，淡化人像脸上的黑眼圈，并让人像的肤色变白。

STEP 04 ❶选中“美体”复选框；❷设置“瘦身”参数为30，“小头”参数为20，如图12-19所示，让人像的上半身更纤细。

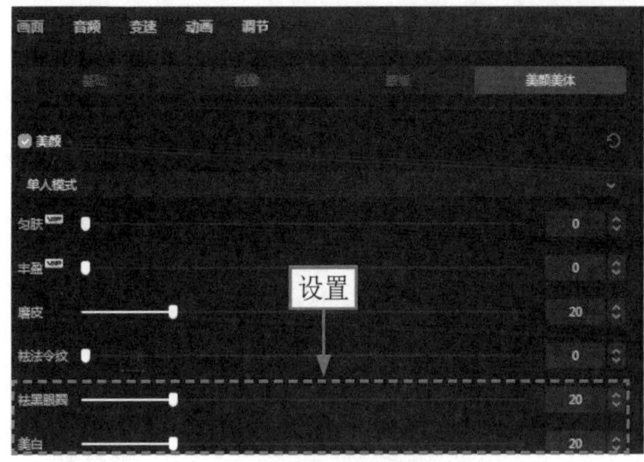

图12-18　设置相应参数（1）

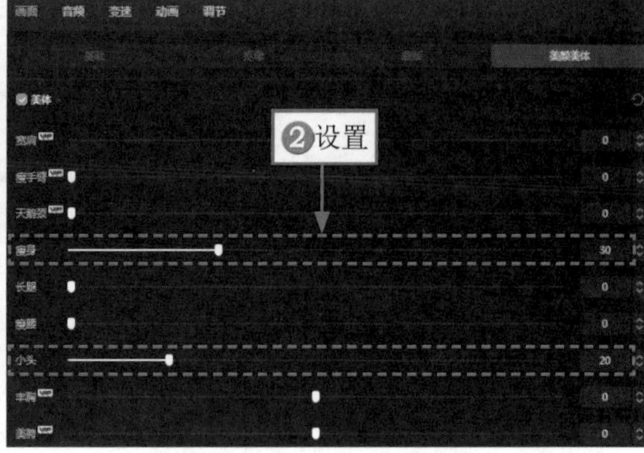

图12-19　设置相应参数（2）

12.2.4　制作片头片尾

片头片尾可以让视频显得更完整，也能为观众提供更好的视觉体验。下面介绍在剪映中制作片头片尾的操作方法。

STEP 01 拖曳时间滑块至视频素材的开始位置，在“文字模板”选项卡的“热门”选项中单击相应文字模板右下角的“添加到轨道”按钮，如图12-20所示，添加一个片头字幕。

STEP 02 在“文本”操作区中，❶修改文本内容；❷选择文字字体，如图12-21所示。

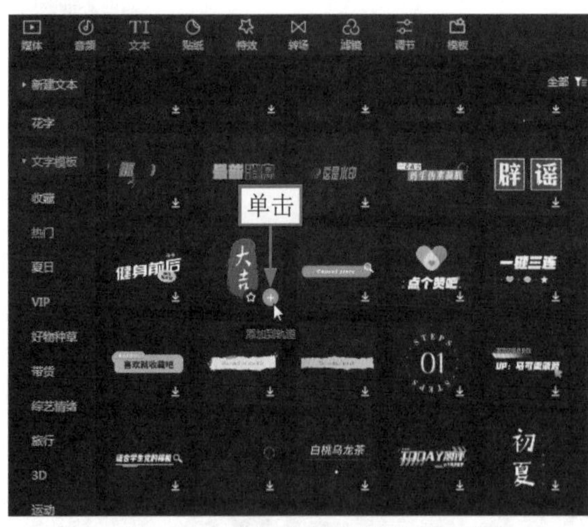

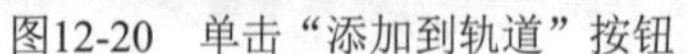

图12-20　单击“添加到轨道”按钮

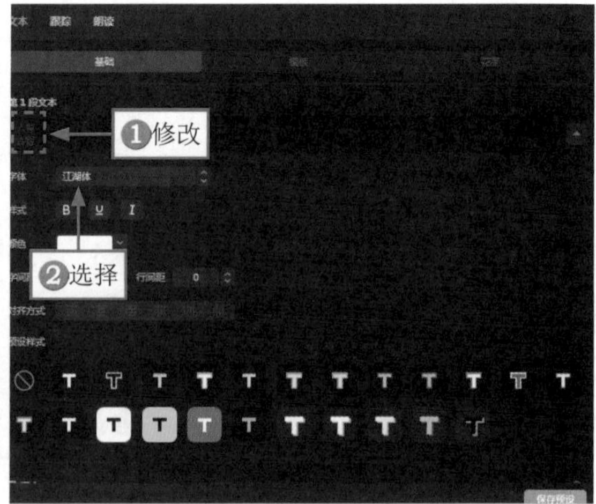

图12-21　选择文字字体

STEP 03 在“播放器”面板中调整文字的大小，如图12-22所示。

STEP 04 选择第1段视频素材，❶切换至“动画”操作区；❷在“入场”选项卡中选择“渐显”动画，如图12-23所示，即可完成片头的制作。

STEP 05 拖曳时间滑块至视频素材的结束位置，❶选择第2段视频素材；❷单击“定格”按钮，如图12-24所示，即可生成定格片段。

图12-22 调整文字的大小

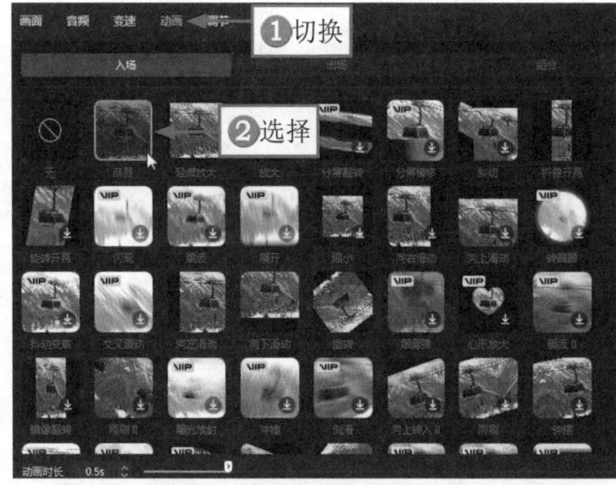

图12-23 选择“渐显”动画

图12-24 单击“定格”按钮

STEP 06 ❶切换至“特效”功能区；在“画面特效”选项卡中，❷选择“基础”选项；❸单击“渐隐闭幕”特效右下角的“添加到轨道”按钮，如图12-25所示，为视频添加片尾特效，即可完成片尾的制作。

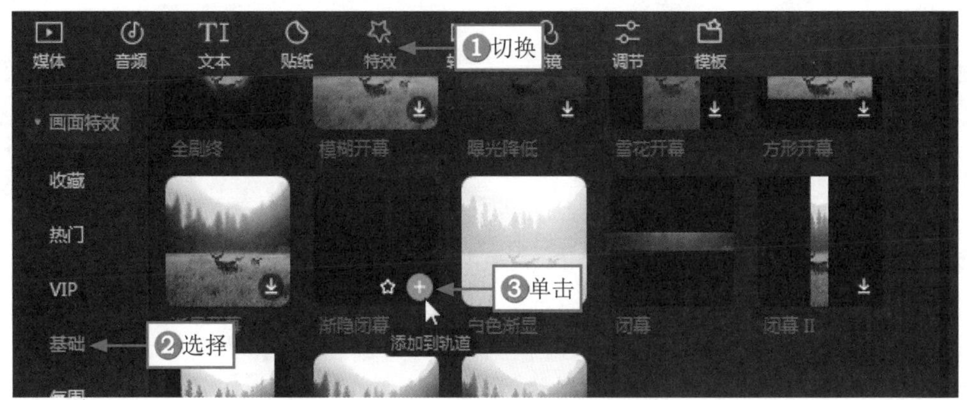

图12-25 单击“渐隐闭幕”特效的“添加到轨道”按钮

12.2.5 设置封面

一个美观的视频封面可以给观众留下好的第一印象，也能增加观众观看视频的几率。下面介绍在剪映中设置视频封面的操作方法。

STEP 01 在视频素材开始位置的左侧，单击“封面”按钮，如图12-26所示。

STEP 02 弹出“封面选择”对话框，❶拖曳时间滑块，选取合适的画面作为封面；❷单击“去编辑”按钮，如图12-27所示。

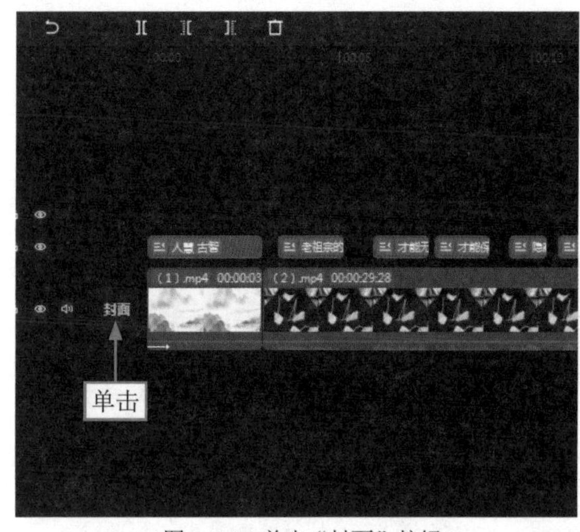

图12-26　单击“封面”按钮

图12-27　单击“去编辑”按钮

STEP 03 ▶▶ 在弹出的“封面设计”对话框中单击“完成设置”按钮，即可成功设置封面，如图12-28所示。

图12-28　成功设置封面

12.2.6　调整音频

口播视频的音频效果包括两个方面：一是口播音频，二是背景音乐。下面介绍在剪映中调整音频效果的操作方法。

STEP 01 ▶▶ 选择第2段视频素材，❶切换至“音频”操作区；❷设置“音量”参数为8.0dB；❸选中“音频降噪”复选框，如图12-29所示，使音频的音量变大，并进行降噪处理。

STEP 02 ▶▶ 拖曳时间滑块至视频素材的开始位置，❶切换至“音频”功能区；❷在“音乐素材”选项卡中搜索“琴音”；❸在搜索结果中单击相应音乐右下角的“添加到轨道”按钮，如图12-30所示，将其添加到音频轨道中。

STEP 03 ▶▶ ❶拖曳时间滑块至视频素材的结束位置；❷单击“分割”按钮，如图12-31所示，分割音频素材。

STEP 04 ▶▶ 单击“删除”按钮，如图12-32所示，删除多余的音频素材。

STEP 05 ▶▶ 选择音频素材，拖曳时间滑块至00:00:02:11的位置，在“音频”操作区中，单击“音量”右侧的“添加关键帧”按钮，如图12-33所示，添加第1个关键帧。

STEP 06 ▶▶ 拖曳时间滑块至00:00:03:11的位置，❶设置“音量”参数为–40.0dB；❷“音量”右侧的关键帧按钮会自动点亮，如图12-34所示，生成第2个关键帧，从而制作出背景音乐的音量逐渐变小的效果，避免背景音乐的音量过大干扰口播音频。

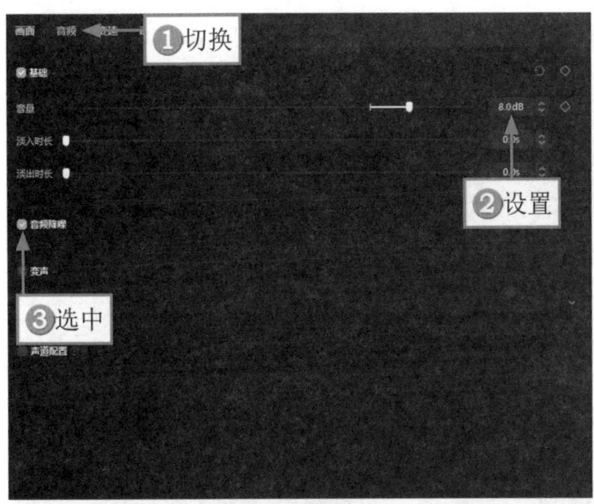

图12-29 选中“音频降噪”复选框

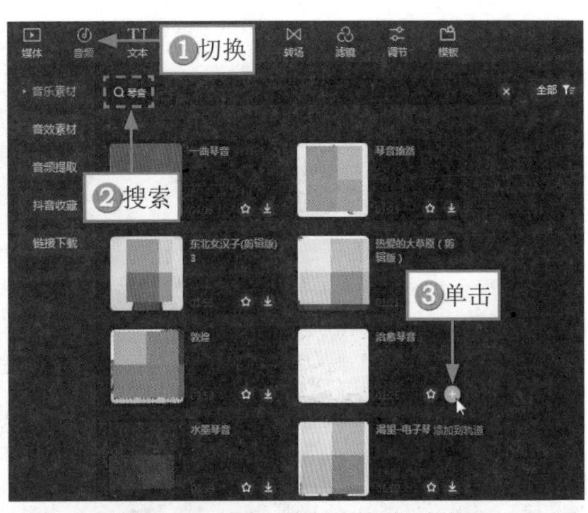

图12-30 单击“添加到轨道”按钮

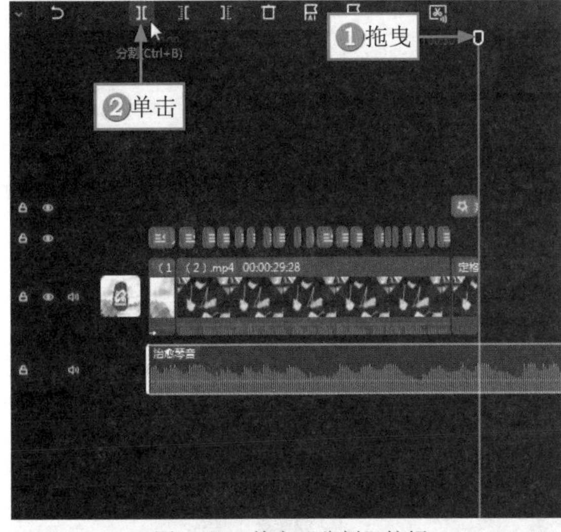

图12-31 单击“分割”按钮

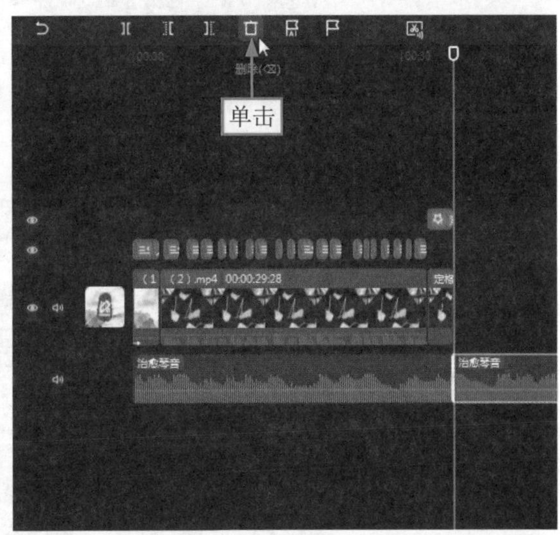

图12-32 单击“删除”按钮

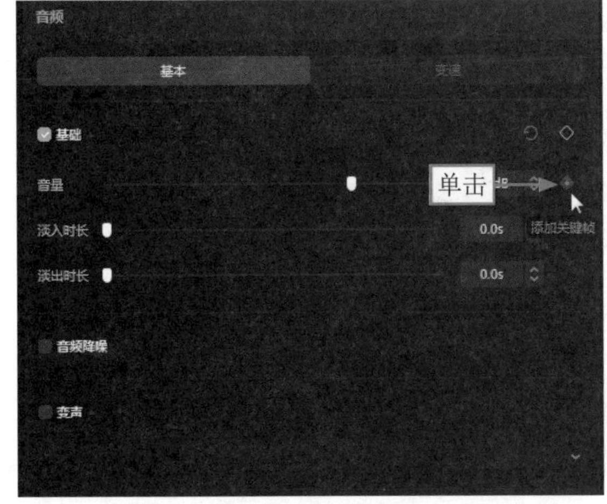

图12-33 单击“添加关键帧”按钮

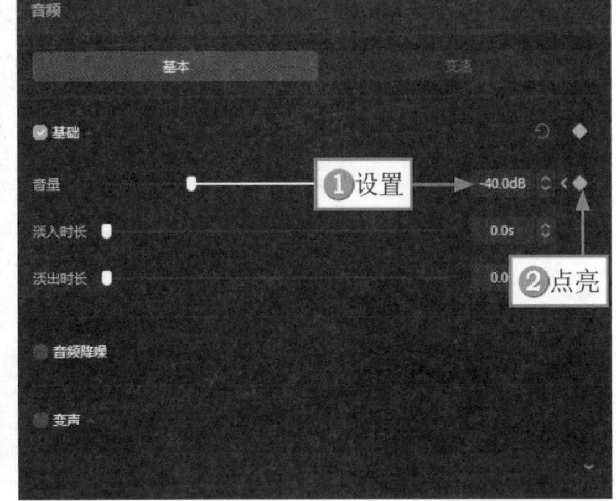

图12-34 自动点亮关键帧按钮

STEP 07 拖曳时间滑块至最后一段字幕的结束位置，在“音频”操作区中，单击“音量”右侧的“添加关键帧”按钮◇，如图12-35所示，添加第3个关键帧。

STEP 08 拖曳时间滑块至定格片段的结束位置，❶设置“音量”参数为0.0dB；❷“音量”右侧的关键帧按钮会自动点亮◆，如图12-36所示，生成第4个关键帧，在没有口播音频的片段中，让背景音乐的音量恢复到原始参数。

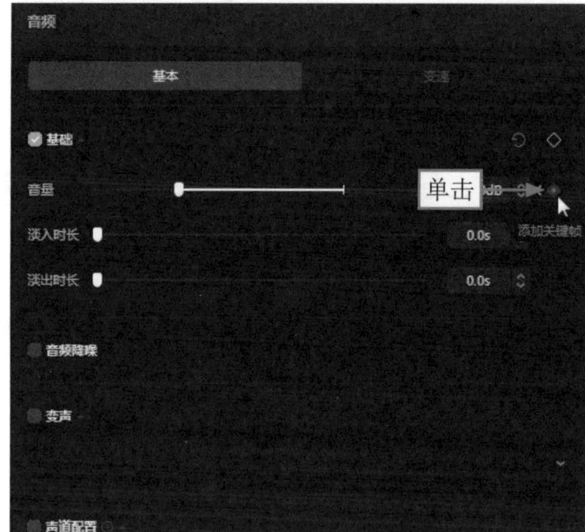

图12-35　单击“添加关键帧”按钮

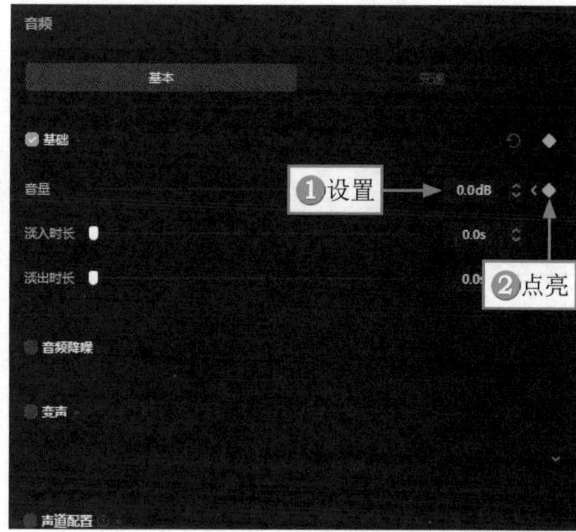

图12-36　自动点亮关键帧按钮

STEP 09 在“音频”操作区的“基本”选项卡中，设置背景音乐的“淡入时长”参数为1.5s，“淡出时长”参数为1.5s，如图12-37所示，让背景音乐的出现和消失变得更自然。

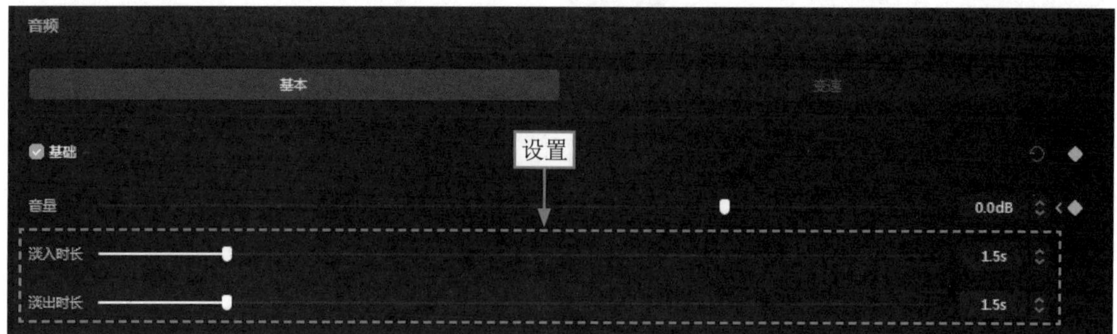

图12-37　设置相应参数

第13章　情景短剧：制作《邂逅爱情》

情景短剧是画面中含有剧情的一种视频形式，它可以包括很多类型，如讲述亲情、爱情、友情，或者是讲述生活趣事等，需要有情节的发展。情景短剧在抖音、快手等短视频平台上非常受欢迎。制作情景短剧能让观众在看到这个视频的时候，了解故事的发展，感受到其中的情感。

13.1 《邂逅爱情》效果展示

《邂逅爱情》情景短剧主要突出的是两位主人公相识、相知、相恋的过程。在制作该情景短剧的时候，一定要挑选那些能体现主人公相识、相知、相恋的场景或者画面，这样制作出来的视频才会更有说服力。

在制作《邂逅爱情》视频之前，首先来欣赏本案例的视频效果，并了解案例的学习目标、制作思路、知识讲解和要点讲堂。

13.1.1 效果欣赏

《邂逅爱情》情景短剧的画面效果如图13-1所示。

图13-1　画面效果

13.1.2 学习目标

知识目标	掌握情景短剧的制作方法
技能目标	（1）掌握撰写脚本的方法 （2）掌握调整视频素材时长的操作方法 （3）掌握为视频添加转场的操作方法 （4）掌握为视频添加特效的操作方法 （5）掌握为视频进行调色的操作方法 （6）掌握为视频添加旁白的操作方法 （7）掌握为视频设置音量的操作方法
本章重点	为视频添加特效
本章难点	为视频添加旁白
视频时长	7分50秒

13.1.3 制作思路

本案例首先介绍了为视频撰写脚本内容，调整视频素材的时长，然后为其添加转场和特效，接下来为其进行调色、添加旁白，最后设置音量。图13-2所示为本案例视频的制作思路。

图13-2 本案例视频的制作思路

13.1.4 知识讲解

情景短剧主要是指将很多不同场景的素材组合在一起，从而形成一个完整剧情的视频。在情景短剧中可以看出剧情的发展，画面有先后顺序，需要按照情节的发展去排序。

13.1.5 要点讲堂

在本章内容中，会用到一个剪映功能——添加旁白，该功能的主要作用是解说画面内容，让观看该视频的人了解剧情的发展和进程。

为视频添加旁白的主要方法为：首先需要为其添加旁白音频，然后通过对旁白音频的识别，来添加字幕旁白。

13.2 《邂逅爱情》制作流程

本节将介绍情景短剧的制作方法，包括撰写脚本、调整素材时长、为视频添加转场和特效、对视频进行调色、为视频添加旁白、为视频设置音量，希望大家能够熟练掌握。

13.2.1 撰写脚本

情景短剧需要以故事梗概为指导进行拍摄，只有这样才能获得想要的素材。我们可以先撰写故事大纲或台词文案，再使用合适的运镜手法进行拍摄。《甜蜜爱情》的台词文案如下。

这个朝我走来的人，是我的女朋友
过去，我常在这个公园遇见她
但也只是单纯的相遇
直到那天，我在公园拍照时落下了一本书
她捡起书，追上我，拍了拍我的肩膀问
这是你的书吗
我双手接过书，道了声谢
这是我第一次和她说话
也是我们故事的第一句话
我们慢慢变得熟络
会一起在江边散步、去公园踏青
故事的结尾，我们在一起了
新故事的篇章也开始了

13.2.2 调整时长

在制作情景短剧时，可以根据录制或生成的旁白音频来调整对应素材片段的时长，以达到音画同步的效果。下面介绍在剪映中调整素材片段时长的操作方法。

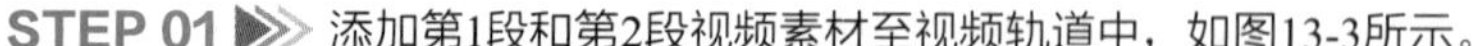

STEP 01 添加第1段和第2段视频素材至视频轨道中，如图13-3所示。

STEP 02 添加旁白音频至音频轨道中，如图13-4所示。

STEP 03 ❶拖曳时间滑块至00:00:09:18的位置；❷选择第2段视频素材；❸单击“分割”按钮，如图13-5所示，分割视频素材。

STEP 04 单击“删除”按钮，如图13-6所示，即可删除多余的视频素材。

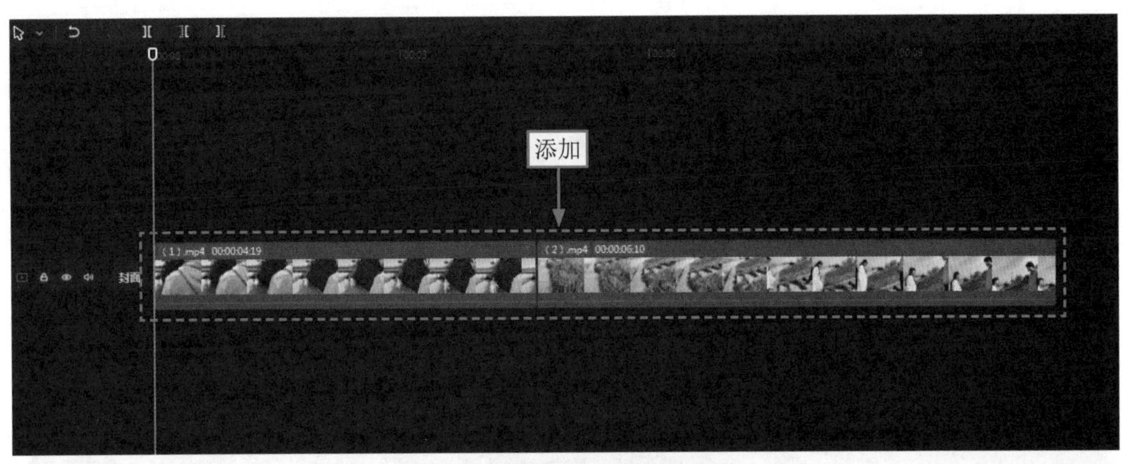

图13-3　添加视频素材至视频轨道中

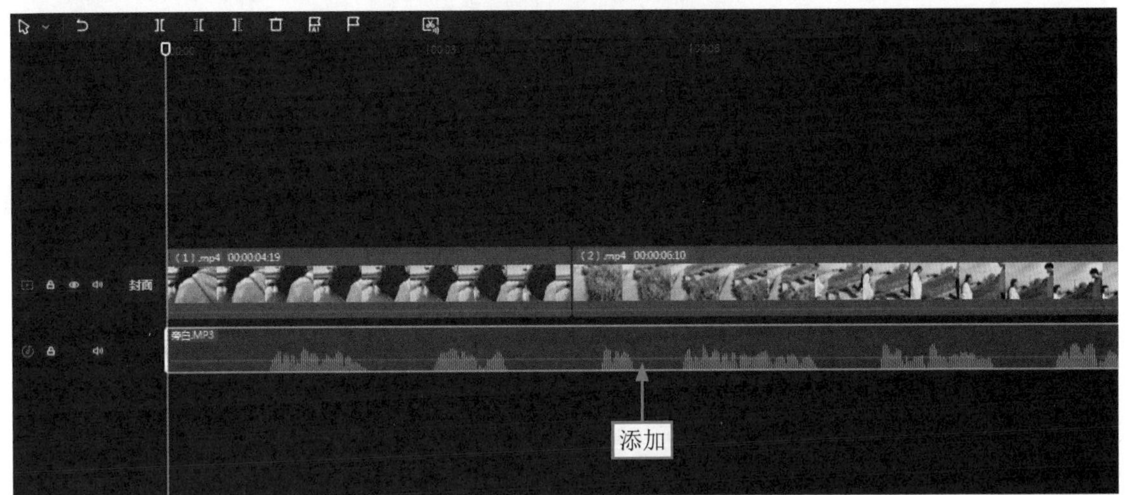

图13-4　添加旁白音频至音频轨道中

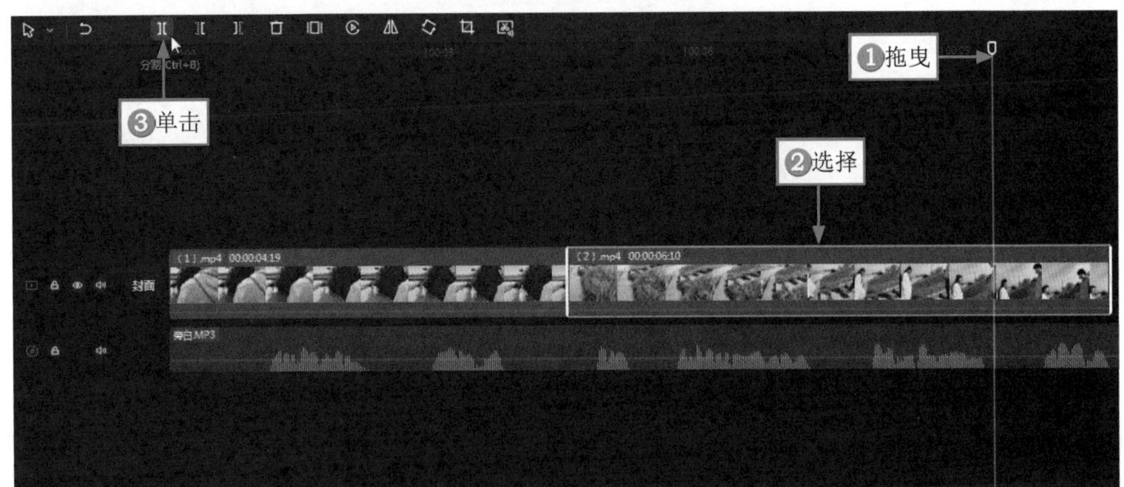

图13-5　单击“分割”按钮

图13-6　单击“删除”按钮

STEP 05 将第3段视频素材添加至视频轨道中，❶拖曳时间滑块至00:00:14:20的位置；❷单击“分割”按钮，如图13-7所示，分割视频素材。

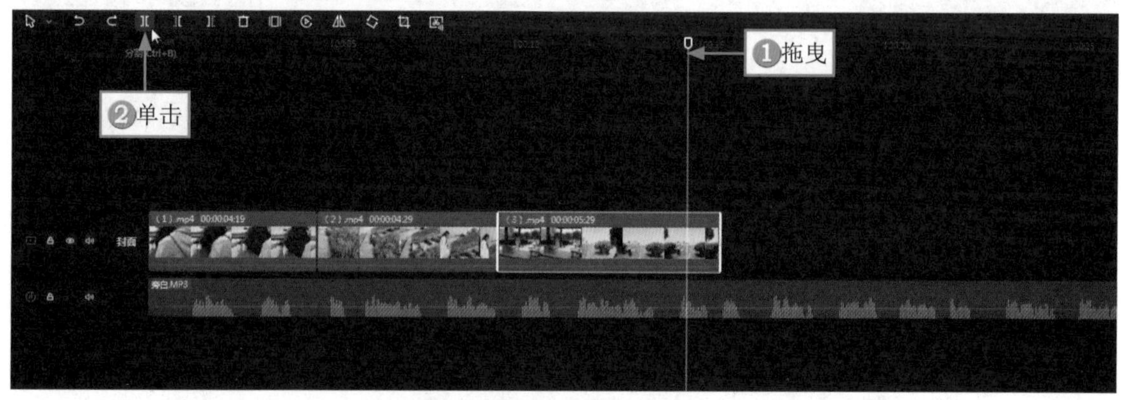

图13-7　单击“分割”按钮

STEP 06 单击“删除”按钮，如图13-8所示，删除多余的视频素材。

图13-8　单击“删除”按钮

STEP 07 按顺序将剩余的视频素材添加至视频轨道中，如图13-9所示。

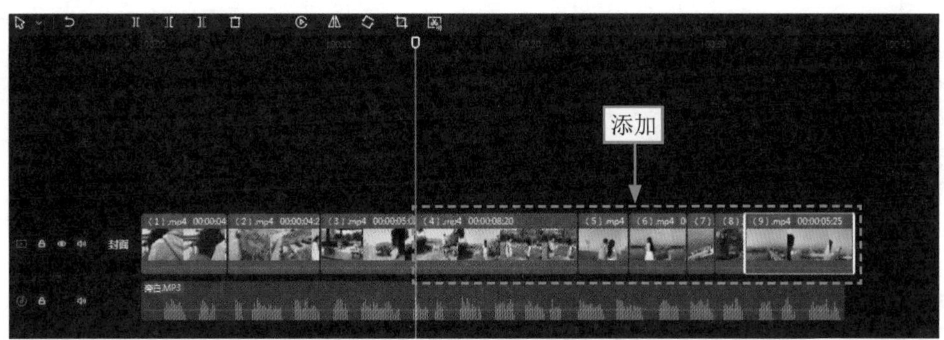

图13-9　添加视频素材至视频轨道中

13.2.3　添加转场

为了让素材之间的切换显得自然、流畅，可以在素材之间添加相应的转场。下面介绍在剪映中添加转场的操作方法。

STEP 01 拖曳时间滑块至第1段视频素材和第2段视频素材的中间，如图13-10所示。

STEP 02 在“转场”功能区中，①切换至“叠化”选项；②单击“云朵”转场右下角的“添加到轨道”按钮，如图13-11所示。

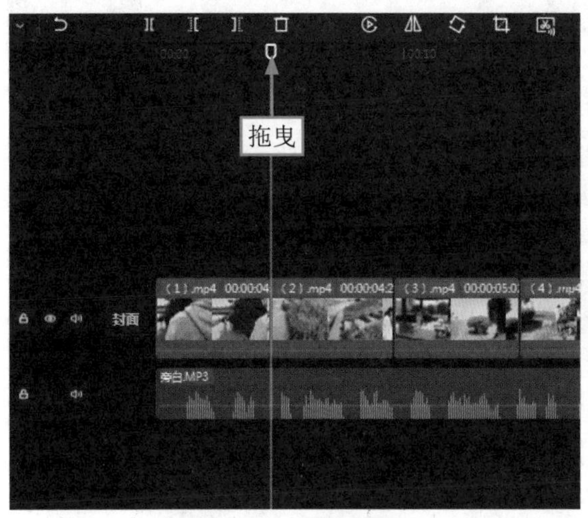

图13-10　拖曳时间滑块

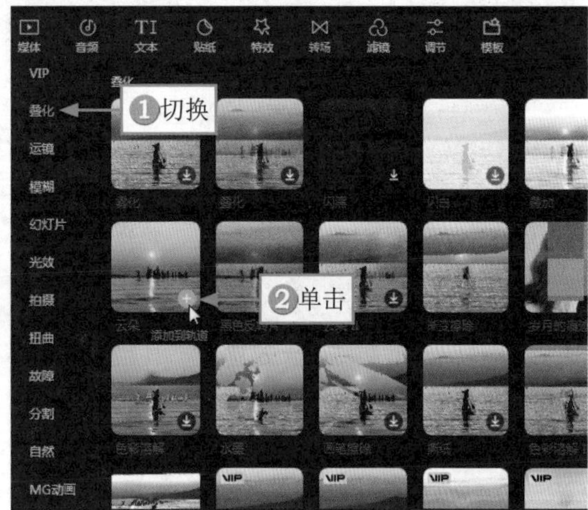

图13-11　单击“添加到轨道”按钮

STEP 03 在“转场”操作区中，单击“应用全部”按钮，如图13-12所示，即可将“云朵”转场应用到全部素材之间。

图13-12　单击“应用全部”按钮

13.2.4 添加特效

为视频添加特效能够让视频画面看起来更漂亮。下面介绍在剪映中添加特效的操作方法。

STEP 01 拖曳时间滑块至视频素材的开始位置，如图13-13所示。

STEP 02 在“特效”功能区的“画面特效”选项卡中，①选择“氛围”选项；②单击“浪漫氛围”特效右下角的“添加到轨道”按钮，如图13-14所示。

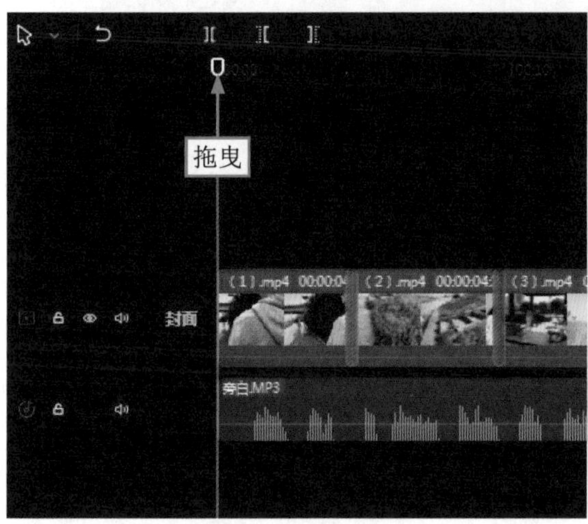

图13-13 拖曳时间滑块

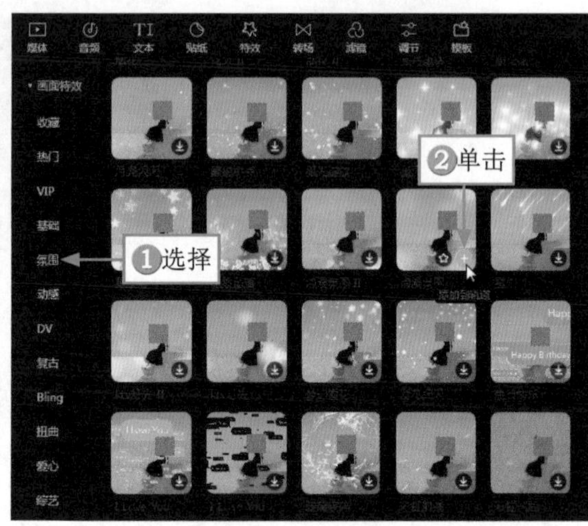

图13-14 单击“添加到轨道”按钮

STEP 03 调整特效的时长，使其与第1段视频素材的时长保持一致，如图13-15所示。

STEP 04 ①拖曳时间轴至第9段视频素材的开始位置；②添加一个“浪漫氛围”特效；③调整特效的时长，使其与视频素材的结束位置对齐，如图13-16所示。

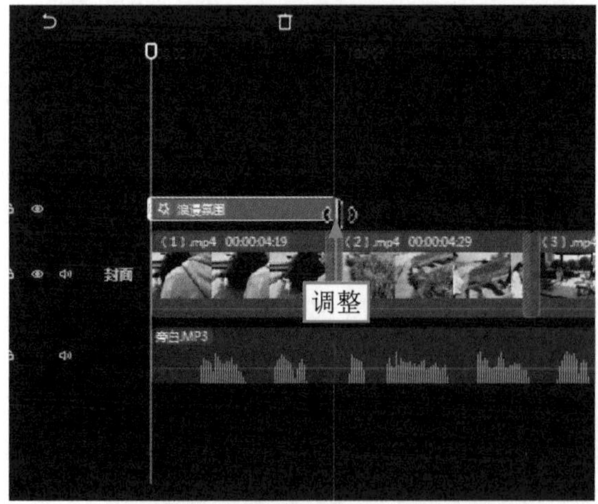

图13-15 调整特效的时长（1）

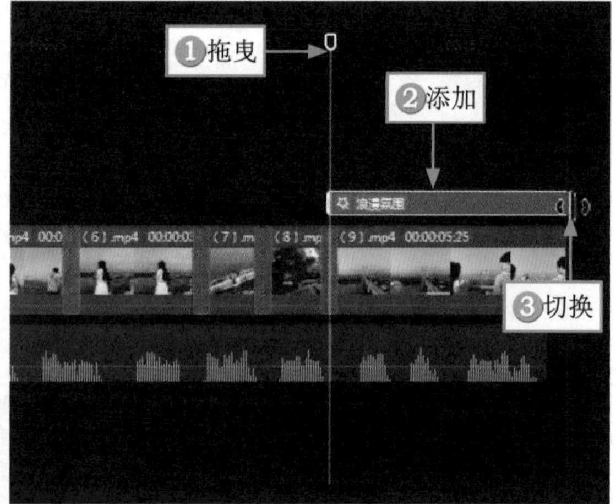

图13-16 调整特效的时长（2）

13.2.5 进行调色

有的滤镜不能精准地解决画面色彩的问题，这时可以使用调节相应参数的方法来解决。下面介绍在剪映中对素材进行调色的操作方法。

STEP 01 拖曳时间滑块至视频素材的开始位置，如图13-17所示。

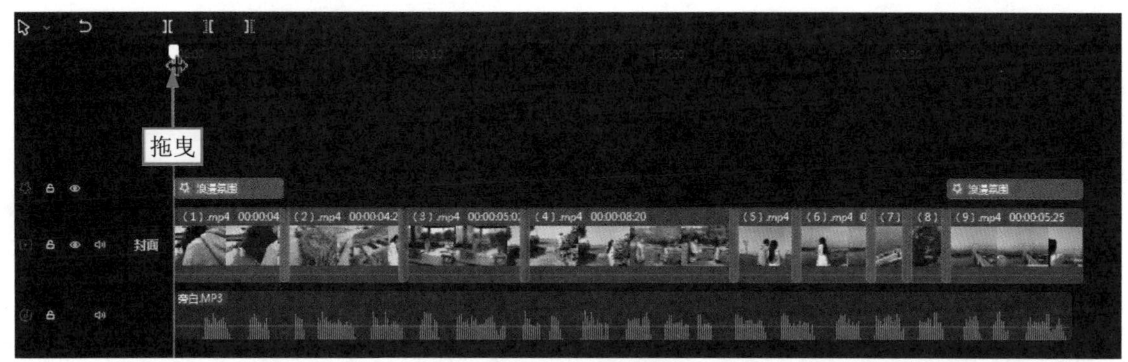

图13-17 拖曳时间滑块

STEP 02 ▶▶ 在“调节”功能区中，单击“自定义调节”右下角的“添加到轨道”按钮，如图13-18所示。

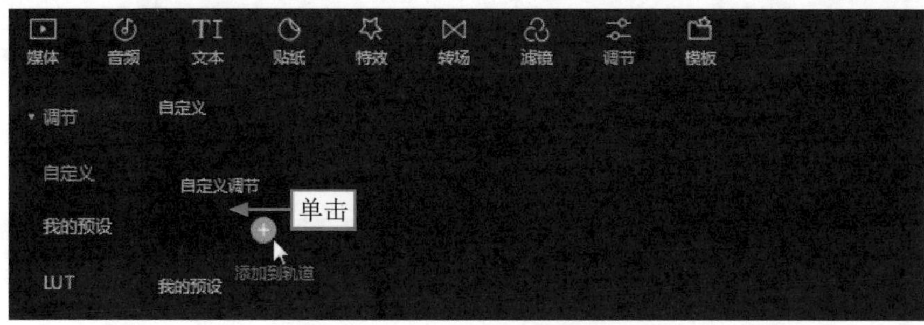

图13-18 单击“添加到轨道”按钮

STEP 03 ▶▶ 在“调节”操作区的“基础”选项卡中，设置“色温”参数为-15，“饱和度”参数为15，“对比度”参数为15，“高光”参数为10，“阴影”参数为20，如图13-19所示，增加画面的明暗对比度，让画面的色彩更浓郁。

STEP 04 ▶▶ 调整该调节素材的时长，使其与视频素材的结束位置对齐，如图13-20所示。

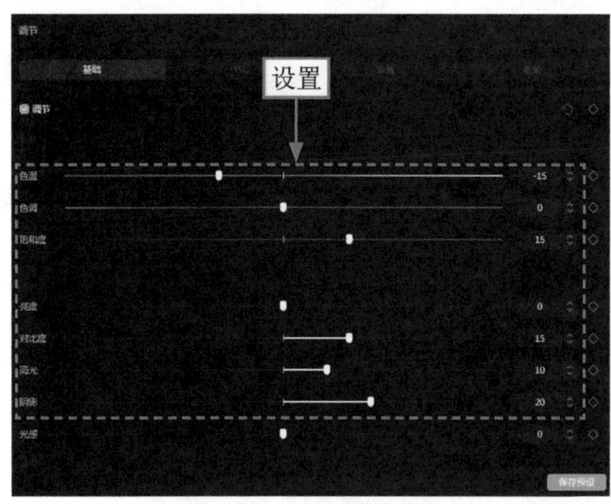

图13-19 设置相应参数

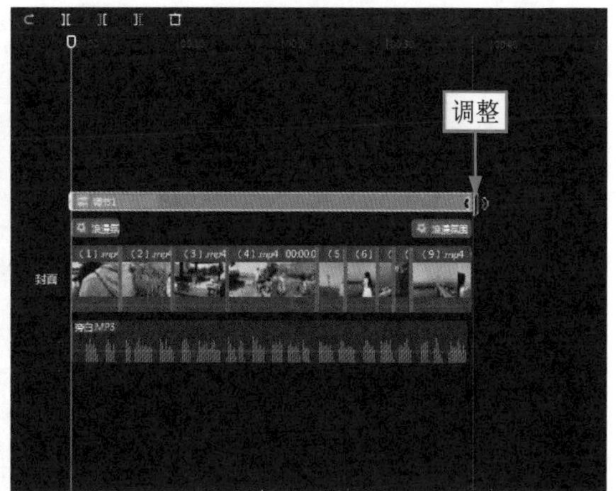

图13-20 调整素材的时长

13.2.6 添加旁白

虽然旁白已经以音频的形式出现在视频中，但为了有更好的观看体验，还需要在适当位置添加旁白字幕，帮助观众理解短剧内容。下面介绍在剪映中添加旁白字幕的操作

方法。

STEP 01 拖曳时间滑块至00:00:01:25的位置，如图13-21所示。

STEP 02 在“文本”功能区的“智能字幕”选项卡中，单击“文稿匹配”选项下的“开始匹配”按钮，如图13-22所示。

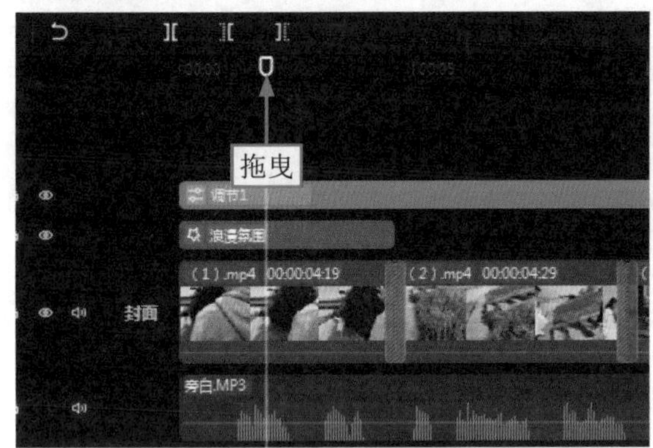

图13-21 拖曳时间滑块

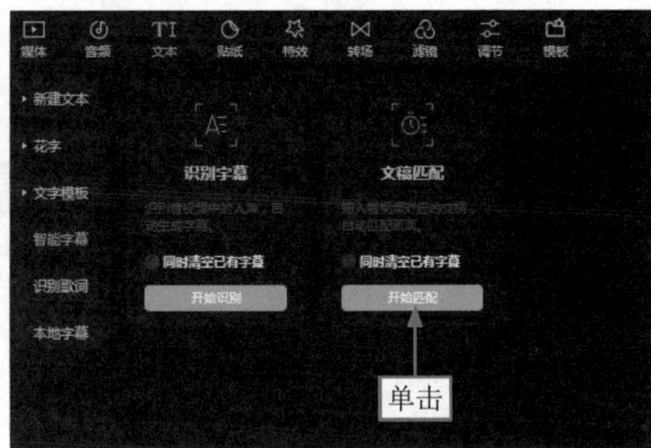

图13-22 单击“开始匹配”按钮

STEP 03 在弹出的“输入文稿”对话框中输入字幕，单击“开始匹配”按钮，即可生成字幕，如图13-23所示。

图13-23 生成字幕

STEP 04 ❶选择合适的字体；❷选择合适的预设样式；❸在“播放器”面板中调整文字的大小和位置，如图13-24所示。

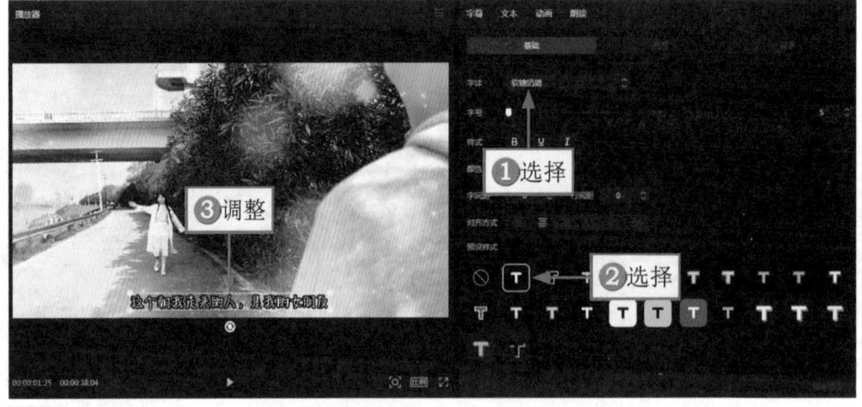

图13-24 调整文字的大小和位置

13.2.7 设置音量

在情景短剧中，添加一个合适的背景音乐，可丰富视频的听感。下面介绍在剪映中设置音频音量的操作方法。

STEP 01 ➊拖曳时间滑块至视频素材的开始位置；➋将背景音乐添加至音频轨道中，如图13-25所示。

STEP 02 调整背景音乐的时长，使其与视频的时长保持一致，如图13-26所示。

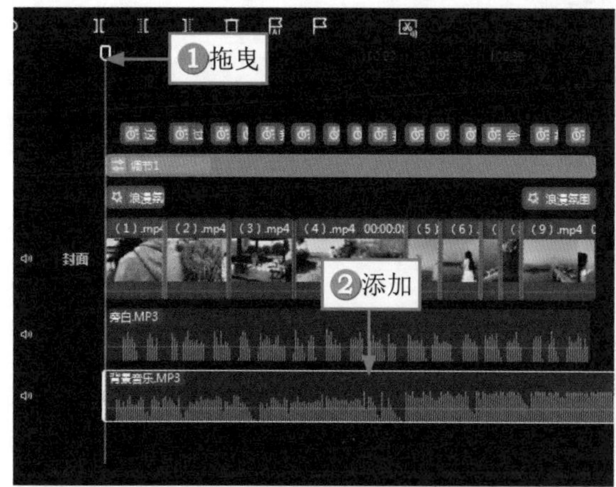

图13-25　添加背景音乐至音频轨道中

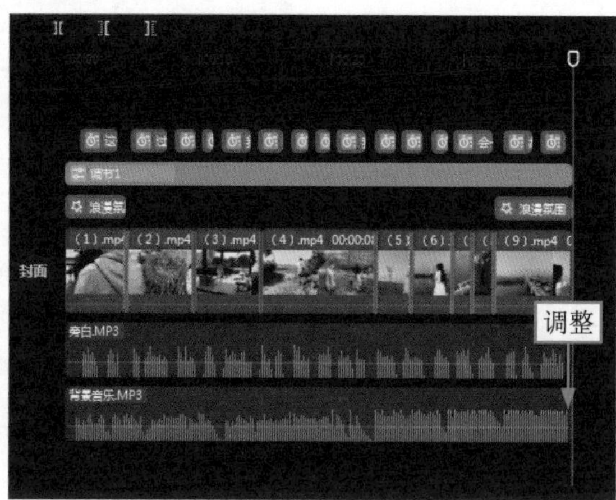

图13-26　调整背景音乐的时长

STEP 03 选择背景音乐，在“音频”操作区的“基本”选项卡中，设置“音量”参数为-30.0 dB，如图13-27所示，即可将背景音乐的音量降低。

图13-27　设置“音量”参数

第14章 海边风景：制作《巴厘岛之旅》

海边风景视频主要展示的是海边的风景。因此制作海边风景视频时，画面中一定要体现出海水，也可以拍摄行人在海边玩耍的场景。海边风景视频通常可以发布在朋友圈、小红书、抖音、微博、B站等平台上，极具观赏性。

14.1 《巴厘岛之旅》效果展示

《巴厘岛之旅》视频主要突出的是巴厘岛周围的风景，所以在制作该视频时，一定要挑选那些画面美观度较高的视频，这样制作出来的视频效果才会更好。

在制作《巴厘岛之旅》视频之前，首先来欣赏本案例的视频效果，并了解案例的学习目标、制作思路、知识讲解和要点讲堂。

14.1.1 效果欣赏

《巴厘岛之旅》海边风景视频的画面效果如图14-1所示。

图14-1 画面效果

14.1.2 学习目标

知识目标	掌握海边风景视频的制作方法
技能目标	（1）掌握为视频制作片头的操作方法 （2）掌握为视频添加卡点的操作方法 （3）掌握为视频制作转换特效的操作方法 （4）掌握为视频添加文字的操作方法 （5）掌握为视频添加特效的操作方法 （6）掌握为视频添加滤镜的操作方法 （7）掌握为视频添加贴纸的操作方法
本章重点	为视频制作片头
本章难点	为视频制作转换特效
视频时长	17分13秒

14.1.3 制作思路

本案例首先介绍了为视频制作片头，然后为其添加卡点，接下来为其制作转换特效，最后为其添加文字、特效、滤镜和贴纸。图14-2所示为本案例视频的制作思路。

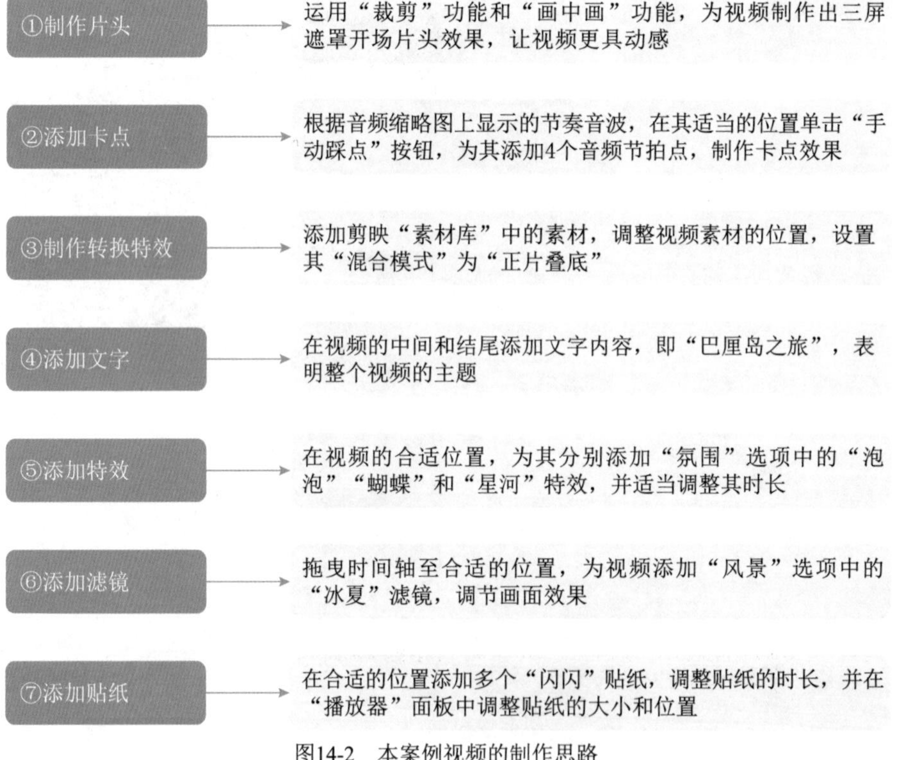

图14-2 本案例视频的制作思路

14.1.4 知识讲解

海边风景视频是以海边风光为主要画面内容的视频。海边风景视频能够展现用户在海边的时光，包括看到的风景、遇到的行人等。

《巴厘岛之旅》是由多段视频素材制作而成的，极具动感、美感，能让看到该视频的人感受到巴厘岛周边的风光。

14.1.5 要点讲堂

在本章内容中，会用到一个剪映功能——制作转换特效，该功能的主要作用有两个，具体内容如下。

❶ 画面衔接更自然。通过画中画功能，能够让前后两段视频衔接得更为流畅、丝滑，丝毫看不出中间被剪辑过。

❷ 提高画面美观度。制作画中画场景转换特效，通过借用合适的素材，能够使其呈现出专业的大片感。

为视频制作转换特效的主要方法为：选取一个合适的片头素材，将视频素材移至画中画轨道，对齐片头素材的时长，分割出多余的素材，并将其移动至片头素材的右边，设置画中画轨道中素材的“混合模式”为“正片叠底”，即可完成画中画场景转换特效的制作。

14.2 《巴厘岛之旅》制作流程

本节将为大家介绍海边风景视频的制作方法，包括制作片头，为视频添加卡点，制作转换特效，为视频添加文字、特效、滤镜和贴纸，希望大家能够熟练掌握。

14.2.1 制作片头

下面主要运用剪映的“裁剪”功能和“向左上甩入”入场动画，制作动感的三屏遮罩开场片头效果，具体操作方法如下。

STEP 01 ▶▶ 在视频轨道中添加1个黑场素材，如图14-3所示。

STEP 02 ▶▶ 在“媒体”功能区的“本地”选项卡中导入3段视频素材，如图14-4所示。

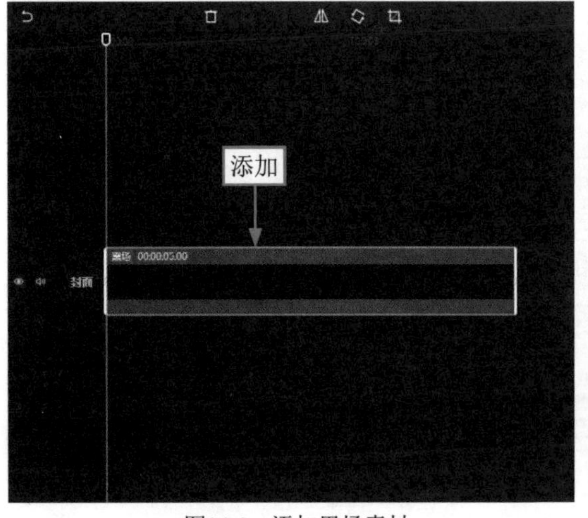

图14-3 添加黑场素材

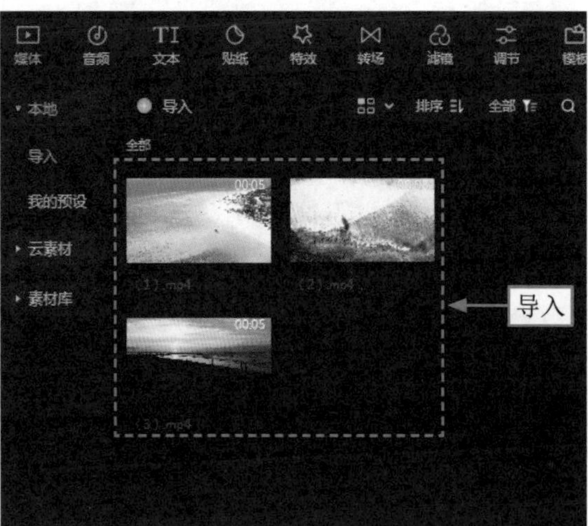

图14-4 导入视频素材

STEP 03 依次拖曳视频素材至画中画轨道中，如图14-5所示。

STEP 04 ❶选择画中画轨道中的第1段视频素材；❷单击“裁剪”按钮，如图14-6所示。

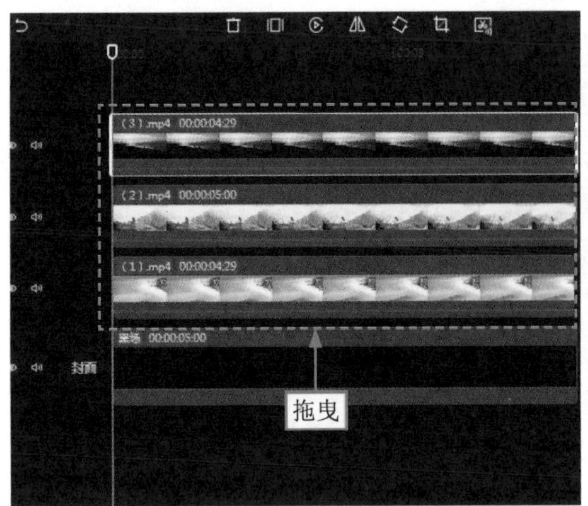

图14-5 将素材拖曳至画中画轨道

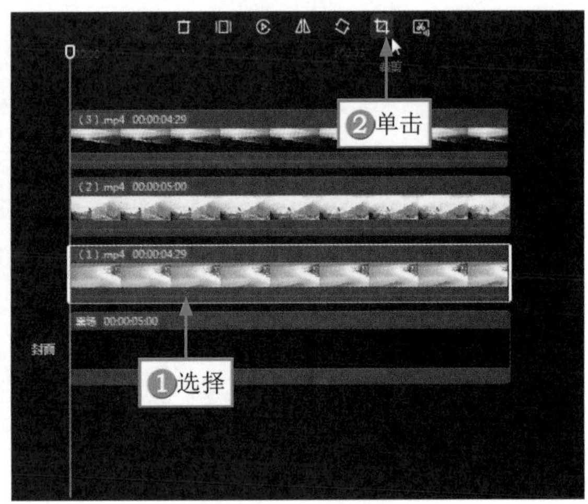

图14-6 单击“裁剪”按钮

STEP 05 弹出“裁剪”对话框，❶单击“裁剪比例”右侧的下拉按钮；❷在弹出的下拉列表框中选择9：16选项，如图14-7所示。

STEP 06 在预览区域中，❶拖曳裁剪控制框对画面进行适当裁剪；❷单击“确定”按钮，如图14-8所示。

图14-7 选择9：16选项

图14-8 单击“确定”按钮

STEP 07 返回主界面，适当调整画中画轨道中素材的位置，使各个视频的开始位置互相交错，效果如图14-9所示。

STEP 08 选择画中画轨道中的第1段视频素材，在“播放器”面板中，拖曳视频四周的控制柄，调整视频的位置，如图14-10所示。

STEP 09 用同样的方法，裁剪画中画轨道中的第2段视频素材，如图14-11所示。

STEP 10 在“播放器”面板中，调整第2段视频的位置，如图14-12所示。

STEP 11 继续裁剪画中画轨道中的第3段视频素材，如图14-13所示。

STEP 12 在“播放器”面板中，调整第3段视频的位置，如图14-14所示。

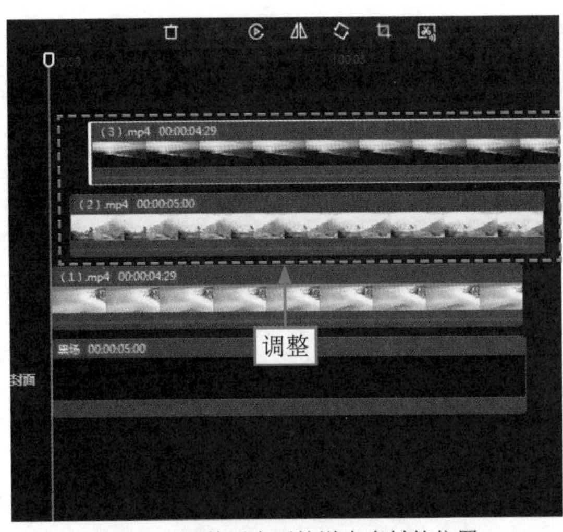

图14-9 调整画中画轨道中素材的位置

图14-10 调整视频的位置

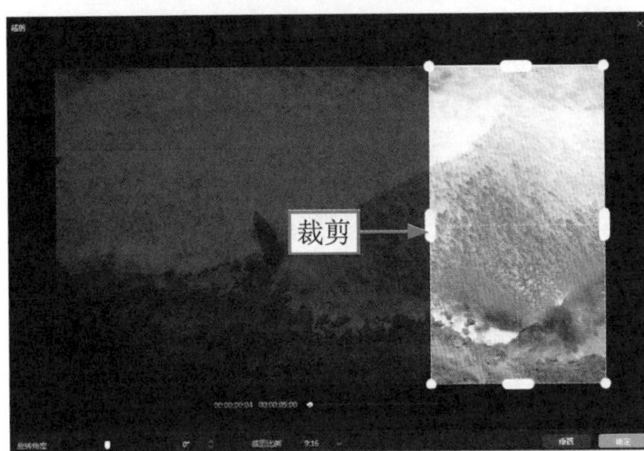

图14-11 裁剪第2段视频素材

图14-12 调整第2段视频的位置

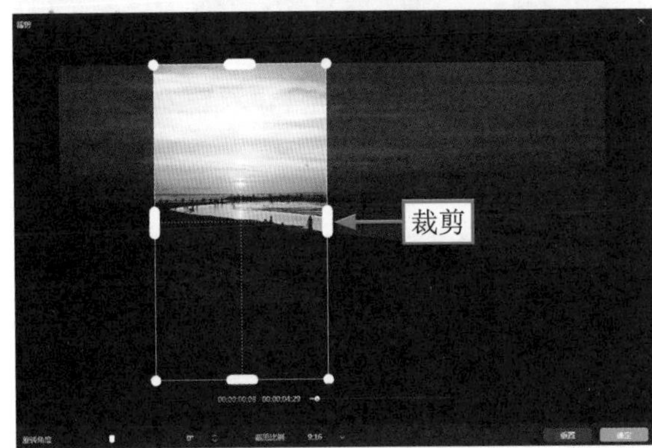

图14-13 裁剪第3段视频素材

图14-14 调整第3段视频的位置

14.2.2 添加卡点

为视频添加卡点效果，首先要为其添加一个背景音乐，这样才能让卡点发挥效果，让视频更具动感。下面介绍为视频添加卡点的操作方法。

STEP 01 将时间滑块拖曳至视频素材的开始位置，如图14-15所示。

STEP 02 在“音频”功能区的“音频提取”选项卡中，提取音频素材，然后单击“提取音频”右下角的“添加到轨道”按钮，如图14-16所示，将音频素材添加到音频轨道上。

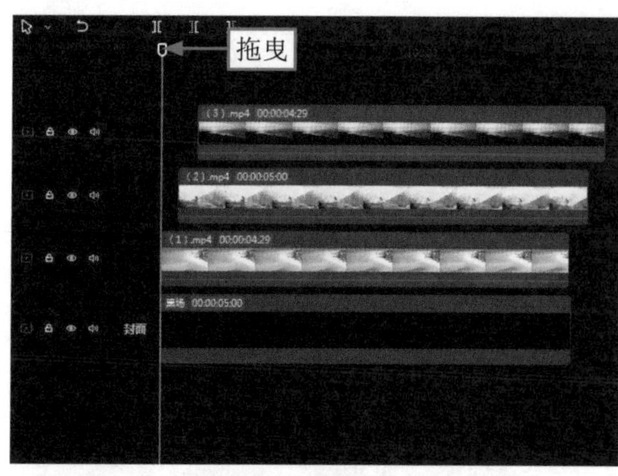

图14-15　拖曳时间滑块

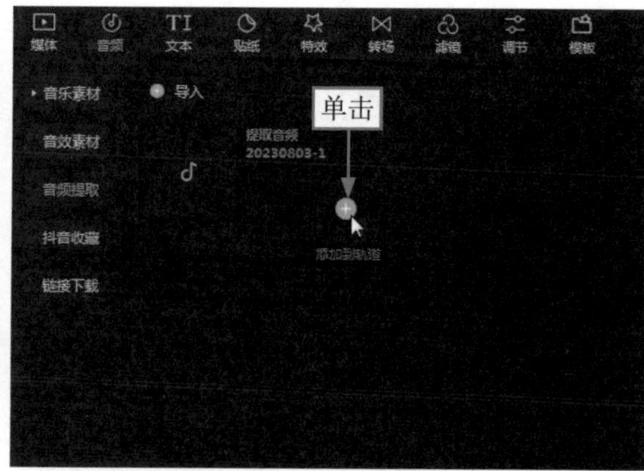

图14-16　单击“添加到轨道”按钮

STEP 03 ①拖曳时间滑块至合适位置；②单击“手动踩点”按钮，如图14-17所示，即可在音频素材上添加节拍点。

STEP 04 用同样的操作方法，再次添加3个节拍点，如图14-18所示。

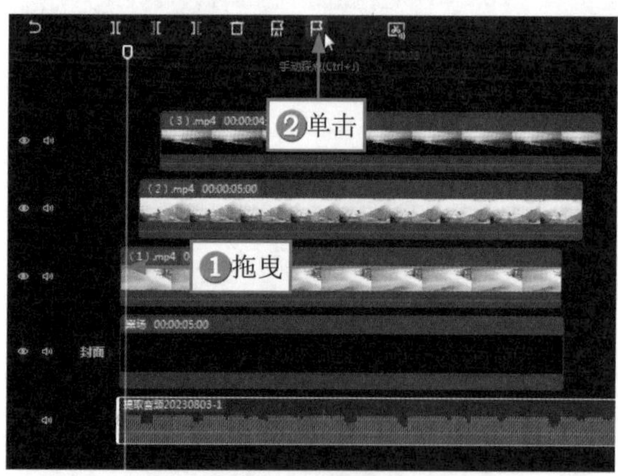

图14-17　单击“手动踩点”按钮

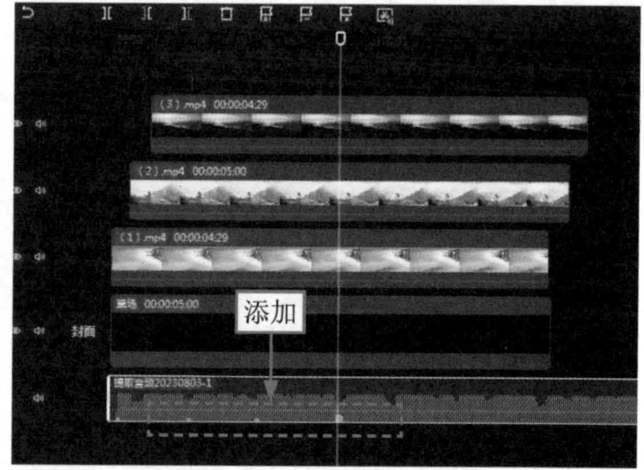

图14-18　再次添加3个节拍点

STEP 05 用拖曳的方式，将画中画轨道中3段视频素材的开始位置与音频上的前3个节拍点依次对齐，如图14-19所示。

STEP 06 调整视频轨道和画中画轨道上素材的时长，使素材的结束位置与第4个节拍点对齐，如图14-20所示。

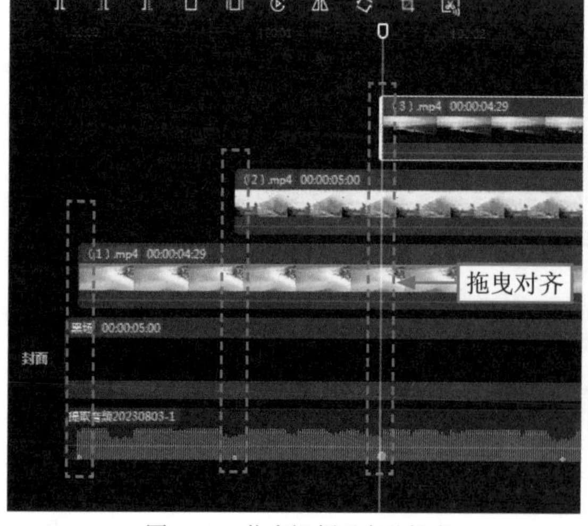

图14-19　拖曳视频对齐节拍点

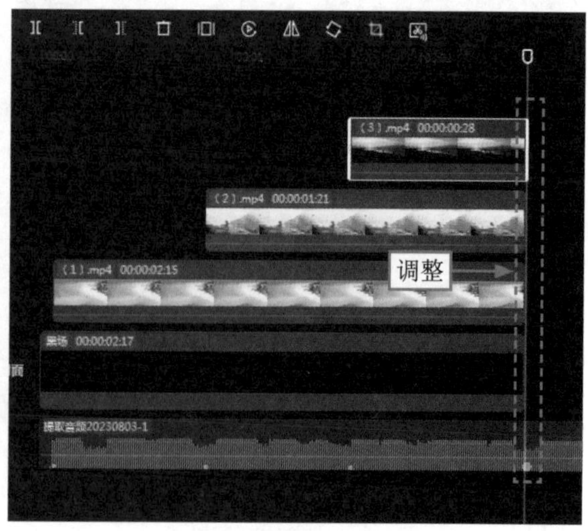

图14-20　调整素材的时长

STEP 07 选择画中画轨道中的第1段视频素材，在“动画”操作区的“入场”选项卡中，选择“向左上甩入”选项，添加动画效果，如图14-21所示。

STEP 08 用同样的方法，为画中画轨道中的另外两段视频素材也添加“向左上甩入”入场动画，效果如图14-22所示。

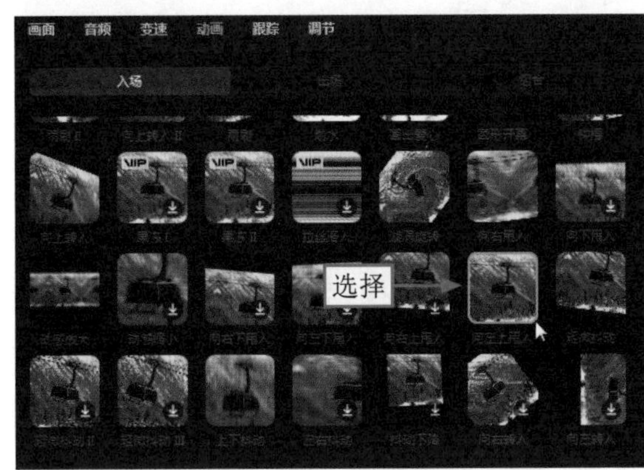

图14-21　选择“向左上甩入”选项

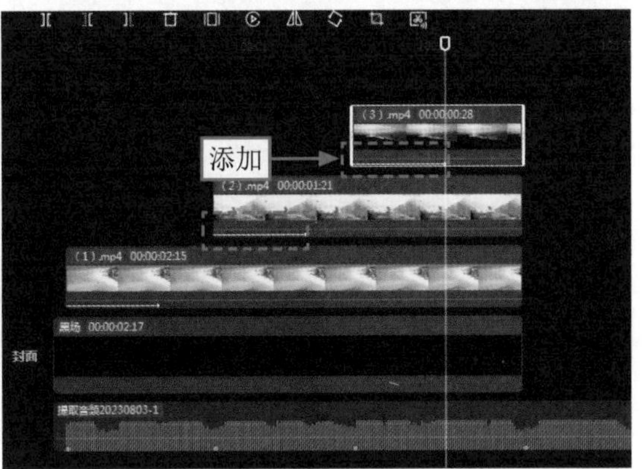

图14-22　添加入场动画效果

14.2.3　制作转换特效

运用剪映的“素材库”功能可以制作出一种画中画场景转换特效，同时给各个素材添加不同的转场效果，能够让视频的主体部分更加精彩。下面介绍具体的操作方法。

STEP 01 在“媒体”功能区中，❶切换至“素材库”选项卡；❷搜索一个合适的片头素材；❸在搜索结果中单击所选素材右下角的“添加到轨道”按钮，如图14-23所示。

STEP 02 将选择的片头素材添加至视频轨道的合适位置，如图14-24所示。

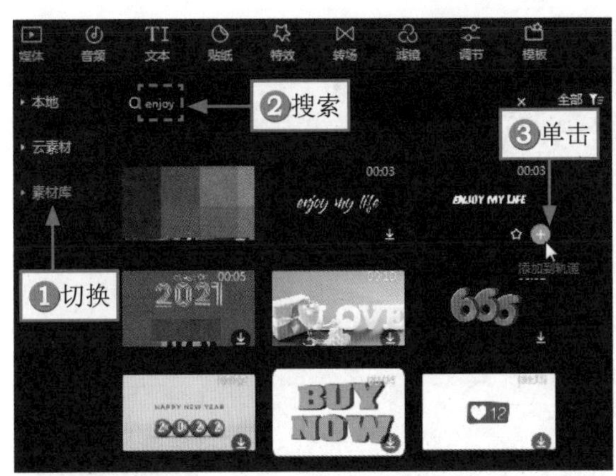

图14-23　单击“添加到轨道”按钮

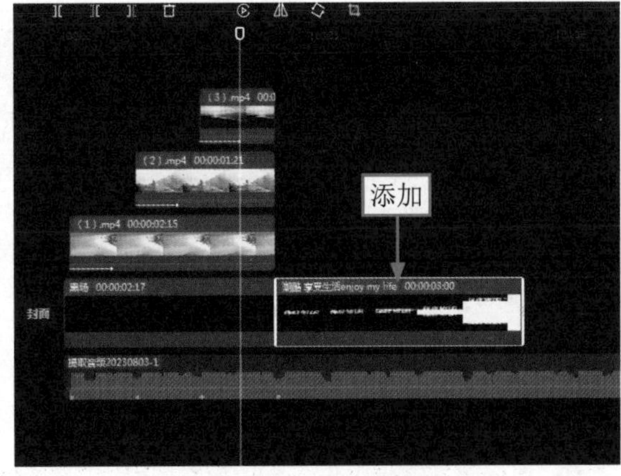

图14-24　添加片头素材

STEP 03 在“媒体”功能区中，❶切换至“本地”选项卡；❷导入另外3段视频素材，如图14-25所示。

STEP 04 添加1段视频素材至画中画轨道的合适位置，如图14-26所示。

STEP 05 ❶拖曳时间滑块至片头素材的结束位置；❷单击“分割”按钮，如图14-27所示。

STEP 06 将视频素材分割成两段，选择分割后的第1段视频素材，如图14-28所示。

STEP 07 在“画面”操作区的“基础”选项卡中，设置“混合模式”为“正片叠底”，如图14-29

所示。

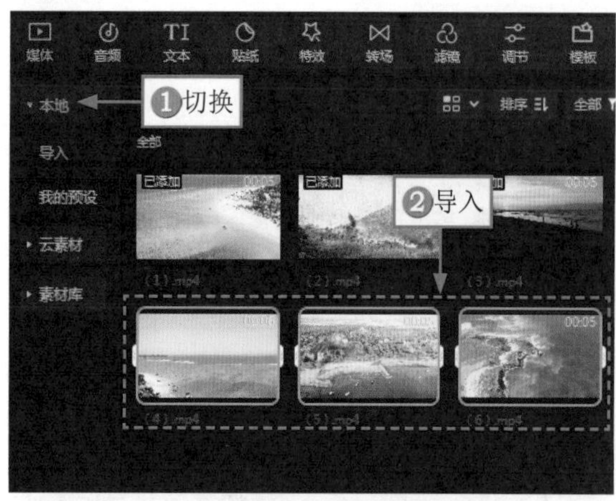

图14-25　导入另外3段视频素材

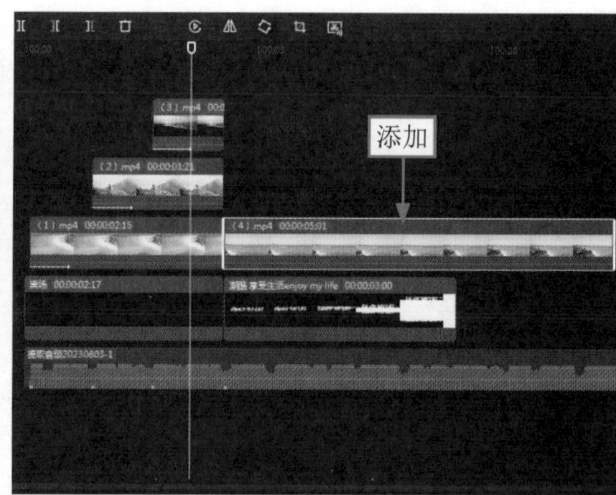

图14-26　添加视频素材至画中画轨道上

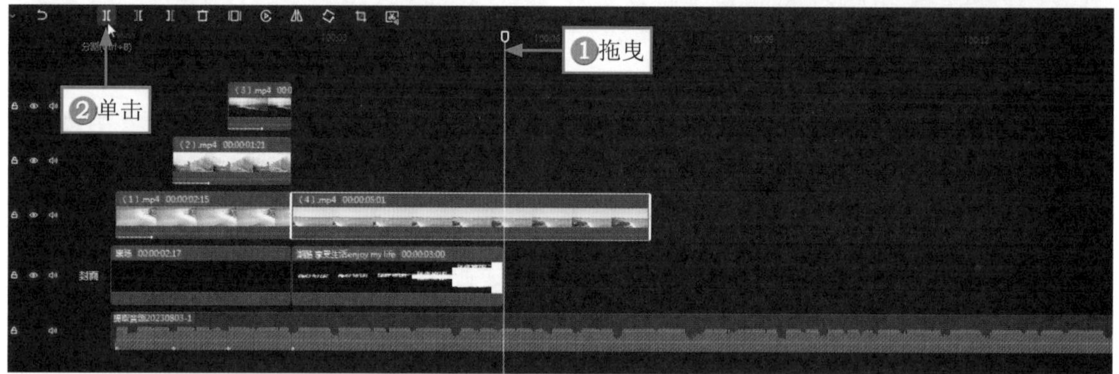

图14-27　单击“分割”按钮

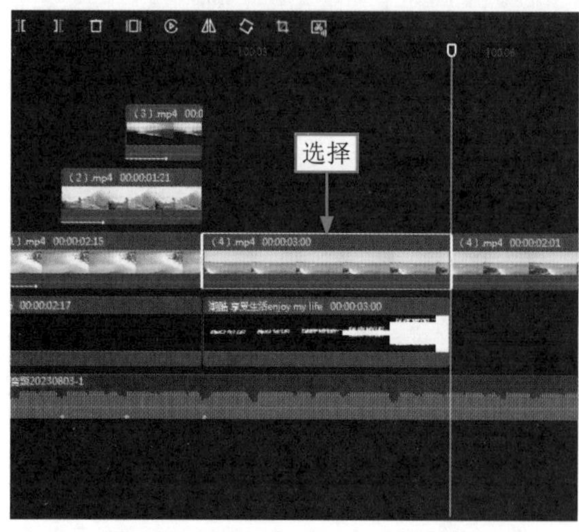

图14-28　选择分割后的第1段视频素材

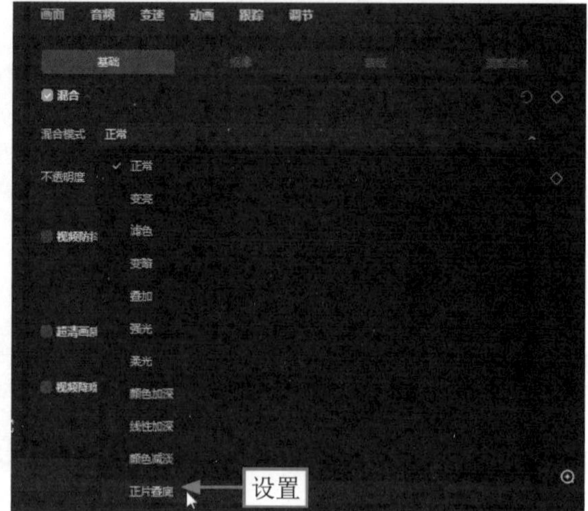

图14-29　设置混合模式

STEP 08 拖曳分割后的第2段视频素材至视频轨道中，如图14-30所示。

STEP 09 将“媒体”功能区的“本地”选项中的另外两段视频素材依次添加到视频轨道中，如图14-31所示。

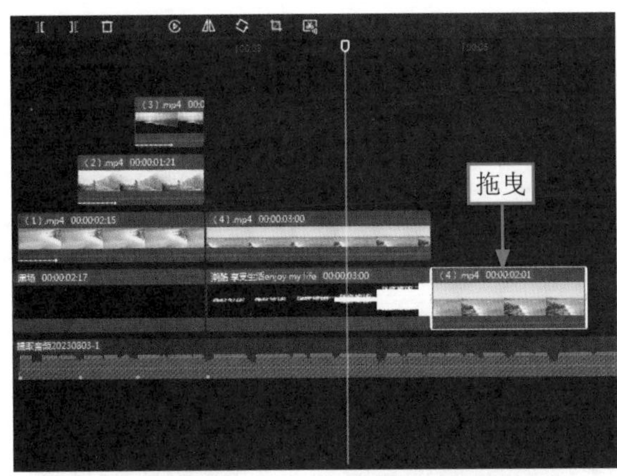

图14-30　拖曳分割后的视频素材至视频轨道

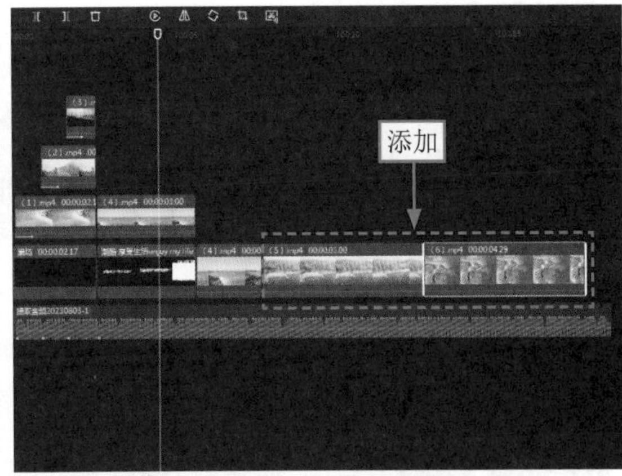

图14-31　添加另外两段视频素材

STEP 10 拖曳时间滑块至00:00:07:18的位置，如图14-32所示。

STEP 11 在“转场”功能区中，❶切换至“幻灯片”选项；❷单击“圆形遮罩”转场右下角的“添加到轨道”按钮，如图14-33所示，即可添加“圆形遮罩”转场。

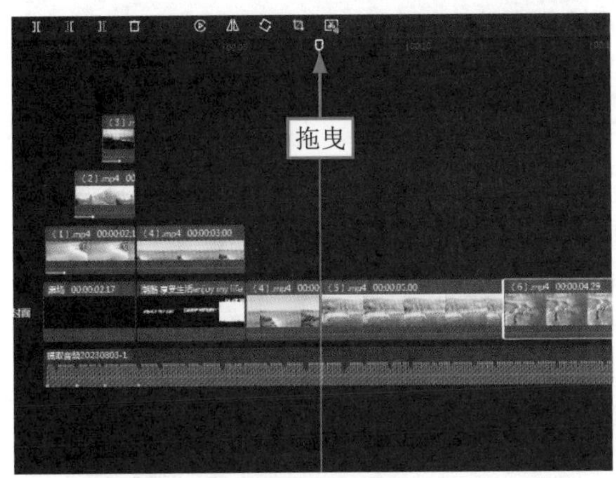

图14-32　拖曳时间滑块

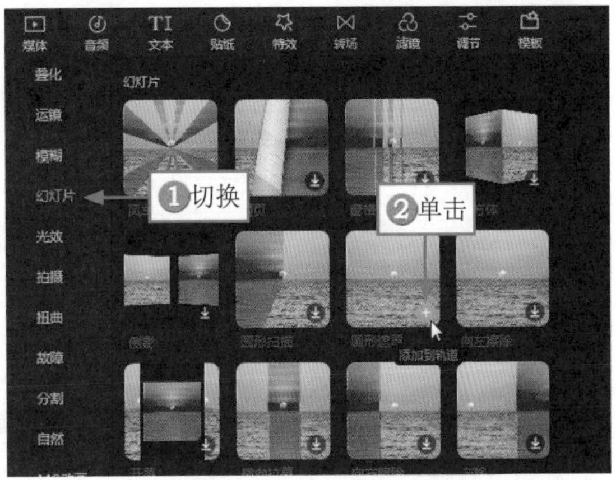

图14-33　单击“圆形遮罩”转场的“添加到轨道”按钮

STEP 12 拖曳时间滑块至最后两段视频素材中间，如图14-34所示。

STEP 13 在“转场”功能区中，❶切换至“扭曲”选项；❷单击“旋涡”转场右下角的“添加到轨道”按钮，如图14-35所示，即可添加“旋涡”转场。

图14-34　拖曳时间滑块

图14-35　单击“旋涡”转场的“添加到轨道”按钮

14.2.4 添加文字

制作炫酷视频效果，还需要设计好主题文字，点明视频主题。下面介绍在剪映中添加文字的操作方法。

STEP 01 拖曳时间滑块至相应位置，如图14-36所示。

STEP 02 ①切换至“文本”功能区；②在“新建文本”选项卡中单击“默认文本”选项右下角的“添加到轨道”按钮，如图14-37所示。

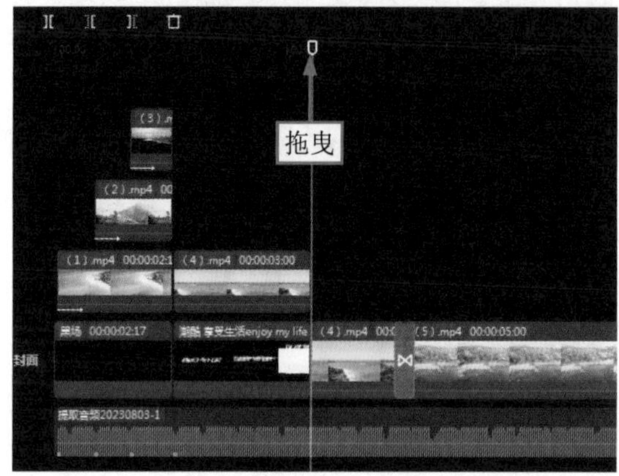

图14-36 拖曳时间滑块

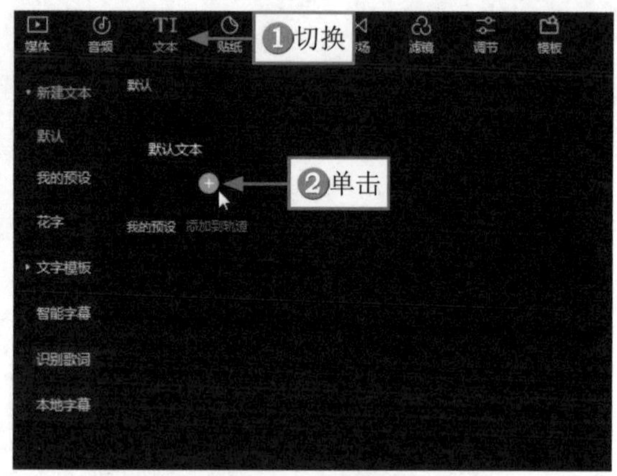

图14-37 单击“添加到轨道”按钮

STEP 03 在“文本”操作区的“基础”选项卡中，①输入相应的文字；②选择合适的字体，如图14-38所示。

图14-38 选择合适的字体

STEP 04 ①切换至“花字”选项卡；②选择合适的花字模板，突出文字效果；③在“播放器”面板中调整文字的大小和位置，如图14-39所示。

图14-39 调整文字的大小和位置

STEP 05 ▶▶ 调整文本的时长，如图14-40所示。

STEP 06 ▶▶ ❶切换至“动画”操作区；❷在“入场”选项卡中选择“放大”动画；❸设置“动画时长”参数为6.0 s，如图14-41所示，适当调整动画效果的时长。

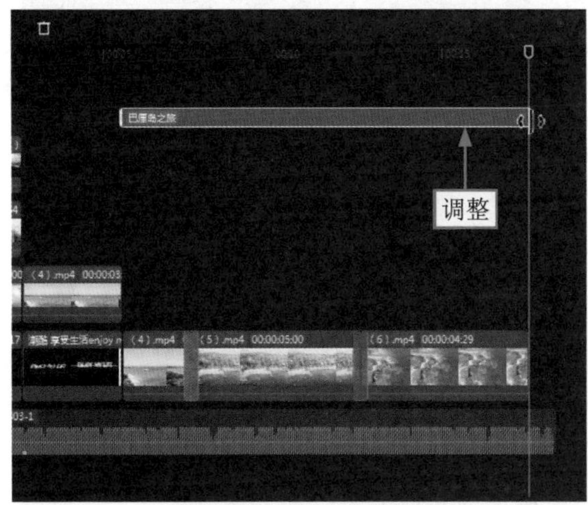

图14-40 调整文本的时长

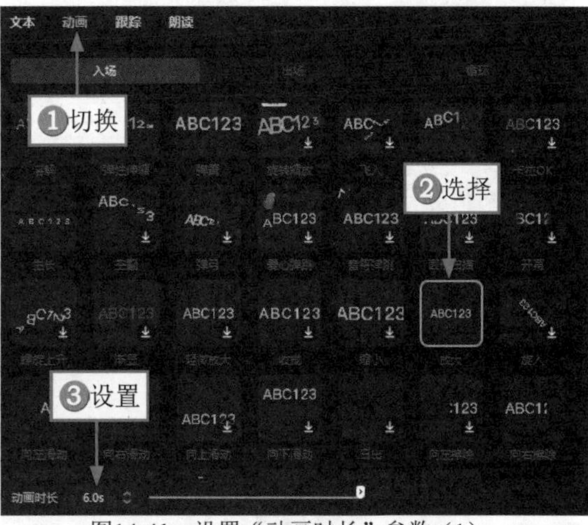

图14-41 设置“动画时长”参数（1）

STEP 07 ▶▶ ❶切换至“出场”选项卡；❷选择“闭幕”动画；❸设置“动画时长”参数为3.0 s，如图14-42所示，适当调整动画效果的时长。

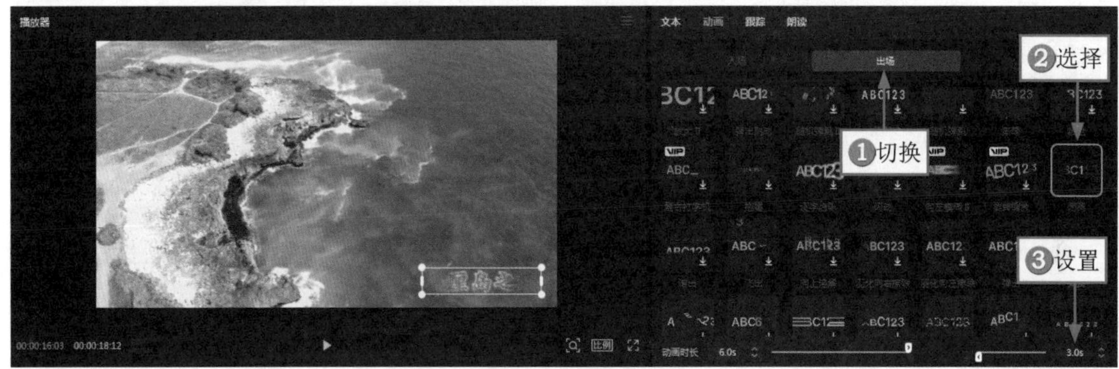

图14-42 设置“动画时长”参数（2）

14.2.5 添加特效

为视频添加完文字之后，接下来为视频添加特效，从而制作出更加唯美的画面效果。下面介绍在剪映中为视频添加特效的操作方法。

STEP 01 ▶▶ 拖曳时间滑块至文本素材的开始位置，在“特效”功能区的“画面特效”选项卡中，❶选择“氛围”选项；❷单击“泡泡”特效右下角的“添加到轨道”按钮，如图14-43所示。

STEP 02 ▶▶ 适当调整特效的时长，如图14-44所示。

STEP 03 ▶▶ 拖曳时间滑块至第1个特效的结束位置，在“氛围”选项中，单击“蝴蝶”特效右下角的“添加到轨道”按钮，如图14-45所示。

STEP 04 ▶▶ 适当调整特效的时长，如图14-46所示。

STEP 05 ▶▶ ❶拖曳时间滑块至00:00:14:00的位置；❷添加一个“星河”特效；❸调整其时长，使其与文本的结束位置对齐，如图14-47所示。

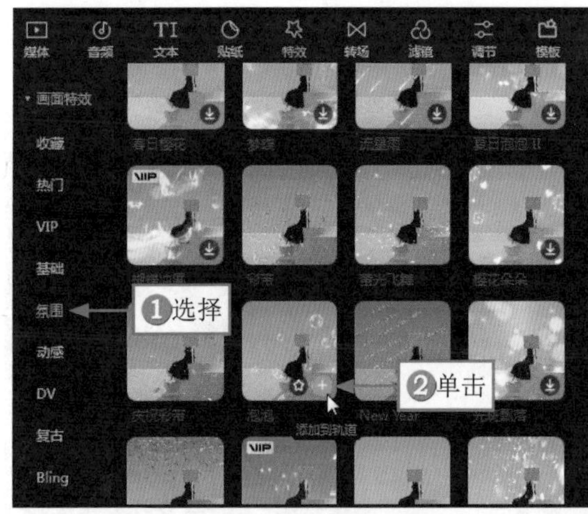

图14-43　单击“泡泡”特效的“添加到轨道”按钮

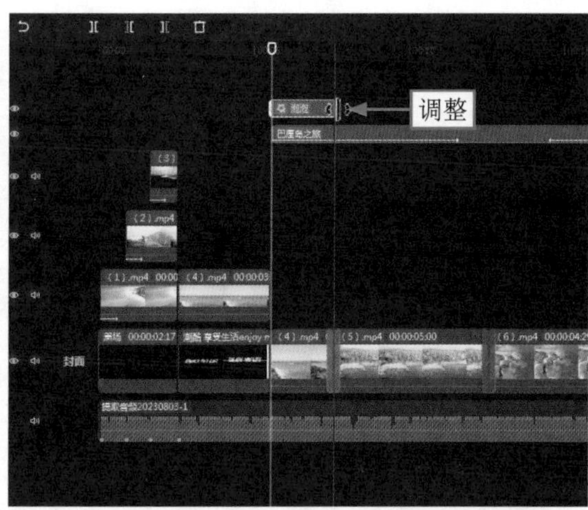

图14-44　调整“泡泡”特效的时长

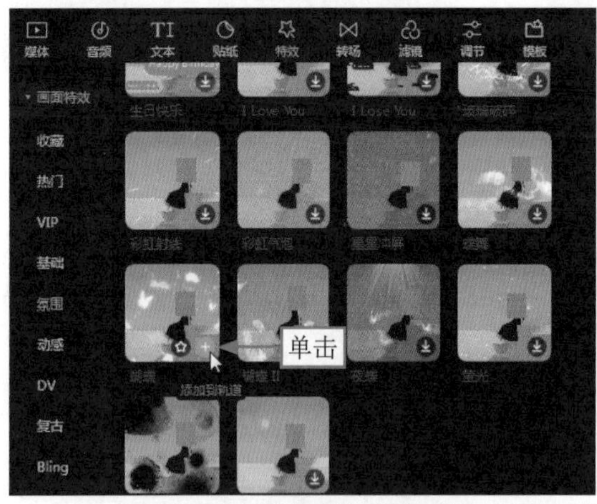

图14-45　单击“蝴蝶”特效的“添加到轨道”按钮

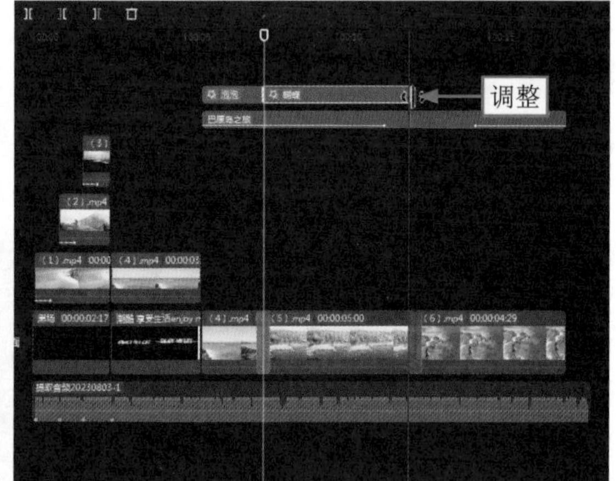

图14-46　调整“蝴蝶”特效的时长

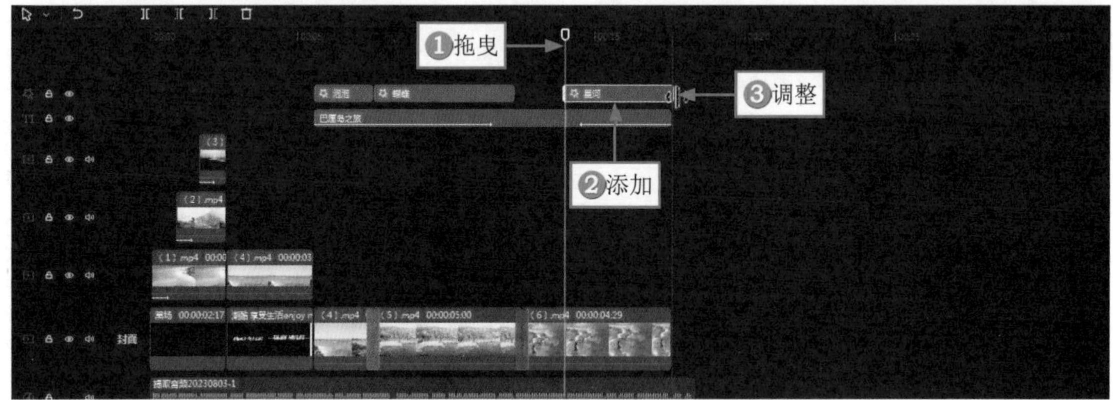

图14-47　调整“星河”特效的时长

14.2.6　添加滤镜

如果觉得视频素材的画面色彩不够好看，可以为其添加相应的滤镜，使其看起来更加漂亮。下面主要运用剪映的“冰夏”滤镜，来调节画面的整体效果，具体操作方法如下。

STEP 01 拖曳时间滑块至第4个音频节拍点的位置，如图14-48所示。

STEP 02 ①切换至“滤镜”功能区；在“风景”选项中，②单击“冰夏”滤镜右下角的“添加到轨道”按钮，如图14-49所示，即可成功添加该滤镜。

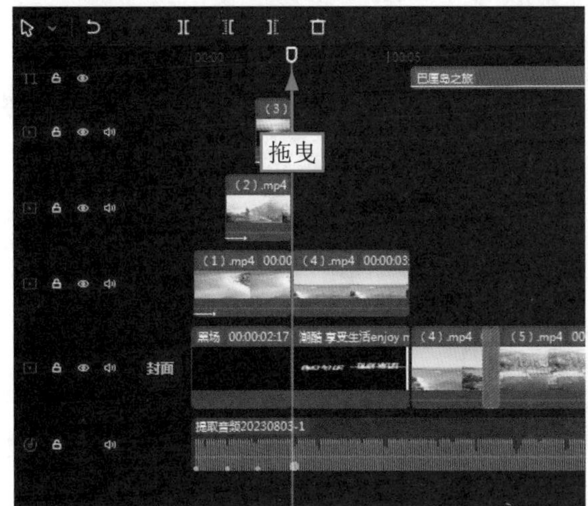

图14-48　拖曳时间滑块

图14-49　单击“添加到轨道”按钮

STEP 03 调整特效的时长，使其与视频素材的结束位置对齐，如图14-50所示。

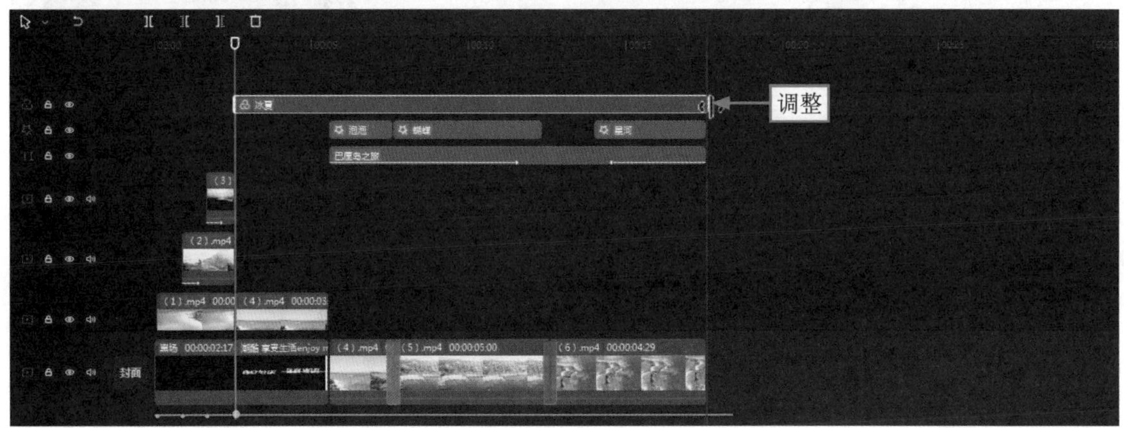

图14-50　调整特效的时长

14.2.7　添加贴纸

为视频添加相应的贴纸能够让画面更具观赏性。下面介绍为视频添加贴纸的操作方法。

STEP 01 拖曳时间滑块至“蝴蝶”特效的结束位置，如图14-51所示。

STEP 02 ①切换至“贴纸”功能区；在“闪闪”选项中，②单击所选贴纸右下角的“添加到轨道”按钮，如图14-52所示，即可成功添加该贴纸。

STEP 03 适当调整贴纸的时长，如图14-53所示。

STEP 04 复制并粘贴多个贴纸，如图14-54所示。

STEP 05 在“播放器”面板中，调整所有贴纸的大小和位置，如图14-55所示。

STEP 06 拖曳时间滑块至视频素材的结束位置，如图14-56所示。

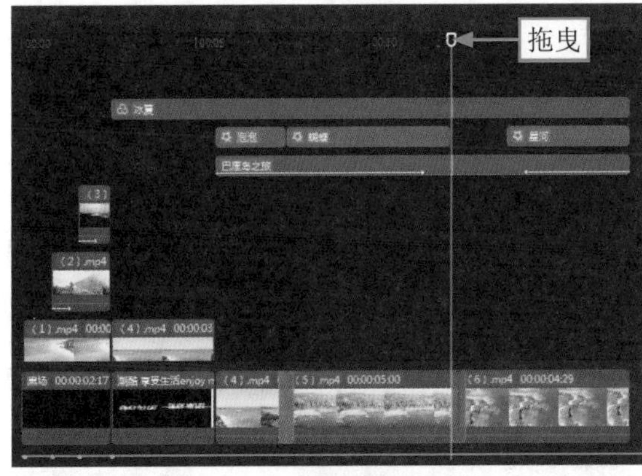

图14-51　拖曳时间滑块

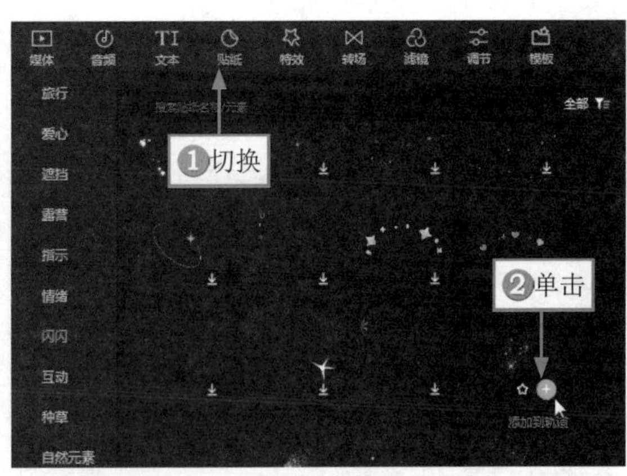

图14-52　单击“添加到轨道”按钮

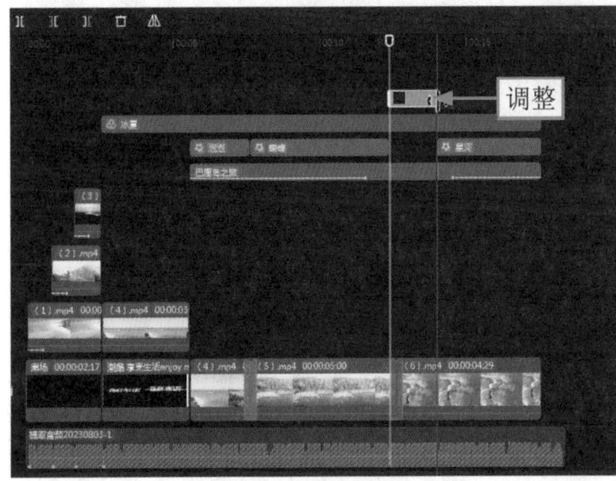

图14-53　调整贴纸的时长

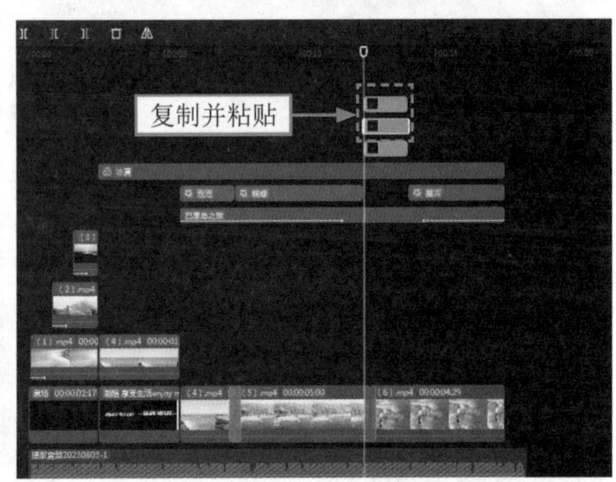

图14-54　复制并粘贴多个贴纸

图14-55　调整贴纸的大小和位置

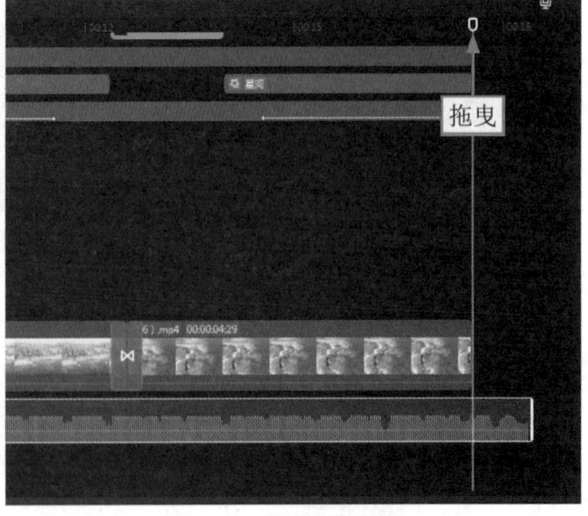

图14-56　拖曳时间滑块

STEP 07 选择音频素材，❶单击“分割”按钮，分割音频素材；❷单击“删除”按钮，如图14-57所示，删除多余的音频素材。

STEP 08 选择剩余的音频素材，在“音频”操作区的“基本”选项卡中，设置“淡出时长”参数为1.0s，如图14-58所示，使音乐平缓结束。

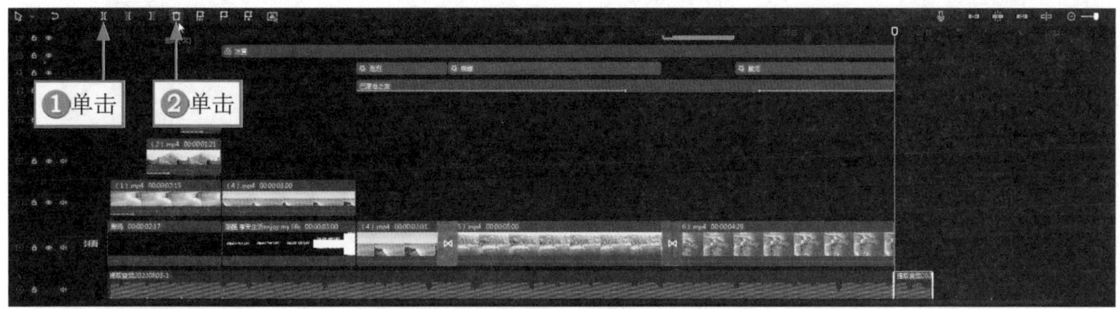

图14-57　单击“删除”按钮

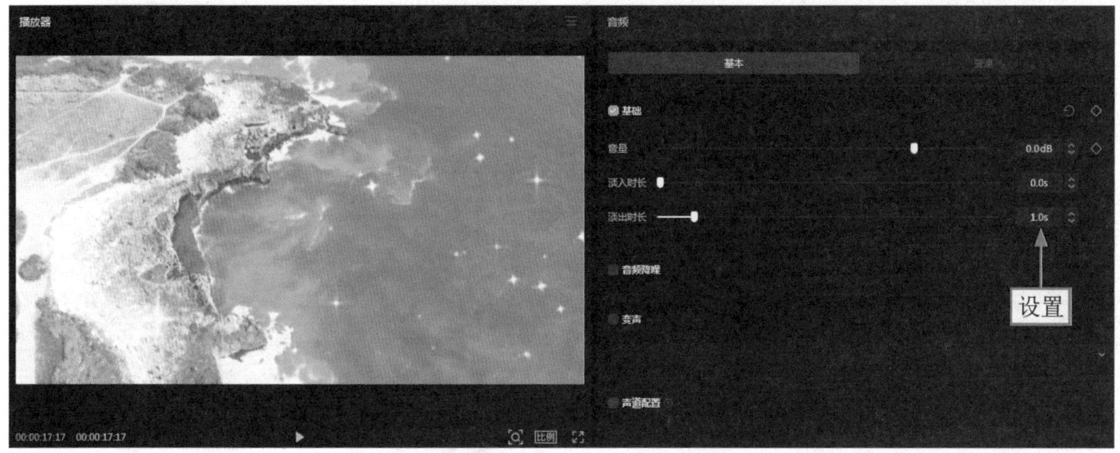

图14-58　设置“淡出时长”参数

STEP 09 执行操作后，音频素材的结束位置会显示黑色的阴影标记，如图14-59所示，表示淡出时长。

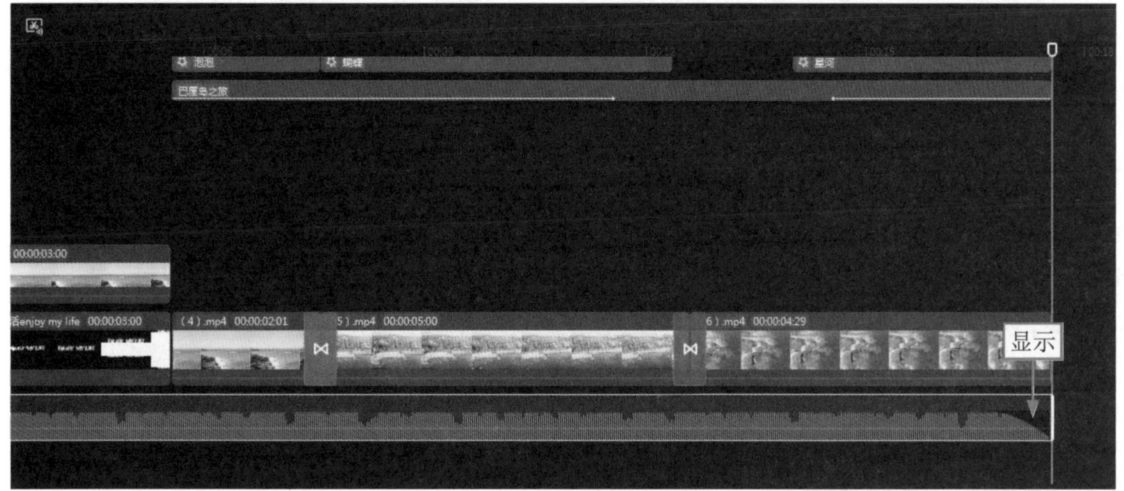

图14-59　显示黑色的阴影标记

第15章 电商视频：制作《盆景风铃》

电商视频的主要作用是向客户介绍产品，从而吸引他们的注意力。电商视频在商品的详情页中最为常见，客户在观看该视频之后，能够对该产品有一定的了解，包括产品的使用场景、特点、亮点、细节等内容。

15.1 《盆景风铃》效果展示

风铃电商视频主要突出的是风铃这一产品，包括其外观、特点、细节、使用场景等内容，观众在观看完该视频后能够对该产品有一定的了解。

在制作《盆景风铃》视频之前，首先来欣赏本案例的视频效果，并了解案例的学习目标、制作思路、知识讲解和要点讲堂。

15.1.1 效果欣赏

《盆景风铃》电商视频的画面效果如图15-1所示。

图15-1 画面效果

15.1.2 学习目标

知识目标	掌握电商视频的制作方法
技能目标	（1）掌握为视频制作卡点的操作方法 （2）掌握为视频进行调色的操作方法 （3）掌握为视频添加文本的操作方法 （4）掌握为视频制作片尾的操作方法
本章重点	为视频添加文本
本章难点	为视频制作卡点
视频时长	9分52秒

15.1.3　制作思路

本案例首先介绍为视频手动制作卡点效果，然后对视频进行调色处理，接下来为其添加宣传文本，最后为其制作片尾。图15-2所示为本案例视频的制作思路。

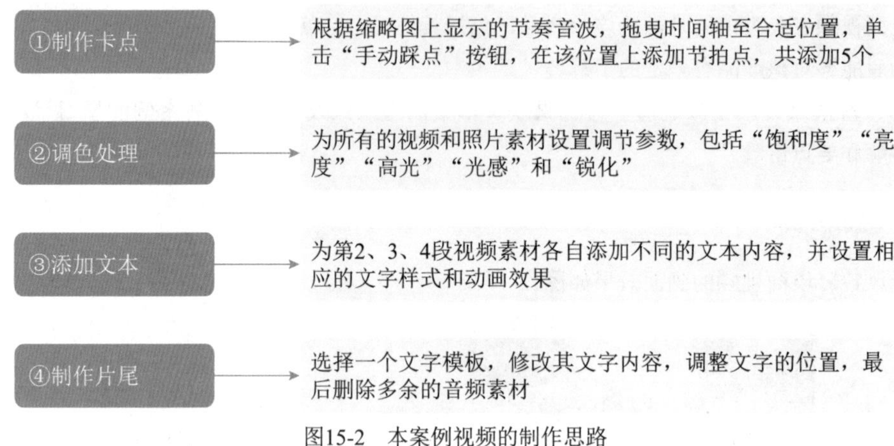

图15-2　本案例视频的制作思路

15.1.4　知识讲解

电商视频的主要内容是展示产品的性能，通过解决用户的痛点，让用户产生购买的冲动。一个好的电商视频需要突出产品的优点，表明其作用和功能。需要注意的是，在制作电商视频的时候，最好使用实景产品图，这样能够展示其适用场景。

15.1.5　要点讲堂

在本章内容中，会用到一个剪映功能——制作卡点，该功能的主要作用是增强视频节奏感。按照音乐制作卡点效果，能在音乐最具节奏感的时候切换视频素材，让整个视频看起来既动感又炫酷。

为视频手动制作卡点效果的主要方法为：选取一个节奏感较好的卡点音乐，在音乐节奏变化的时候添加节拍点，然后调整素材的时长，使其对齐相应节拍点，即可完成手动卡点效果的制作。需要注意的是，如果使用的素材较少，时长又短，最好选择较为舒缓的卡点音乐。

15.2　《盆景风铃》制作流程

本节将为大家介绍电商视频的制作方法，包括制作卡点、对视频进行调色处理、为视频添加宣传文本、为视频制作片尾，希望大家能够熟练掌握。

15.2.1　制作卡点

为了让风铃电商视频更具有节奏感，可以选择一段节奏鼓点比较均衡的背景音乐，然后通过“手动踩点”功能为音频添加节拍点，从而制作出视频的卡点效果。下面介绍在剪映中为视频制作卡点的操作方法。

STEP 01 在“媒体”功能区的“本地”选项卡中，导入视频素材、图片素材和背景音乐，如图15-3所示。

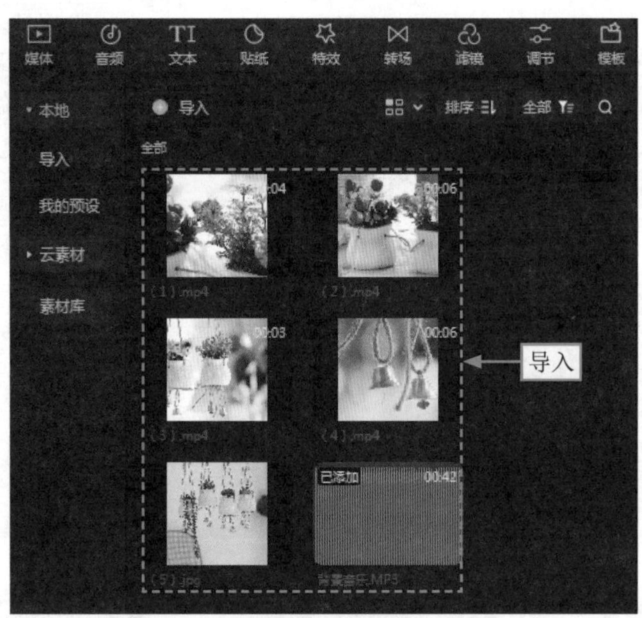

图15-3　导入相应的素材

STEP 02 将背景音乐添加到音频轨道上，如图15-4所示。

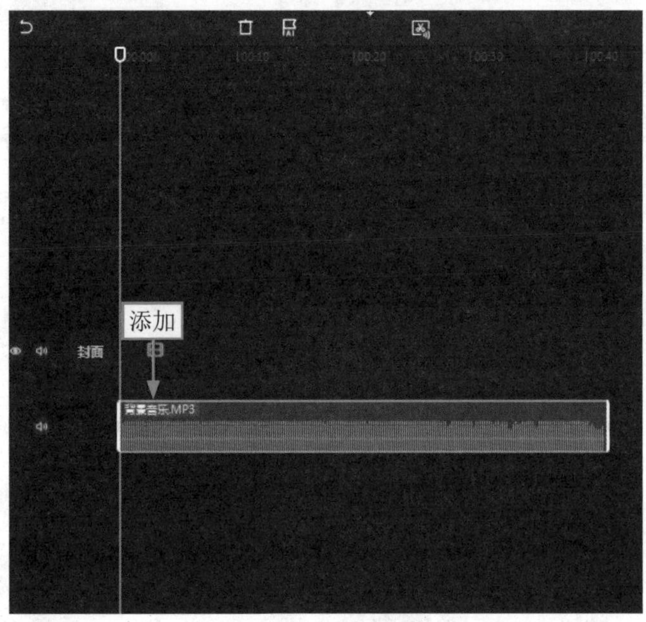

图15-4　添加背景音乐

STEP 03 根据背景音乐缩略图中显示的节奏音波，①拖曳时间滑块至00:00:01:06的位置；②单击“手动踩点”按钮，如图15-5所示。

STEP 04 执行操作后，即可添加一个黄色的节拍点，如图15-6所示。

STEP 05 使用同样的方法，在其他位置添加多个节拍点，效果如图15-7所示。

STEP 06 将所有的素材依次添加到视频轨道上，如图15-8所示。

STEP 07 根据节拍点的位置，使第1段视频素材的结束位置与第1个节拍点对齐，后面的素材以此类推调整时长与相应的节拍点对齐，效果如图15-9所示，执行操作后，即可制作出卡点效果。

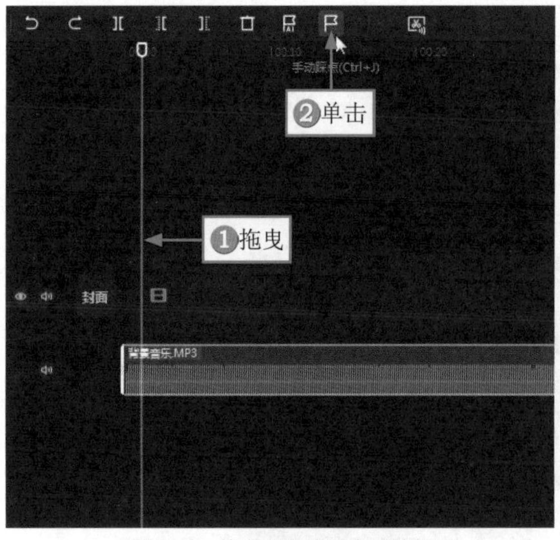

图15-5　单击“手动踩点”按钮

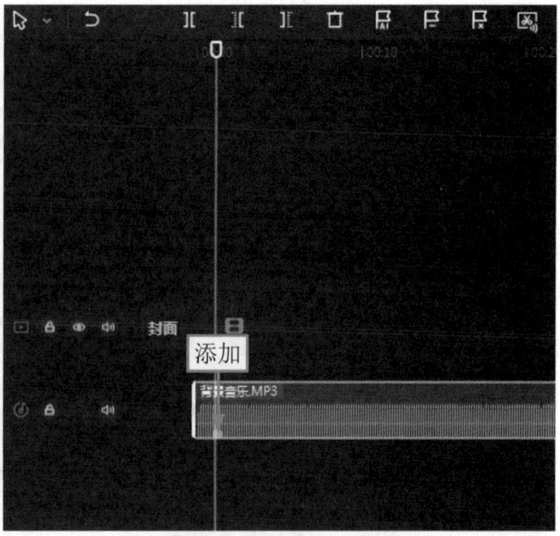

图15-6　添加一个黄色的节拍点

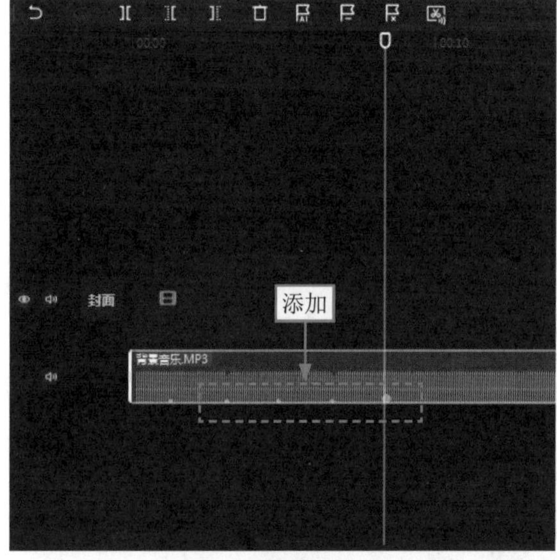

图15-7　添加多个节拍点

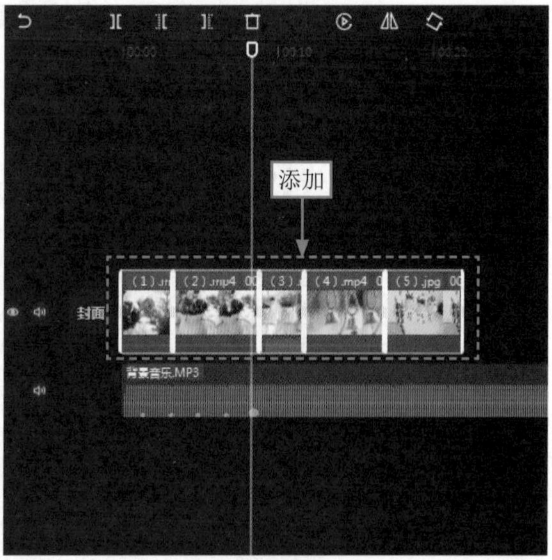

图15-8　添加所有素材至视频轨道

图15-9　调整素材的时长

STEP 08 ▶▶ ①拖曳时间滑块至视频素材的开始位置；②选择第1段视频素材，如图15-10所示。

STEP 09 ▶▶ 在“动画”操作区的“入场”选项卡中，选择“渐显”动画，如图15-11所示，使该视频片头呈现黑屏渐显的效果。

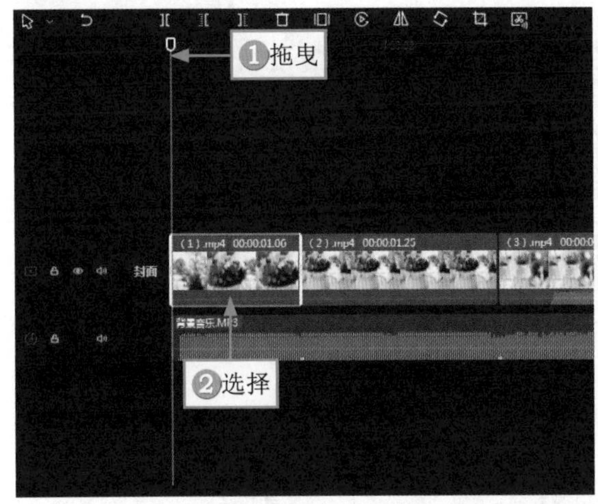

图15-10　选择第1段视频素材

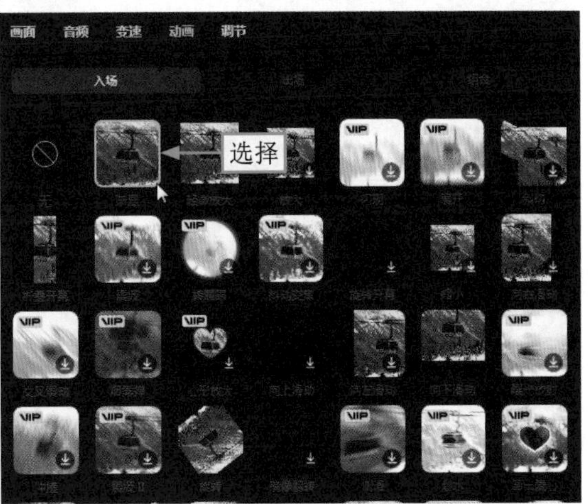

图15-11　选择“渐显”动画

15.2.2　调色处理

在拍摄电商视频的时候，因为环境、灯光等原因，可能会导致拍摄的视频颜色不好看，这时便可以通过剪映中的“调节”功能来为视频进行调色，从而使视频画面看上去更精致。下面介绍为视频进行调色处理的操作方法。

STEP 01 ▶▶ 拖曳时间滑块至视频素材的开始位置，在“调节”功能区中，单击“自定义调节”右下角的“添加到轨道”按钮，如图15-12所示。

STEP 02 ▶▶ 调整调节效果的结束位置，使其与图片素材的结束位置对齐，如图15-13所示。

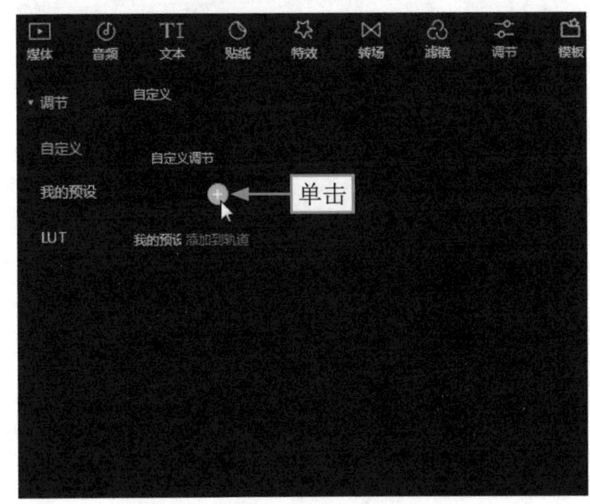

图15-12　单击“添加到轨道”按钮

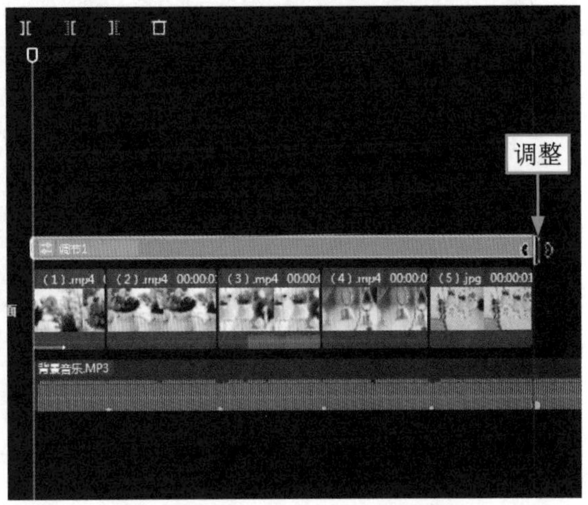

图15-13　调整调节效果的结束位置

STEP 03 ▶▶ 在“调节”操作区的“基础”选项卡中，设置“饱和度”参数为25，如图15-14所示，使画面中的颜色更加浓郁、鲜艳。

STEP 04 ▶▶ 设置“亮度”参数为–9，如图15-15所示，稍微降低画面中的亮度。

STEP 05 ▶▶ 设置“高光”参数为–5，如图15-16所示，调整画面中的高光亮度，降低曝光。

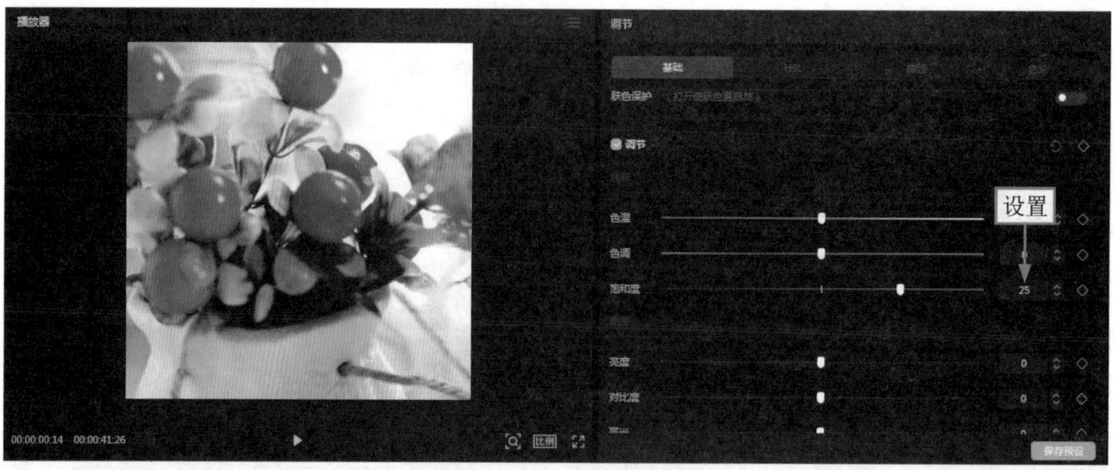

图15-14　设置“饱和度”参数

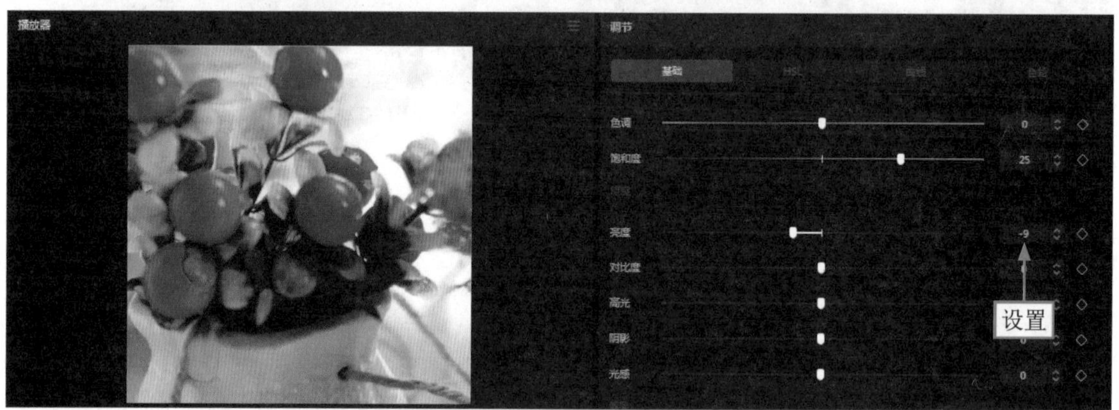

图15-15　设置“亮度”参数

图15-16　设置“高光”参数

STEP 06 ▶▶ 设置“光感”参数为–6，如图15-17所示，稍微降低画面中的光线亮度。

STEP 07 ▶▶ 设置“锐化”参数为5，如图15-18所示，使被摄物体的边缘线和棱角更加明显。执行操作后，即可对所有的视频调色。

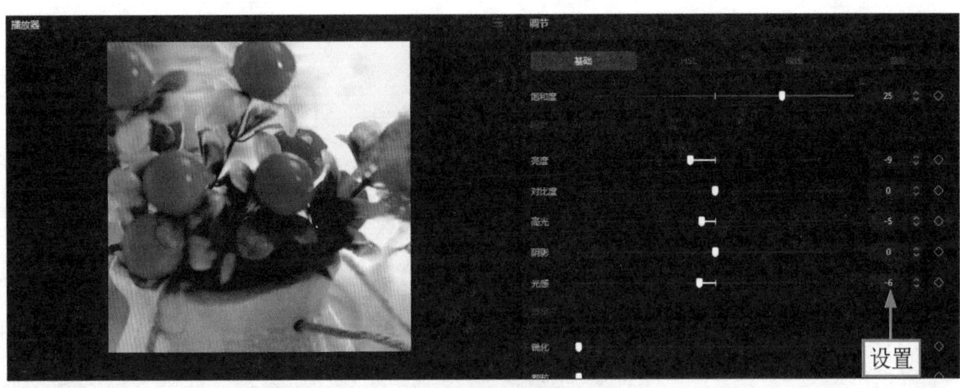

图15-17 设置“光感”参数

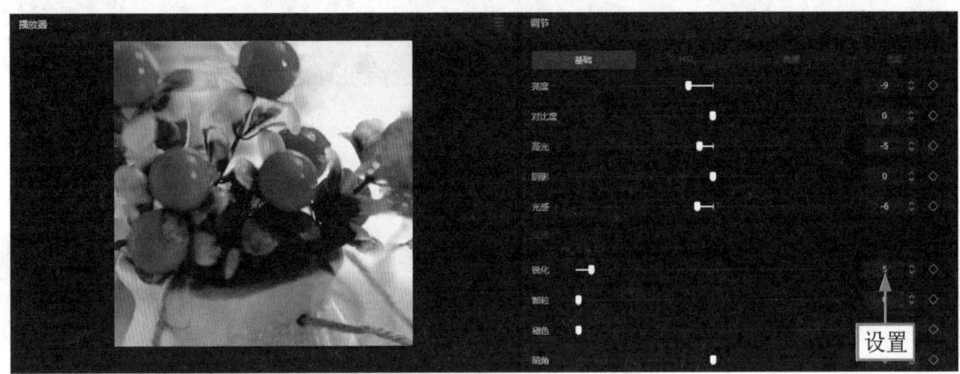

图15-18 设置“锐化”参数

15.2.3 添加文本

完成视频调色后，接下来即可为风铃电商视频添加宣传文本。下面介绍为视频添加宣传文本的操作方法。

STEP 01 拖曳时间滑块至第2段视频素材的开始位置，如图15-19所示。

STEP 02 在字幕轨道中，添加一个默认文本，并调整其时长，使其与第2段视频素材的时长保持一致，如图15-20所示。

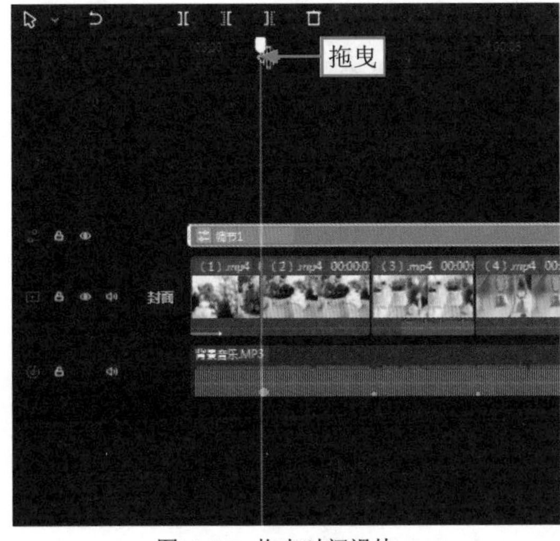

图15-19 拖曳时间滑块

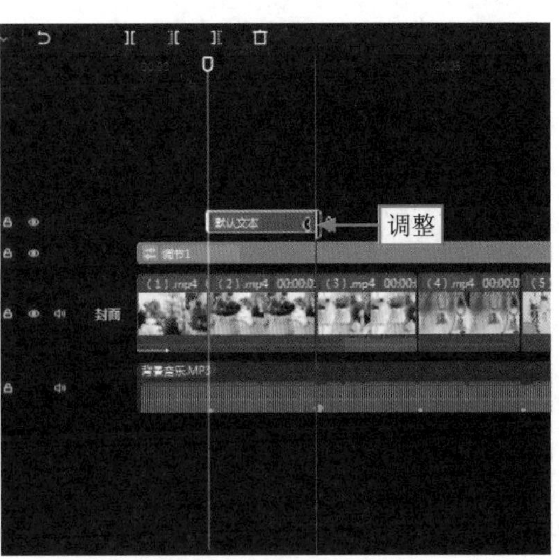

图15-20 调整文本的时长

STEP 03 在“文本”操作区的“基础”选项卡中，❶输入文本内容；❷选择合适的字体；❸在“播放器”面板中调整文本的大小和位置，如图15-21所示。

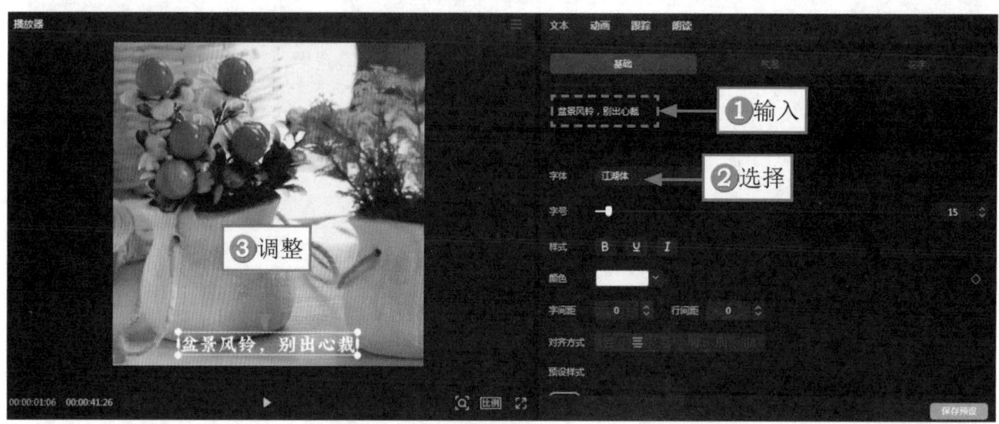

图15-21　调整文本的大小和位置

STEP 04 ❶选择一个合适的预设样式；❷设置“字间距”参数为3，如图15-22所示，让文字间距变宽松。

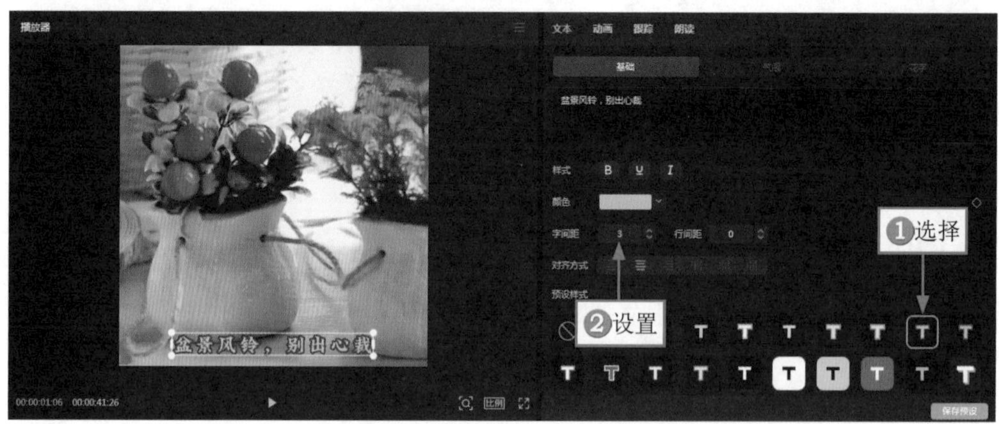

图15-22　设置“字间距”参数

STEP 05 在“动画”操作区的“入场”选项卡中，选择“向右滑动”动画，如图15-23所示。

图15-23　选择“向右滑动”动画

STEP 06 在“动画”操作区的“出场”选项卡中，选择“螺旋下降”动画，如图15-24所示。

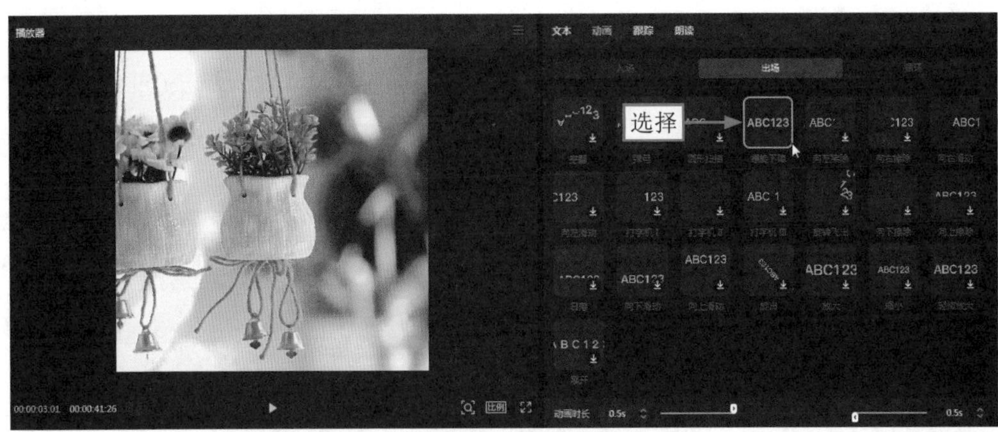

图15-24 选择“螺旋下降”动画

STEP 07 复制并粘贴第1个文本后，调整该文本的时长，使其与第3段视频素材的时长保持一致，如图15-25所示。

STEP 08 修改第2个文本的内容，如图15-26所示。

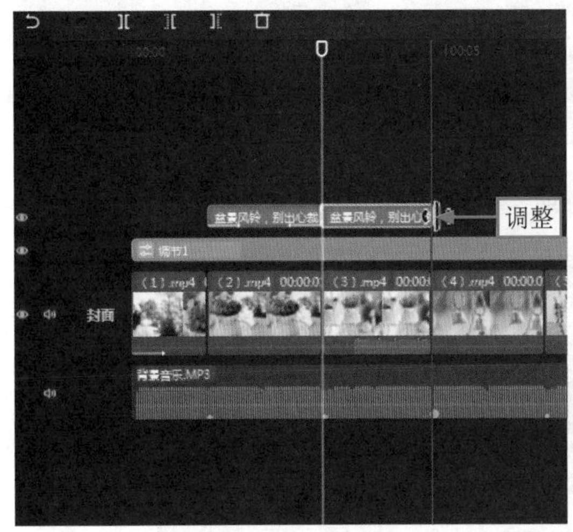

图15-25 调整第2个文本的时长　　图15-26 修改第2个文本的内容

STEP 09 用同样的方法，再制作一个文本，如图15-27所示。

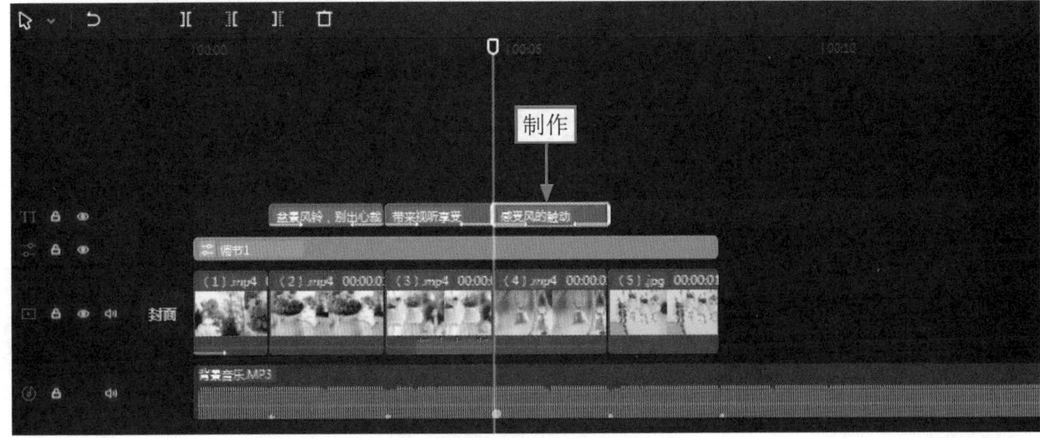

图15-27 再制作一个文本

15.2.4 制作片尾

最后，需要为电商视频制作片尾，片尾主要呈现的是店名和标语。下面介绍为电商视频制作片尾的操作方法。

STEP 01 拖曳时间滑块至最后一个图片素材的开始位置，如图15-28所示。

图15-28 拖曳时间滑块

STEP 02 在“文本”功能区的“文字模板”选项卡中，❶选择“新闻”选项；❷单击所选模板右下角的“添加到轨道”按钮，如图15-29所示。

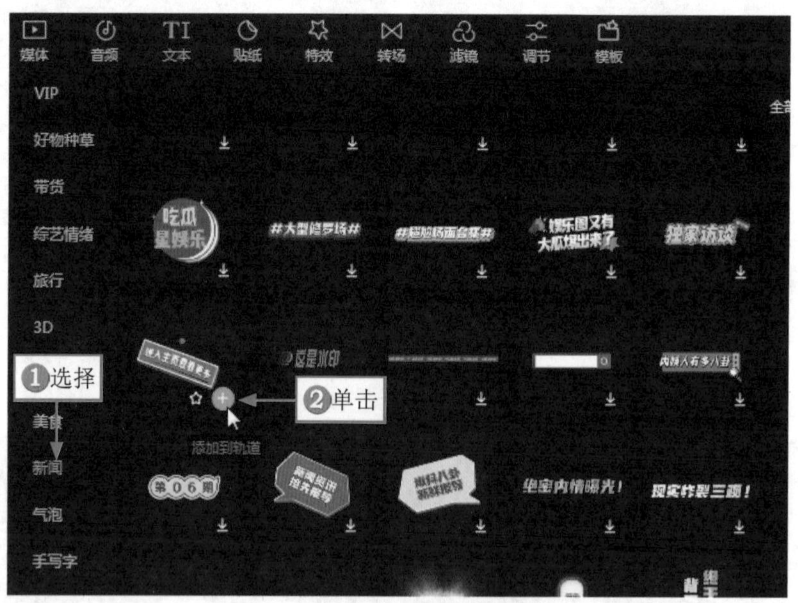

图15-29 单击“添加到轨道”按钮

STEP 03 调整文本的时长，使其与素材时长保持一致，如图15-30所示。

STEP 04 在“文本”操作区的“基础”选项卡中，❶修改文本内容；❷在“播放器”面板中调整文字的位置，如图15-31所示。

STEP 05 ❶拖曳时间滑块至图片素材的结束位置；❷选择音频素材；❸单击“分割”按钮，如图15-32所示，分割音频素材。

STEP 06 单击“删除”按钮，如图15-33所示，删除多余的音频。

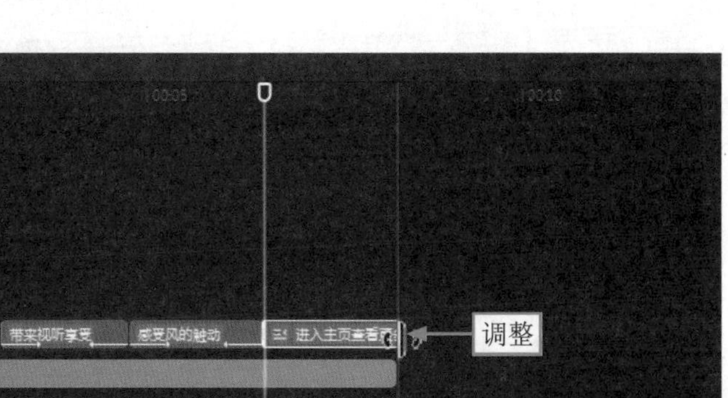

图15-30　调整文本的时长

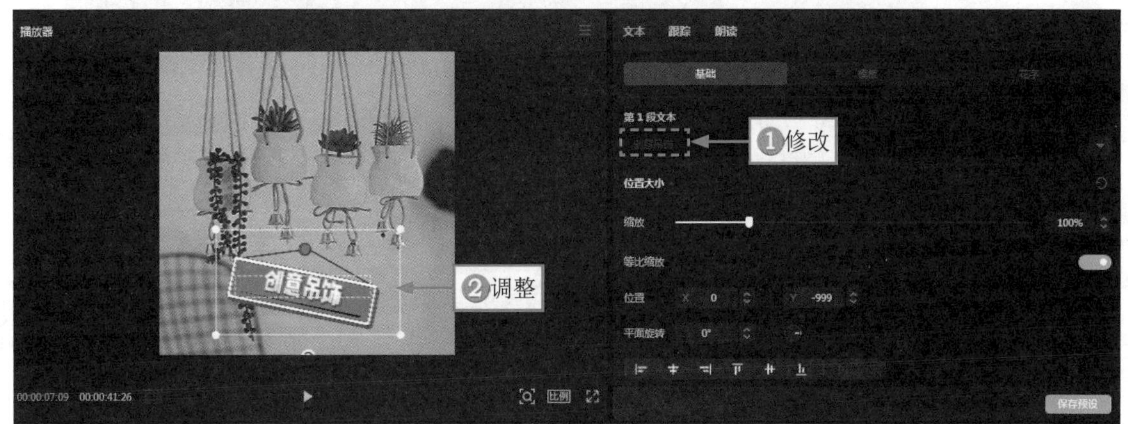

图15-31　调整文字的位置

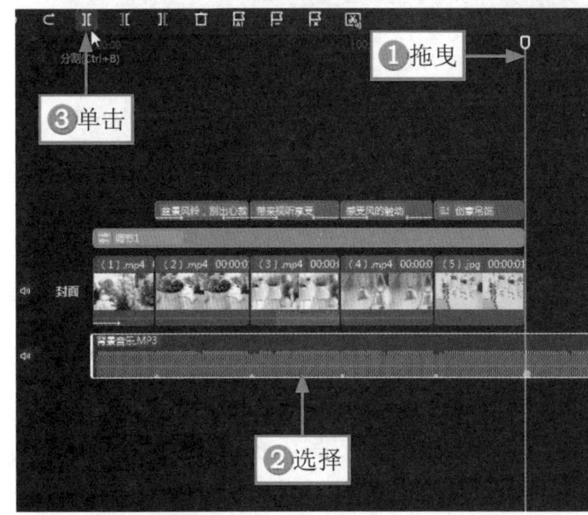

图15-32　单击“分割”按钮

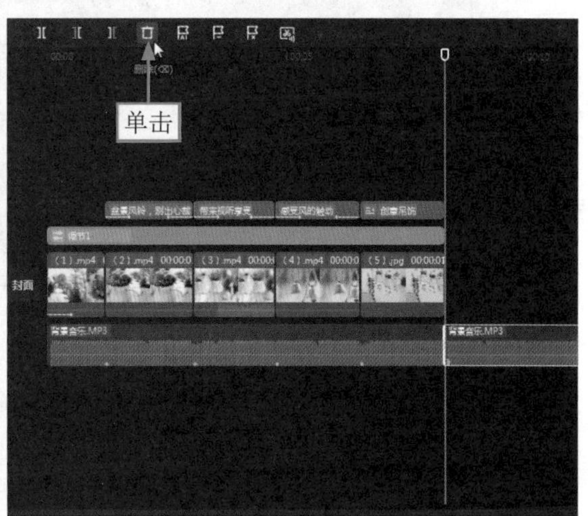

图15-33　单击“删除”按钮

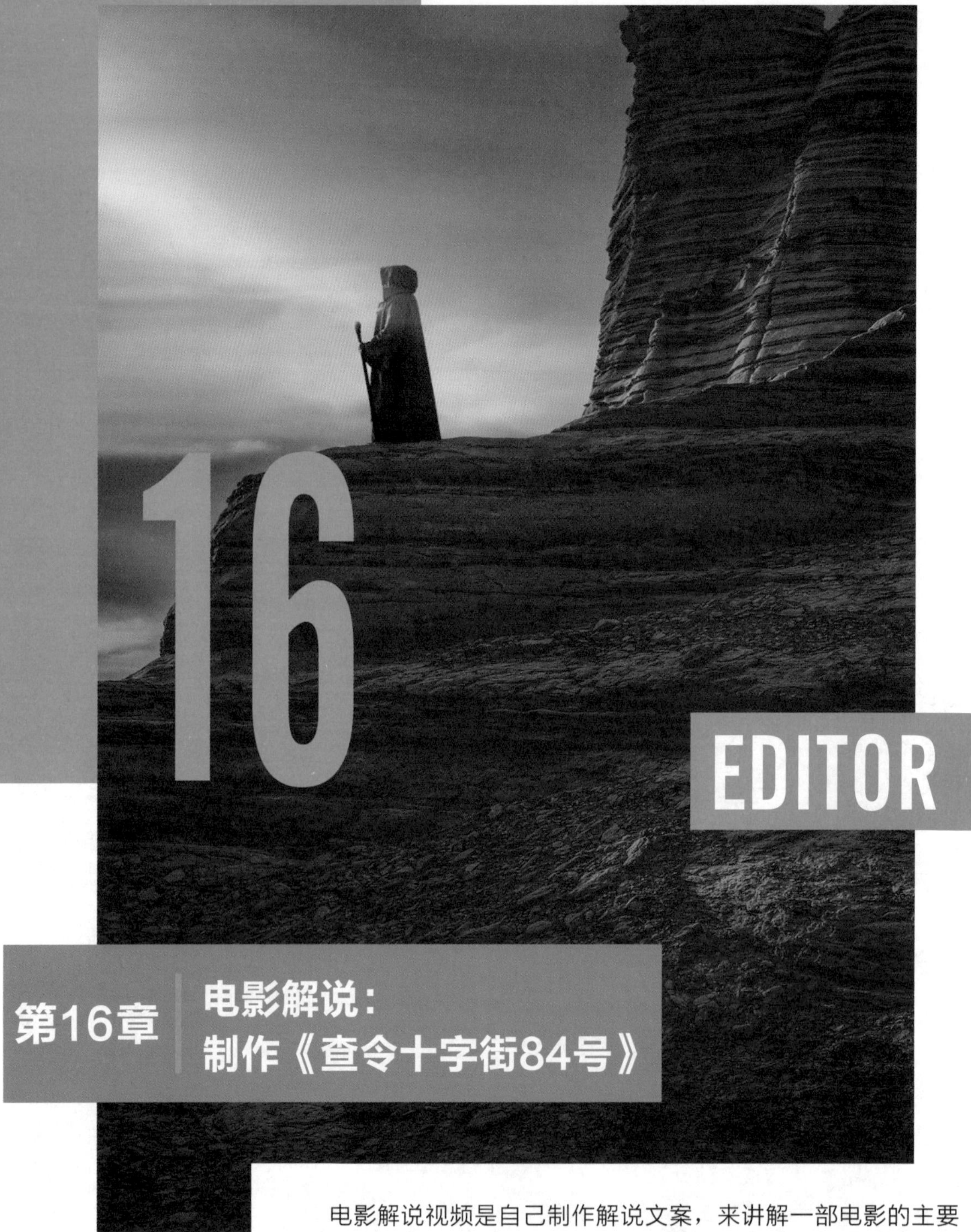

第16章 电影解说：制作《查令十字街84号》

电影解说视频是自己制作解说文案，来讲解一部电影的主要情节。通过为解说视频制作片头、片尾，可使单个的电影解说视频更加完整。因为短视频的时长有一定的限制，所以很多人在刷到电影解说视频的时候，能够在很短的时间内明白电影的主要情节，非常节省时间，这也是电影解说视频在短视频平台中受欢迎的原因之一。

16.1 《查令十字街84号》效果展示

电影解说视频主要突出的是某部电影中最主要的情节。制作电影解说的关键就是精简，所以在讲解的时候，只需要将效果或者作用解说出来即可，不用将每件小事都讲出来，当然也不用将每个画面都剪出来。

在制作《查令十字街84号》视频之前，首先来欣赏本案例的视频效果，并了解案例的学习目标、制作思路、知识讲解和要点讲堂。

16.1.1 效果欣赏

本案例是制作《查令十字街84号》的解说视频，视频内容为电影画面+解说文案，分为片头、正片和片尾3部分，画面效果如图16-1所示。

图16-1 画面效果

16.1.2　学习目标

知识目标	掌握电影解说视频的制作方法
技能目标	（1）掌握制作电影解说视频的前期准备 （2）掌握为视频制作音频的操作方法 （3）掌握为视频进行调色的操作方法 （4）掌握为视频添加文本的操作方法 （5）掌握为视频朗读音频的操作方法 （6）掌握为视频制作片尾的操作方法 （7）掌握为视频添加音乐的操作方法 （8）掌握初步导出视频的操作方法 （9）掌握为视频制作片头的操作方法 （10）掌握为视频设计封面的操作方法 （11）掌握导出合成效果的操作方法
本章重点	为视频添加文本
本章难点	为视频制作片头
视频时长	24分58秒

16.1.3　制作思路

本案例首先介绍制作电影解说视频的前期准备，然后介绍为视频制作解说音频、为视频进行调色、为视频添加文本和朗读音频，接着介绍为视频制作片尾、添加音乐、初步导出视频、制作片头和设计封面，最后导出合成效果。图16-2所示为本案例视频的制作思路。

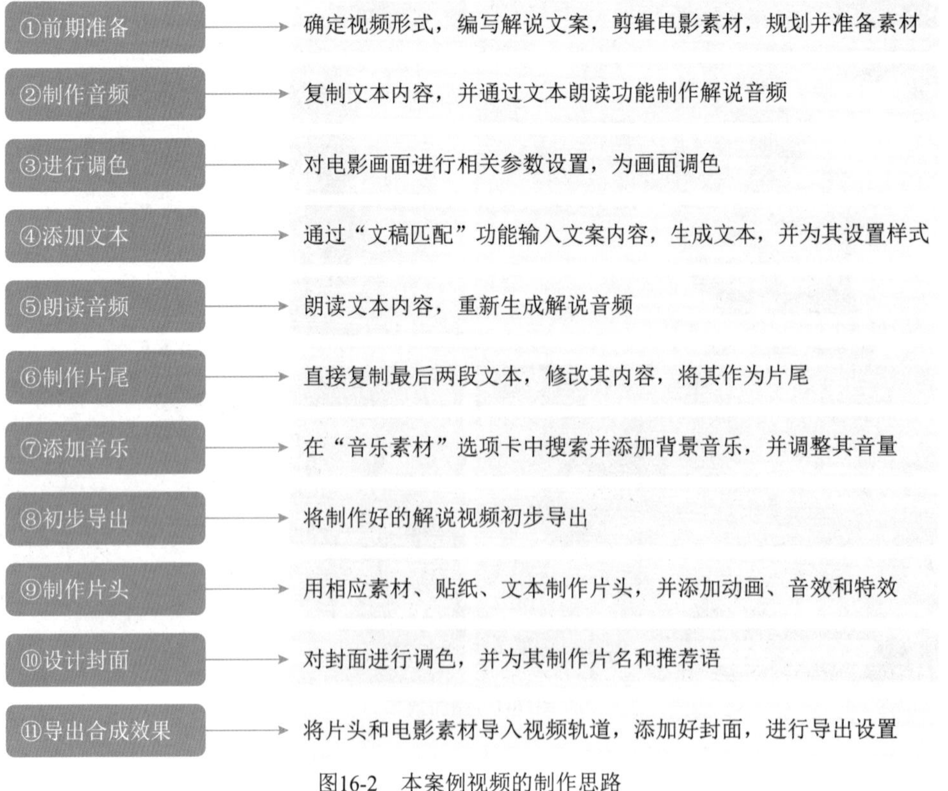

图16-2　本案例视频的制作思路

16.1.4 知识讲解

电影解说视频主要是对电影中的主要情节进行解说。一个好的电影解说视频一定要有完整的解说文案，解说文案要符合电影内容的发展。能把故事讲清楚、讲明白，让别人看完该电影解说视频后，就知道这部电影讲了什么，这才是一个优质的电影解说视频需要做到的。

在制作电影解说视频时，我们要熟悉整部电影的所有情节，这样才能制作出符合视频画面的解说文案，这样的电影解说视频才有价值。

16.1.5 要点讲堂

在本章内容中，会用到一个剪映功能——朗读音频，该功能的作用主要有两个，具体内容如下。

❶ 减少杂音。以文字生成音频，能在随意改变文字内容的前提下，快速制作出没有杂音效果的音频。

❷ 省时省力。想要按照自己的解说文案去制作音频，除了录音这种方法之外就只有文本朗读功能了。但是，录音的操作非常烦琐，需要一节一节去停顿，而朗读音频不仅可以一键解决这个问题，而且朗读出来的字还很准确。

为视频朗读音频的主要方法为：先制作出所有需要进行文本朗读的文字内容，然后在“朗读”操作区中选择合适的朗读音色即可。

16.2 《查令十字街84号》制作流程

本节将为大家介绍电影解说视频的制作方法，包括前期准备，为视频制作音频、进行调色、添加文本、朗读音频、制作片尾、添加音乐、初步导出、制作片头、设计封面和导出合成效果，希望大家能够熟练掌握。

16.2.1 前期准备

在制作解说视频前，用户还要从多方面进行规划和准备，这样才能在制作视频的过程中得心应手。下面介绍需要做好准备的4个方面。

1. 确定视频形式

不同的发布平台决定了视频的比例和排版。比如，抖音、快手等短视频平台多以竖屏视频为主，而哔哩哔哩则是横屏视频更为常见。本案例以横屏视频为例，为大家介绍制作电影解说视频的流程。横屏视频由于没有多余的空白位置，所以在排版上不需要添加太多内容，只需要安排画面和解说字幕即可。

2. 编写解说文案

想要视频获得更多的浏览、点赞和收藏，用户在编写解说文案时就要用心。毕竟，文案是解说视频的“脚本”，用户在剪辑电影画面时只能根据文案来决定哪些画面要保留，哪些画面要删掉。

要想写出好的解说文案，首先要熟悉电影内容。用户可以先观看一遍电影，在观看的过程中将一些亮眼的剧情和台词记下，并标记好相应的时间点，这样可以方便后期快速找到对应的内容。

当然，只看一遍是不够的，用户需要多看几遍，对电影的内容做到了然于心。只有这样，才能避免用户在前面的观看中漏掉某些剧情或台词，也才能让用户在看到文案内容时迅速反应需要什么样的画面，这个画面大概在哪个位置，从而提高视频的剪辑效率。

除了认真观看视频之外，用户还要去了解电影的故事原型、幕后故事、大众评价和获奖情况，这样在准备电影介绍、推荐语和电影亮点时才能有话可说。

另外，用户还可以到平台上观看一些关于该部电影的解说视频和评论。这样做可以让用户了解其他创作者和用户的观点与看法，既能避免用户选取一个毫无热度的解说方向，也能让用户了解同类视频的优缺点，从而在自己的视频中选择性地发扬和规避。

用户写好解说文案后，还需要对解说文案进行整理和排版，这样可以在剪映中导入和生成文案文本后，节省调整内容的时间。比较简单的方法就是在一句话或可以断句的地方按Enter键进行分段，并删除多余的标点符号。

3. 剪辑电影素材

剪辑电影素材的过程非常耗时，但如果用户熟悉电影的话，就可以较快剪辑出能对应上解说文案的素材了。

用户在编写完解说文案后，可以对电影的相关内容进行剪辑，因为提前剪辑好所有需要的电影素材，能够节省之后的剪辑制作时间。需要注意的是，解说文案一定要对得上视频画面，这是制作电影解说视频非常关键的一步。

4. 规划并准备素材

用户在开始剪辑前就要规划好封面样式、视频标题等内容，这样才能在制作和发布的过程中节省时间。

做好规划后，用户还要准备好相应的素材。例如，本案例的封面是横屏的，那么用户需要准备一张横屏的封面素材。最简单的方法就是用户在观看电影时挑选一个画面，进行截屏即可。

16.2.2 制作音频

在开始剪辑之前，需要将解说文案制作成音频，这样才能更方便地将其导入剪映中进行剪辑。下面介绍在剪映中制作解说音频的操作方法。

STEP 01 打开“解说文案”文档，❶选择第1部分的内容；在该内容上单击鼠标右键，❷在弹出的快捷菜单中选择“复制”命令，如图16-3所示。

STEP 02 在剪映中新建一个草稿文件，在“文本”功能区中单击“默认文本”选项右下角的“添加到轨道”按钮，如图16-4所示，添加一段文本。

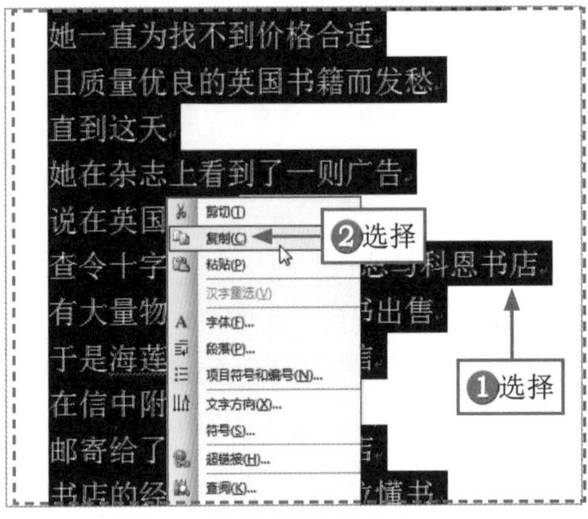

图16-3 选择“复制”命令

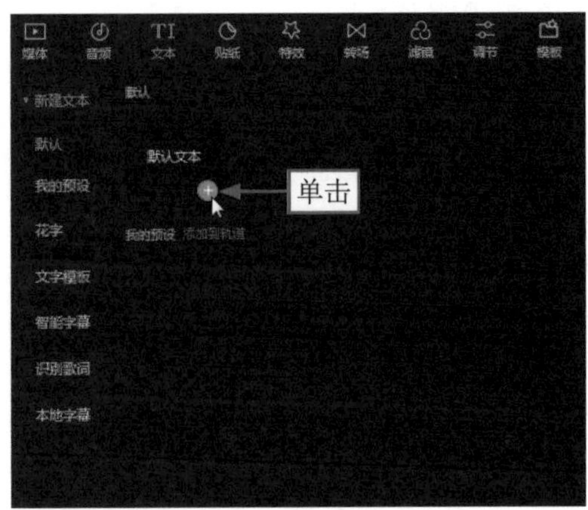

图16-4 单击“添加到轨道”按钮

STEP 03 ▶▶ 删除文本框中原有的内容，粘贴之前复制的文本内容，如图16-5所示。

STEP 04 ▶▶ 用同样的方法，将第2部分的内容粘贴至另一段文本中，如图16-6所示。

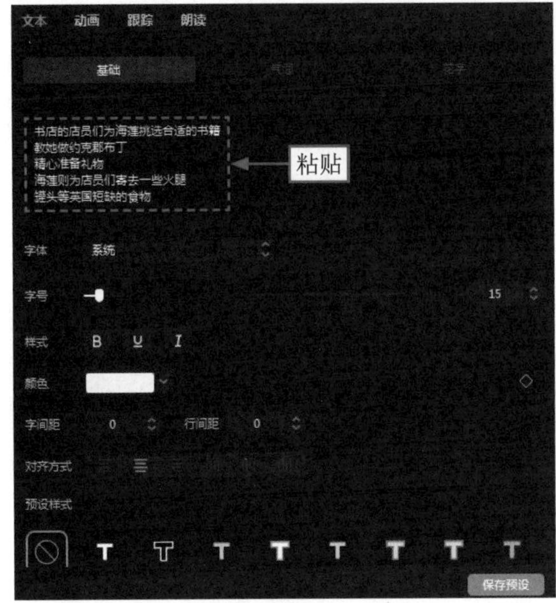

图16-5 粘贴复制的文本内容（1）

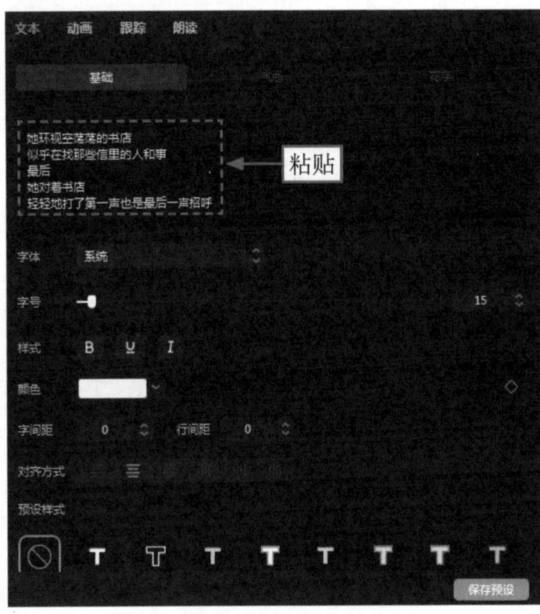

图16-6 粘贴复制的文本内容（2）

专家指点

这里将解说文案分为两部分导入剪映，是因为剪映的文本框有字数限制，无法一次性将所有文案导入一个文本中，因此需要分为两个文本。

STEP 05 ▶▶ 全选两段文本，如图16-7所示。

STEP 06 ▶▶ ❶切换至“朗读”操作区；❷选择“温柔淑女”音色；❸单击“开始朗读”按钮，如图16-8所示。

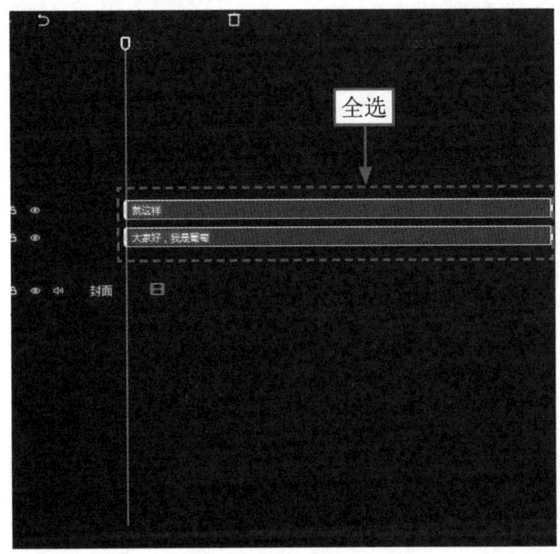

图16-7 全选两段文本

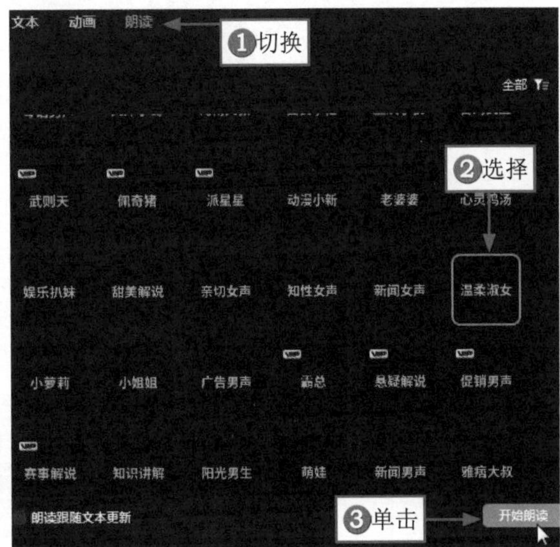

图16-8 单击“开始朗读”按钮

STEP 07 ▶▶ 调整两段朗读音频的位置，如图16-9所示。

STEP 08 ➤➤ ❶全选两段文本；❷单击“删除”按钮，如图16-10所示，将其删除，即可成功制作音频。

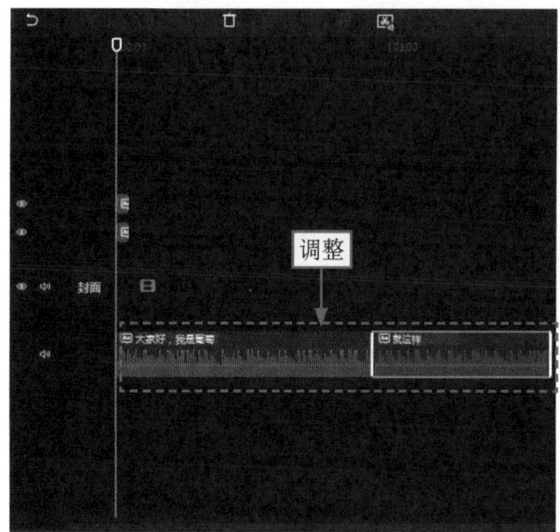

图16-9 调整音频的位置

图16-10 单击“删除”按钮

STEP 09 ➤➤ 单击“导出”按钮，如图16-11所示。

STEP 10 ➤➤ ❶取消选中“视频导出”复选框；❷选中“音频导出”复选框；❸修改作品名称；❹单击“导出”按钮，如图16-12所示，即可将解说音频以MP3的格式导出。

图16-11 单击“导出”按钮（1）

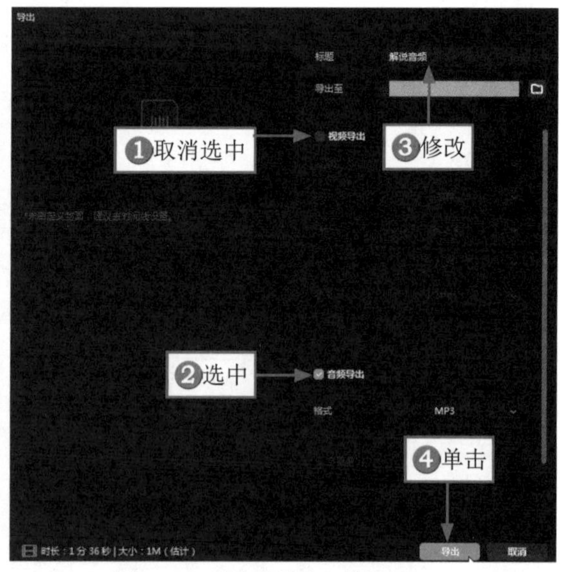

图16-12 单击“导出”按钮（2）

16.2.3 进行调色

虽然电影在发布前已经调过色了，但是在电影院看和在手机上看的视觉体验是不一样的，因此用户需要进行一定的画面色彩调节。下面介绍在剪映中进行画面调色的操作方法。

STEP 01 ➤➤ 在剪映中新建一个草稿文件，导入剪辑好的电影素材和制作好的解说音频，将其添加到视频轨道和音频轨道中，如图16-13所示。

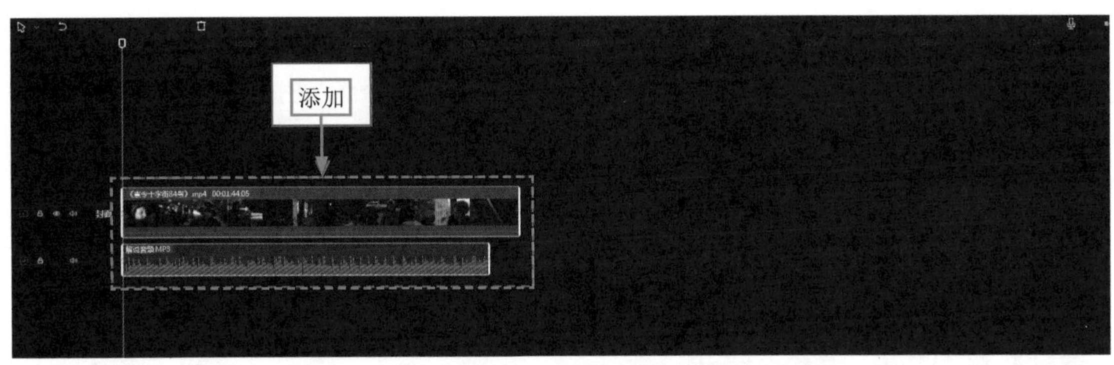

图16-13　添加电影素材和音频素材至视频轨道和音频轨道

STEP 02 ①切换至“调节”功能区；②单击“自定义调节”选项右下角的“添加到轨道”按钮，如图16-14所示，在视频开始位置添加一个调节效果。

STEP 03 调整调节效果的持续时长，使其与视频素材的结束位置保持一致，如图16-15所示。

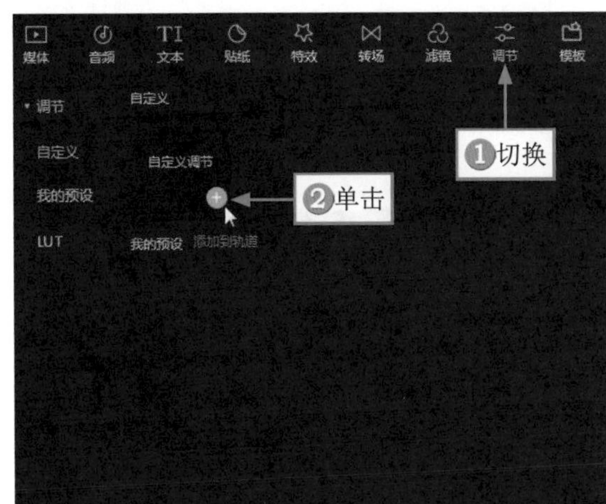

图16-14　单击“添加到轨道”按钮

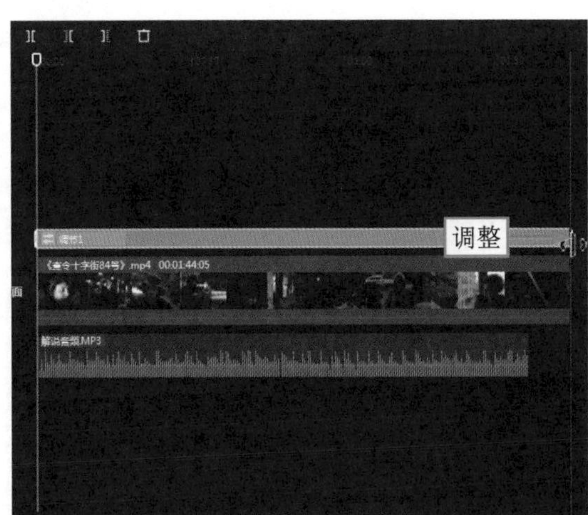

图16-15　调整调节效果的时长

STEP 04 在“调节”操作区中，设置“色温”参数为10，“色调”参数为–11，“饱和度”参数为10，“对比度”参数为5，“阴影”参数为6，“光感”参数为5，“锐化”参数为10，如图16-16所示，调整画面的色彩饱和度、明度和清晰度。

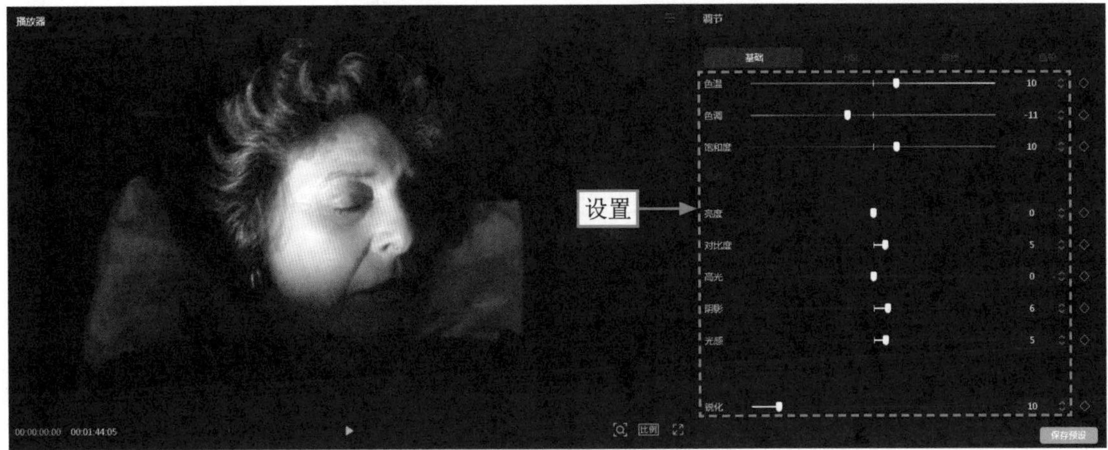

图16-16　设置相应参数

16.2.4 添加文本

运用“识别字幕”功能生成的文本并不能保证断句和字词的正确性，因此最好运用“文稿匹配”功能导入正确的内容。下面介绍在剪映中添加解说文本的操作方法。

STEP 01 ▶▶ 在视频轨道的开始位置单击“关闭原声”按钮，如图16-17所示，将视频静音。

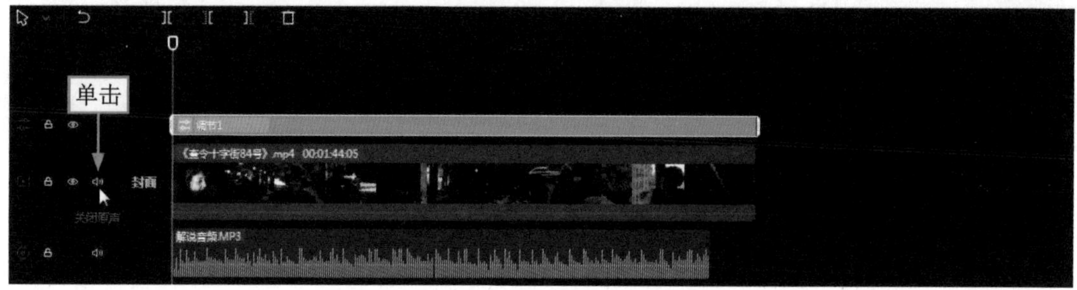

图16-17 单击“关闭原声”按钮

STEP 02 ▶▶ ①单击“文本”按钮；在“文本”功能区中，②切换至“智能字幕”选项卡；③单击“文稿匹配”选项中的“开始匹配”按钮，如图16-18所示。

STEP 03 ▶▶ 弹出“输入文稿”对话框，在“解说文案”文档中全选所有文案内容，如图16-19所示，按Ctrl+C组合键复制。

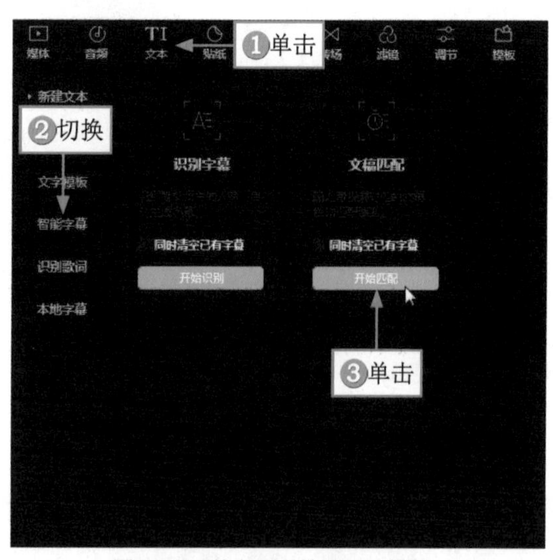

图16-18 单击“开始匹配”按钮

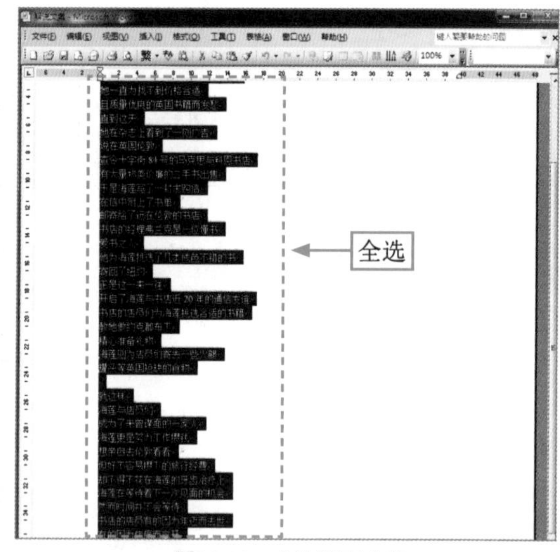

图16-19 全选所有内容

STEP 04 ▶▶ 返回剪映编辑界面，在“输入文稿”对话框中，①按Ctrl+V组合键粘贴刚才复制的文案内容；②单击“开始匹配”按钮，如图16-20所示。

STEP 05 ▶▶ 稍等片刻，即可完成匹配，自动生成文本内容，如图16-21所示。

STEP 06 ▶▶ 在“文本”操作区的“基础”选项卡中，①选择一个合适的字体；②为文字选择一个合适的预设样式；③调整文字的大小和位置，如图16-22所示。

STEP 07 ▶▶ 拖曳时间滑块至最后一段文本的结束位置，如图16-23所示。

STEP 08 ▶▶ ①切换至“新建文本”选项卡；②单击“默认文本”右下角的“添加到轨道”按钮，如图16-24所示，再添加一段默认文本。

STEP 09 ▶▶ ①输入相应的文字内容；②选择一个合适的字体；③选择一个合适的预设样式；④调整文字

的大小和位置，如图16-25所示。

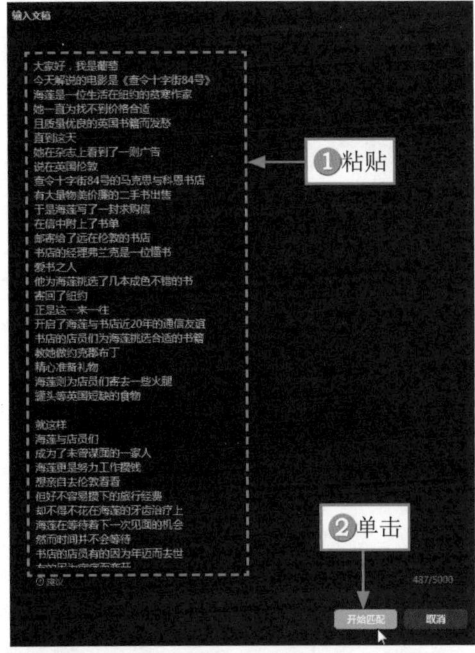

图16-20 单击“开始匹配”按钮

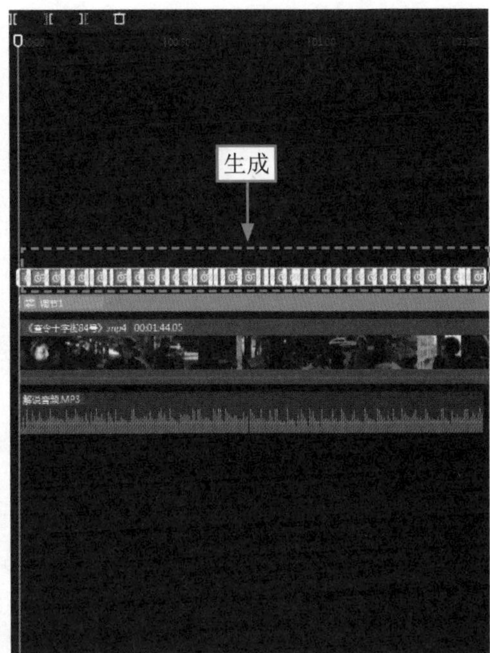

图16-21 生成文本内容

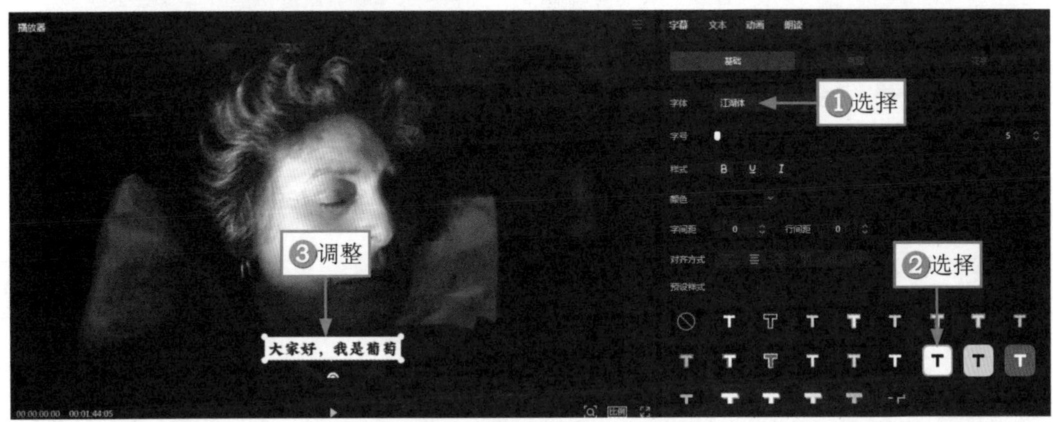

图16-22 调整文字的大小和位置

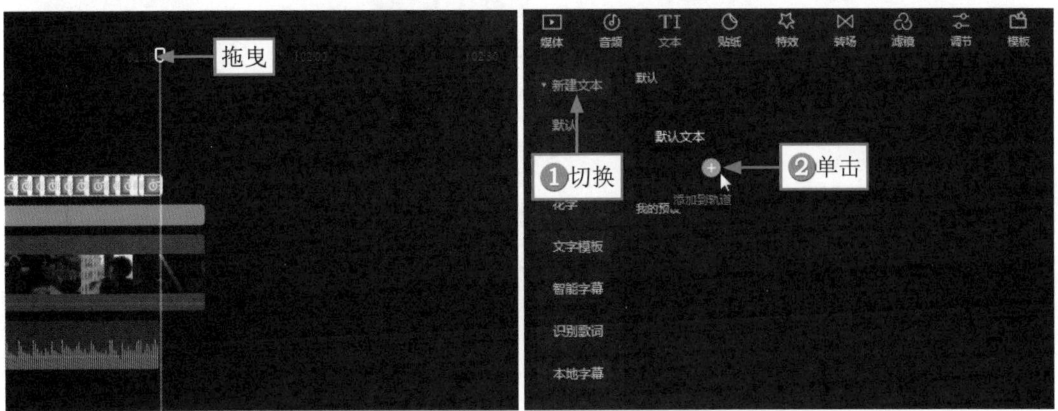

图16-23 拖曳时间滑块

图16-24 单击“添加到轨道”按钮

图16-25 调整文字的大小和位置

STEP 10 将文本复制并粘贴，然后修改复制的文本内容，如图16-26所示。

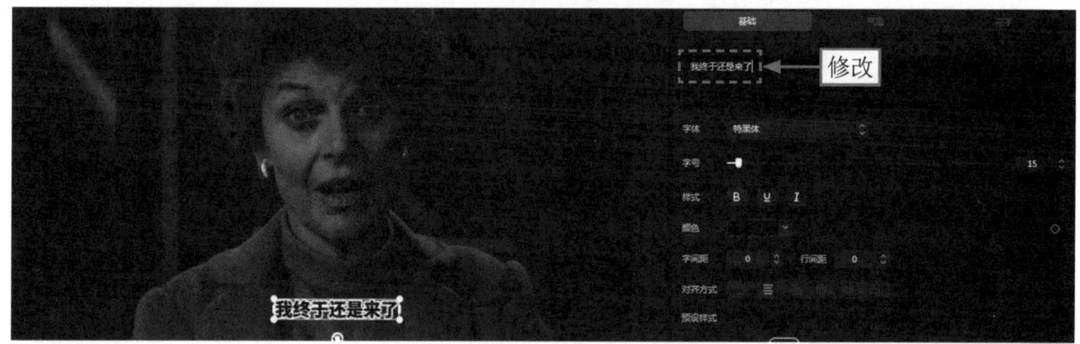

图16-26 修改复制的文本内容

STEP 11 单击“开启原声”按钮，恢复电影素材的声音，根据素材的音频内容，调整最后两段文本的位置和时长，如图16-27所示。

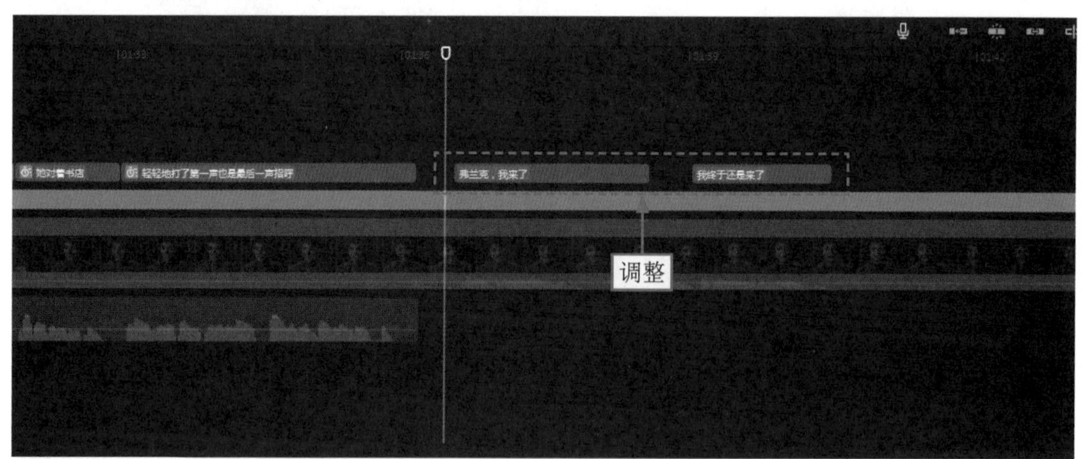

图16-27 调整两段文本的位置和时长

16.2.5 朗读音频

为了让画面、文本和音频的匹配度更高，用户需要删除剪辑时用的解说音频，重新添加音频，并调整相应的画面和文本。下面介绍在剪映中生成朗读音频的操作方法。

STEP 01 ▶▶ ❶选择解说音频；❷单击“删除”按钮🗑，如图16-28所示，将其删除。

图16-28　单击“删除”按钮

STEP 02 ▶▶ 选择相应的解说文本，如图16-29所示。

图16-29　选择相应解说文本

STEP 03 ▶▶ ❶切换至“朗读”操作区；❷选择“温柔淑女”音色；❸单击“开始朗读”按钮，如图16-30所示，稍等片刻，即可生成对应的解说音频。

STEP 04 ▶▶ 调整解说音频的位置和时长，如图16-31所示。

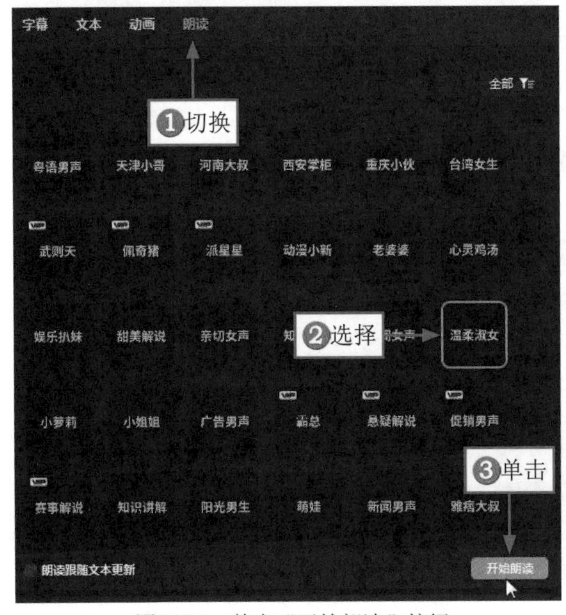

图16-30　单击“开始朗读”按钮

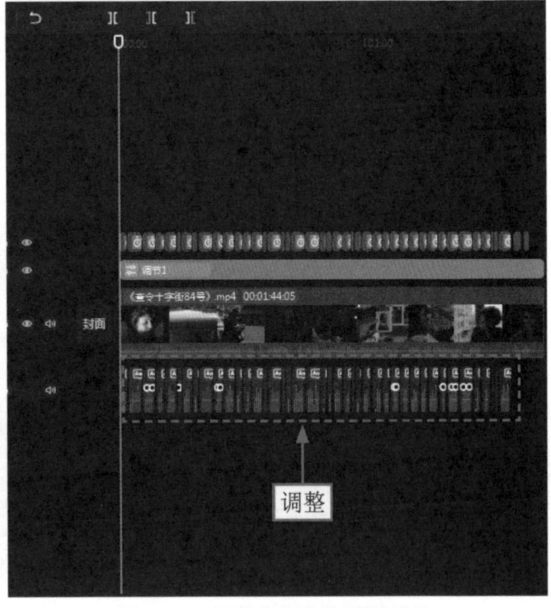

图16-31　调整音频的位置和时长

STEP 05 ➊拖曳时间滑块至倒数第2段文本的开始位置；➋选择视频素材；➌单击"分割"按钮，如图16-32所示。

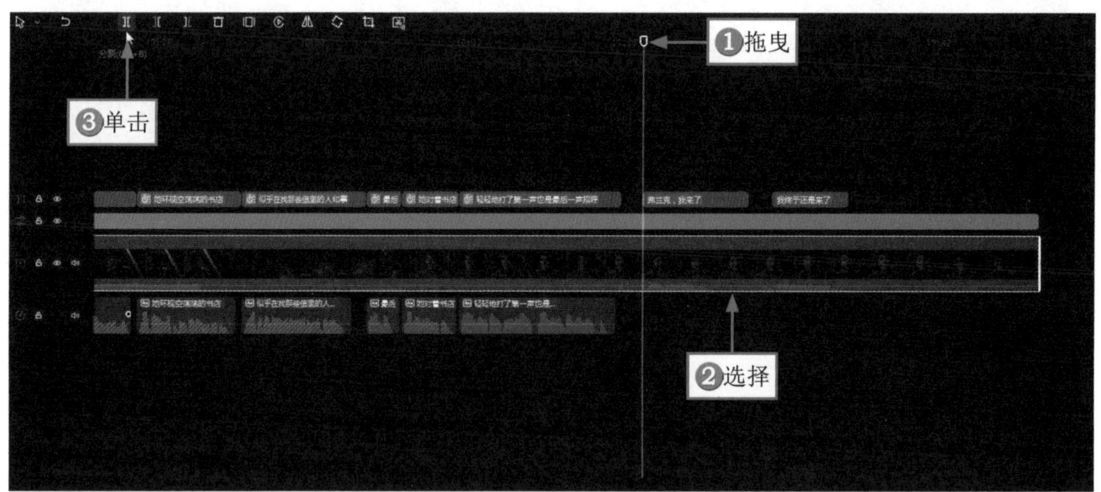

图16-32 单击"分割"按钮（1）

STEP 06 ➊拖曳时间滑块至最后一段文本的结束位置；➋单击"分割"按钮，如图16-33所示。

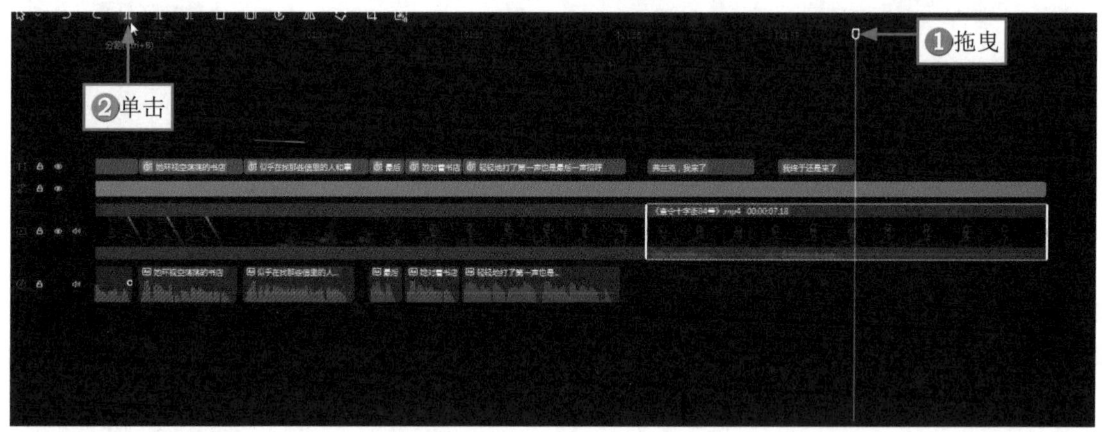

图16-33 单击"分割"按钮（2）

STEP 07 选择第1段视频素材和第3段视频素材，➊切换至"音频"操作区；➋设置"音量"为最小，如图16-34所示。

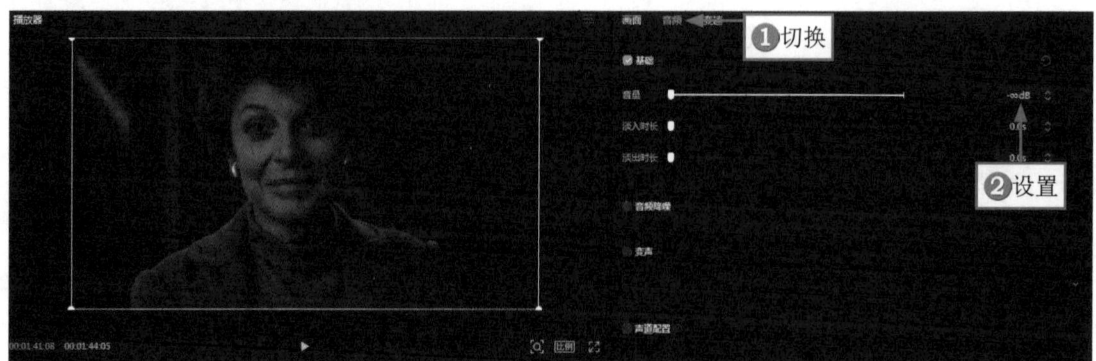

图16-34 设置"音量"参数

16.2.6 制作片尾

用户可以直接用电影素材搭配适当的文本和音频制作片尾，这样既减轻了制作难度，又能保证片尾的美观度。下面介绍在剪映中制作片尾的操作方法。

STEP 01 拖曳时间滑块至最后一段文本的结束位置，将最后一段文本复制并粘贴两份，如图16-35所示。

STEP 02 修改两段复制文本的内容，如图16-36所示。

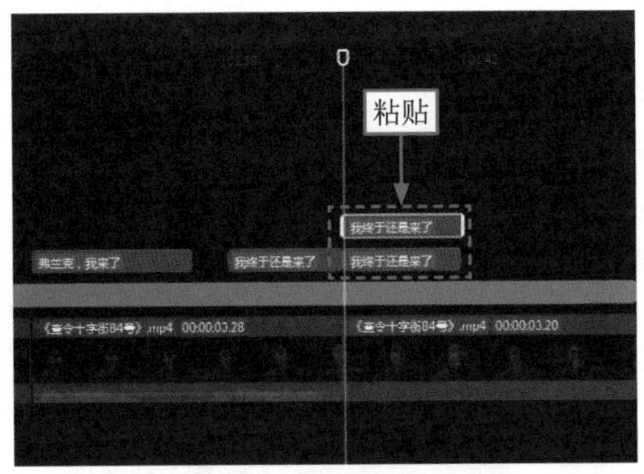

图16-35　将文本复制并粘贴两份

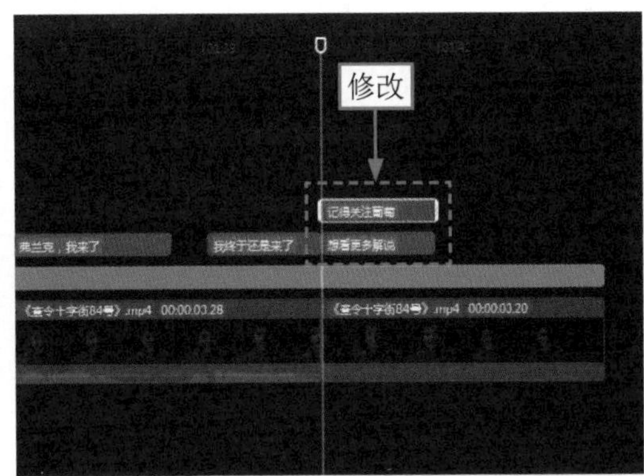

图16-36　修改复制文本的内容

STEP 03 同时选中两段文本，①切换至“朗读”操作区；②选择“温柔淑女”音色；③单击“开始朗读”按钮，如图16-37所示。

STEP 04 调整两段音频的位置，如图16-38所示。

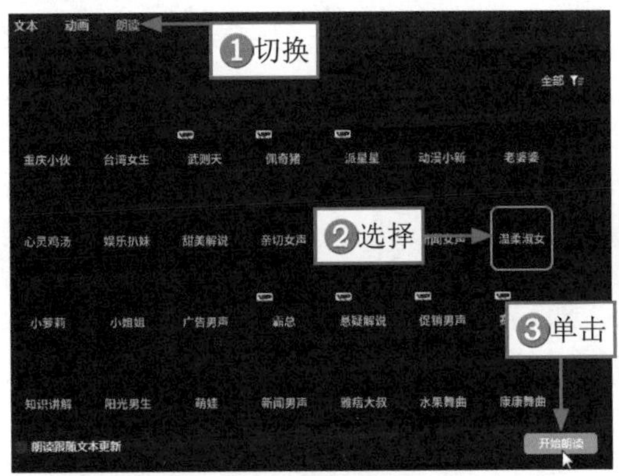

图16-37　单击“开始朗读”按钮

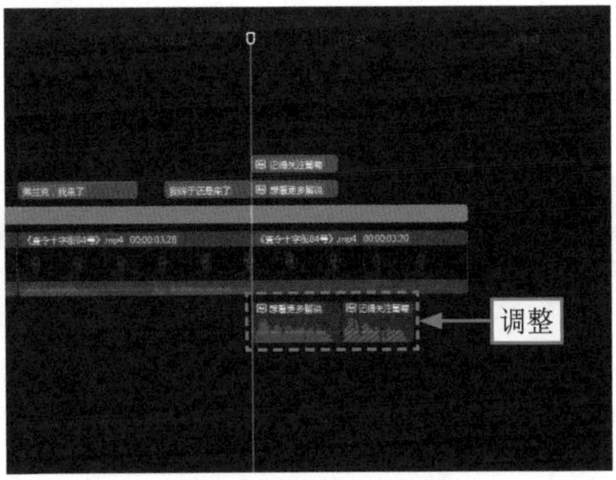

图16-38　调整音频的位置

STEP 05 根据两段音频的位置和时长，调整最后两段文本的位置和时长，如图16-39所示。

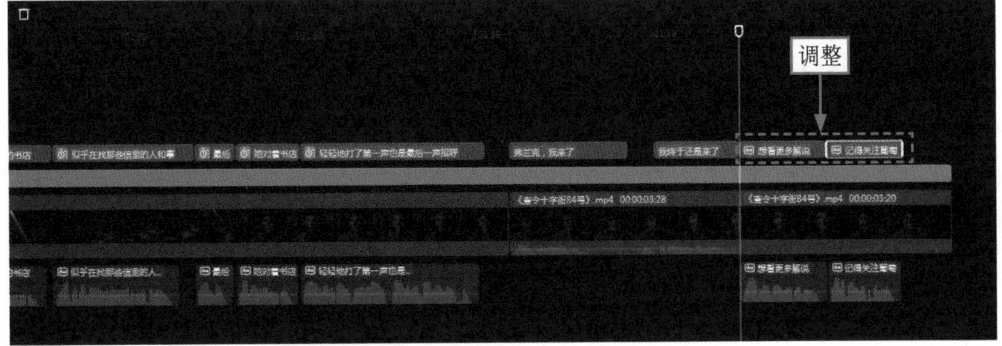

图16-39　调整两段文本的位置和时长

16.2.7 添加音乐

用户为视频添加合适的背景音乐后，还要调整背景音乐的音量，这样才能避免背景音乐干扰到解说音频。下面介绍在剪映中添加背景音乐的操作方法。

STEP 01 拖曳时间滑块至视频素材的开始位置，①切换至“音频”功能区；②在“音乐素材”选项卡中搜索相应的音乐；③单击所选音乐右下角的“添加到轨道”按钮，如图16-40所示，将其添加到音频轨道中。

STEP 02 ①拖曳时间滑块至视频素材的结束位置；②单击“分割”按钮，对音频进行分割处理；③单击“删除”按钮，如图16-41所示，删除多余的音频。

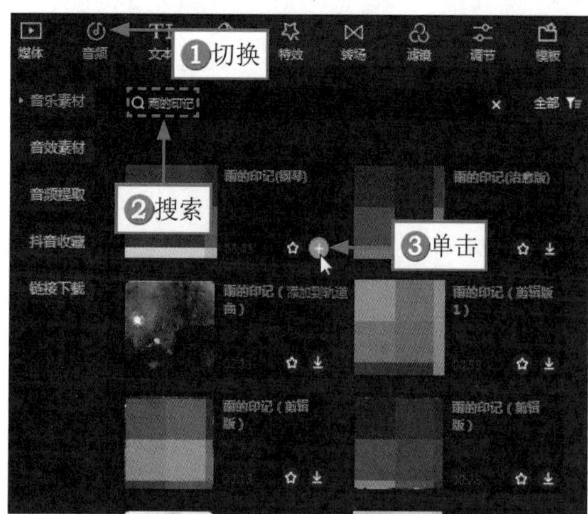

图16-40 单击“添加到轨道”按钮

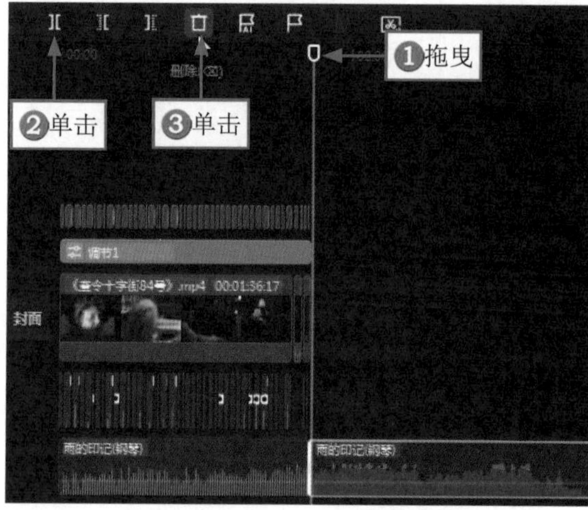

图16-41 单击“删除”按钮

STEP 03 选择添加的背景音乐，设置“音量”参数为-20.0 dB，如图16-42所示，适当降低其音量。

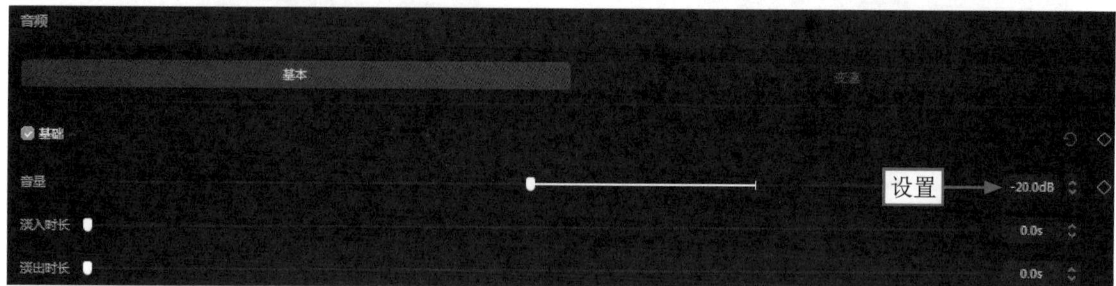

图16-42 设置“音量”参数

16.2.8 初步导出

用户可以先将制作好的解说视频导出，再添加片头和封面，这样可以避免因添加片头而导致的素材位置和顺序的变动。下面介绍在剪映中初步导出视频的操作方法。

STEP 01 单击“导出”按钮，如图16-43所示。

STEP 02 弹出“导出”对话框，①修改作品标题；②单击“导出至”右侧的按钮，设置导出路径；③单击“导出”按钮，如图16-44所示。

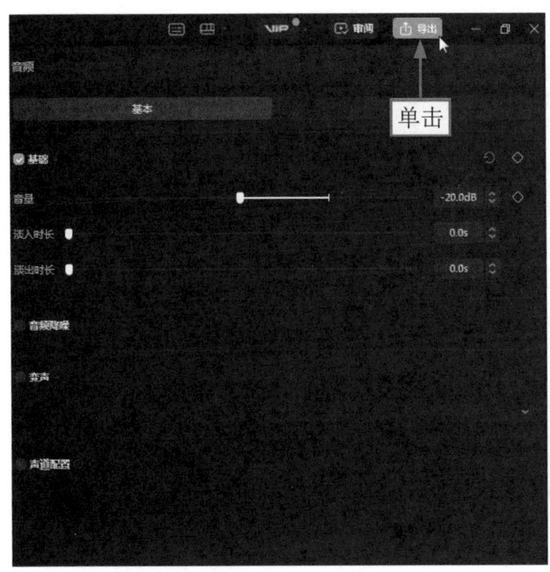

图16-43　单击“导出”按钮（1）

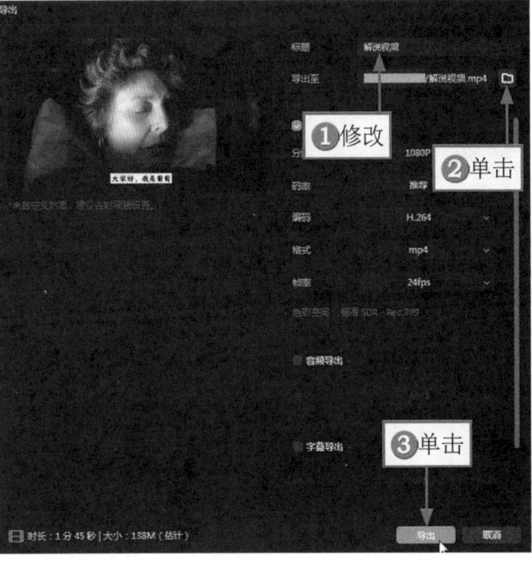

图16-44　单击“导出”按钮（2）

16.2.9　制作片头

用户只需要使用贴纸、音效和文字模板就可以制作出既个性十足，又能展示账号信息的视频片头。下面介绍在剪映中制作个性片头的操作方法。

STEP 01 新建一个草稿文件，在“素材库”选项卡中单击黑场素材右下角的“添加到轨道”按钮，如图16-45所示。

STEP 02 调整黑场素材的时长为3s，如图16-46所示。

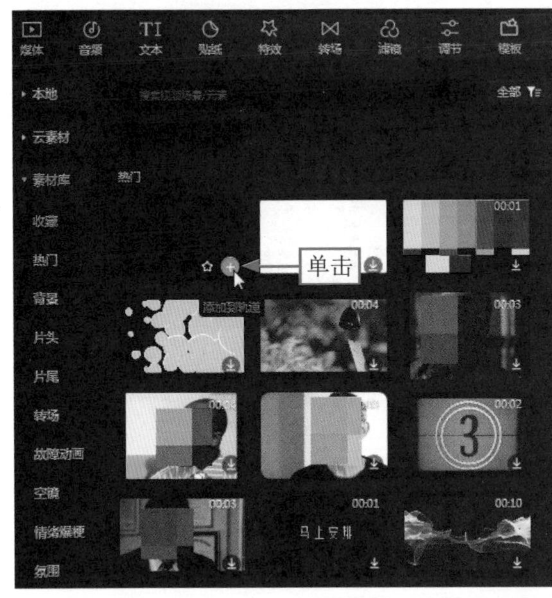

图16-45　单击“添加到轨道”按钮

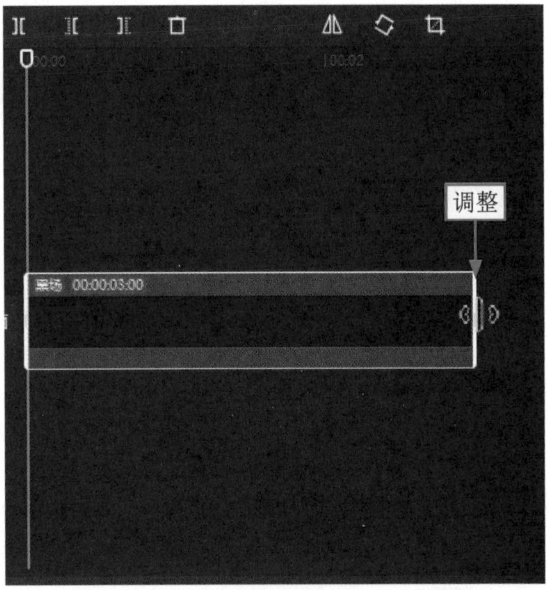

图16-46　调整素材的时长

STEP 03 ①切换至“贴纸”功能区；②在搜索框中输入并搜索“葡萄”；③单击所选贴纸右下角的“添加到轨道”按钮，如图16-47所示。

STEP 04 在“播放器”面板中，调整贴纸的大小和位置，如图16-48所示。

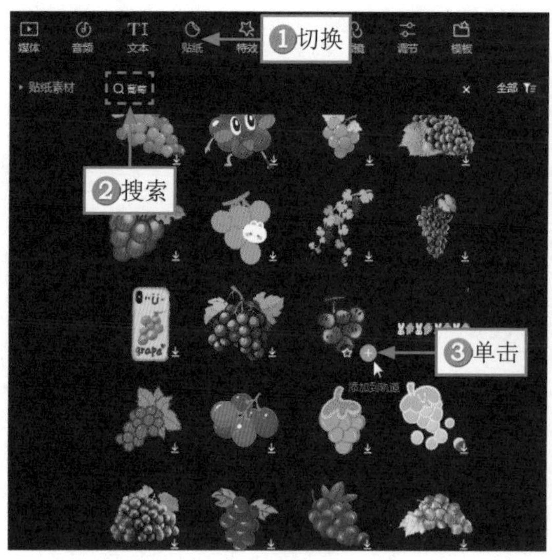

图16-47　单击“添加到轨道”按钮

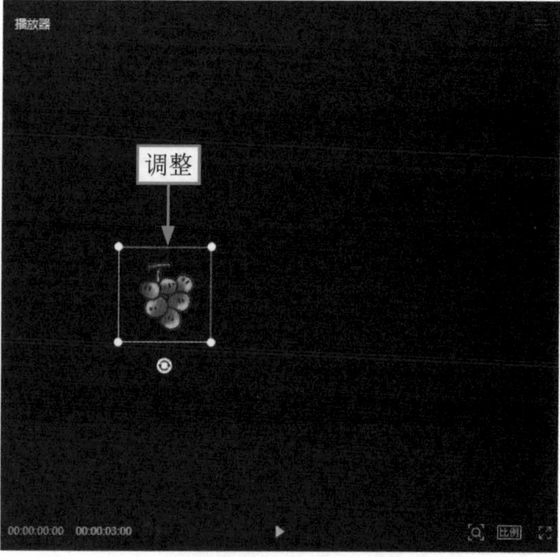

图16-48　调整贴纸的大小和位置

STEP 05 将贴纸复制并粘贴两次，如图16-49所示。

STEP 06 在“播放器”面板中，调整复制的两个贴纸的位置，如图16-50所示。

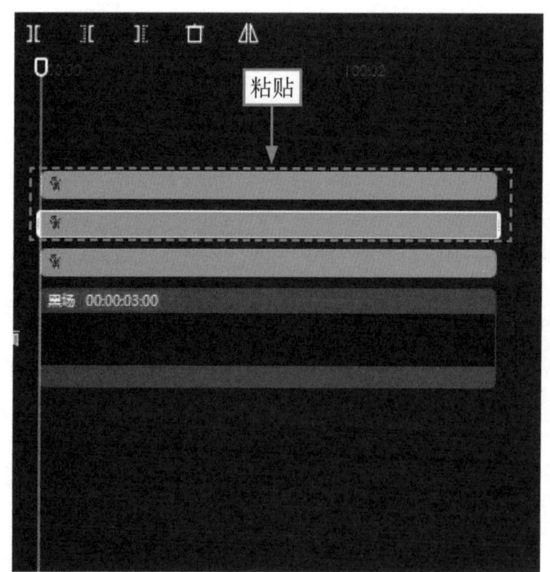

图16-49　复制并粘贴两个贴纸

图16-50　调整贴纸的位置

STEP 07 ①切换至“文本”功能区；在“文字模板”选项卡中，②选择“综艺情绪”选项；③单击相应模板右下角的“添加到轨道”按钮，如图16-51所示。

STEP 08 修改模板的内容，如图16-52所示。

STEP 09 调整模板的大小和位置，如图16-53所示。

STEP 10 选择第1个贴纸，①切换至“动画”操作区；②在“入场”选项卡中选择“渐显”动画，如图16-54所示。

STEP 11 用同样的方法，为第2个和第3个贴纸也添加“渐显”入场动画，如图16-55所示。

STEP 12 拖曳时间滑块分别至00:00:00:15、00:00:01:00、00:00:01:15的位置，调整第2个贴纸、第3个贴纸和模板的出现位置及持续时长，如图16-56所示。

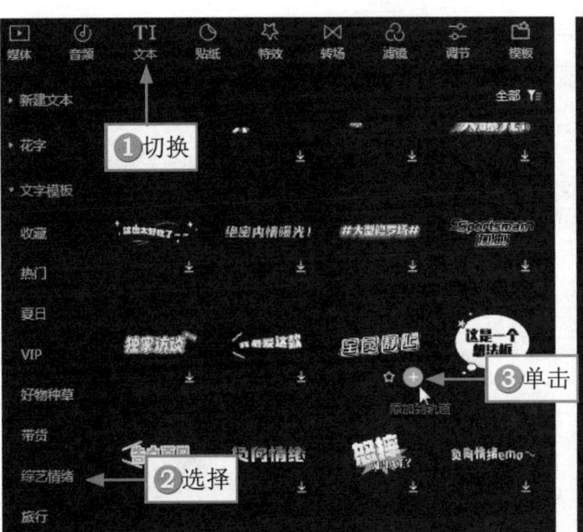

图16-51 单击“添加到轨道”按钮

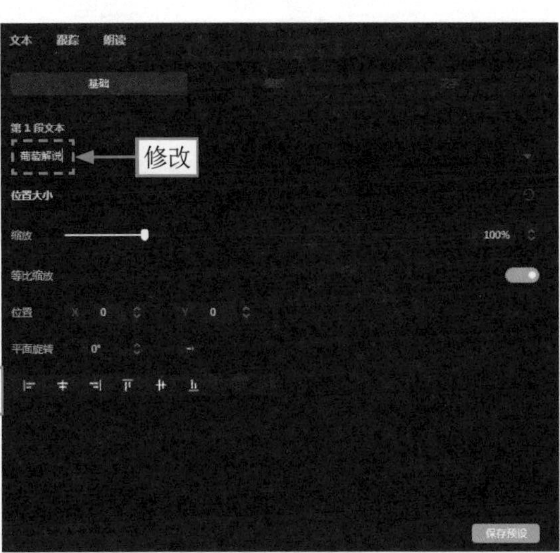

图16-52 修改模板的内容

图16-53 调整模板的大小和位置

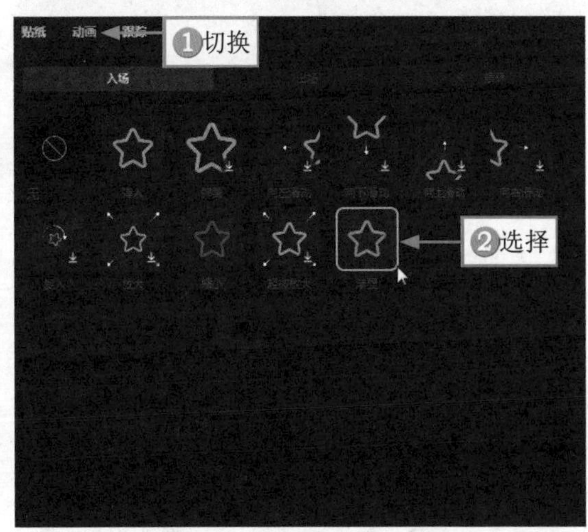

图16-54 选择“渐显”动画

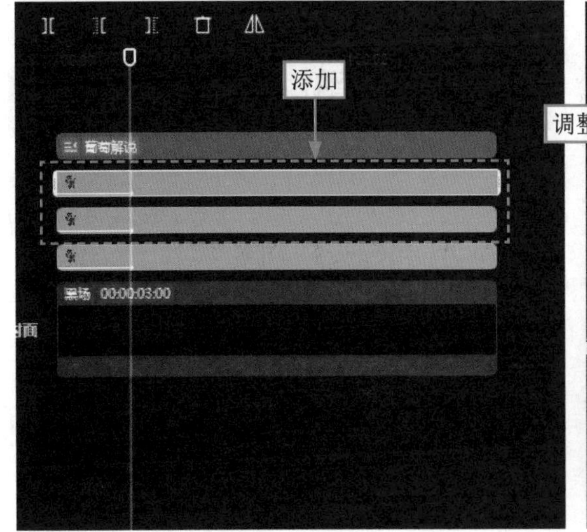

图16-55 添加“渐显”入场动画

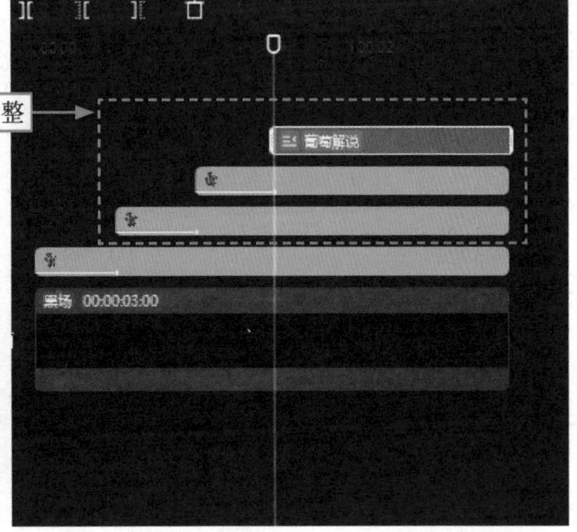

图16-56 调整贴纸和模板的出现位置和持续时长

STEP 13 拖曳时间滑块至视频起始位置，①切换至“音频”功能区；在“音效素材”选项卡的“收藏”选项中，②单击所选音效右下角的“添加到轨道”按钮，如图16-57所示。

STEP 14 复制两段音效，并调整其位置，如图16-58所示。

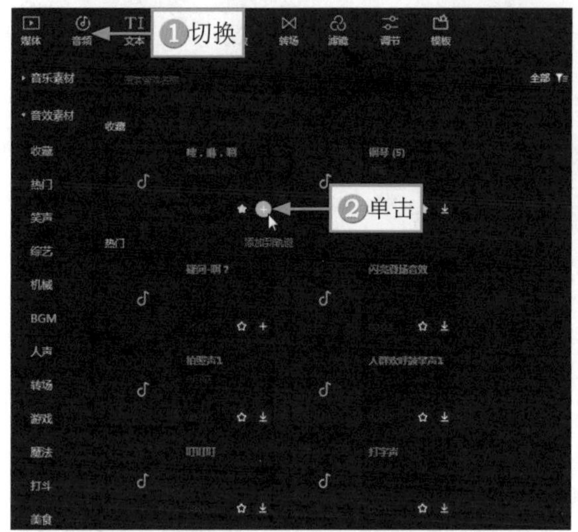

图16-57　单击“添加到轨道”按钮

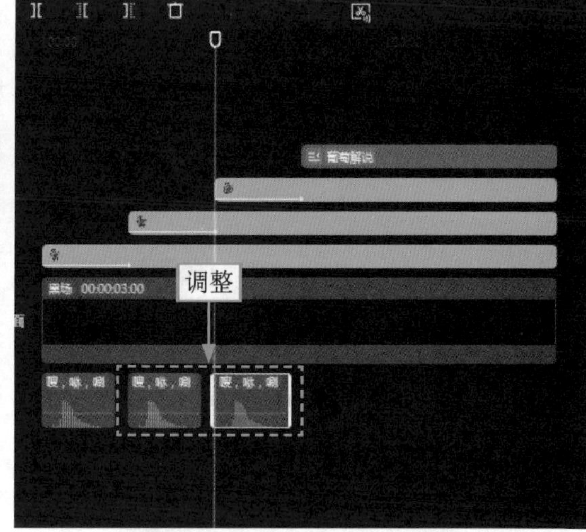

图16-58　调整音效的位置

STEP 15 ①在“音效素材”选项卡中搜索“钢琴”音效；②单击相应音效右下角的“添加到轨道”按钮，如图16-59所示。

STEP 16 调整钢琴音效的时长，如图16-60所示。

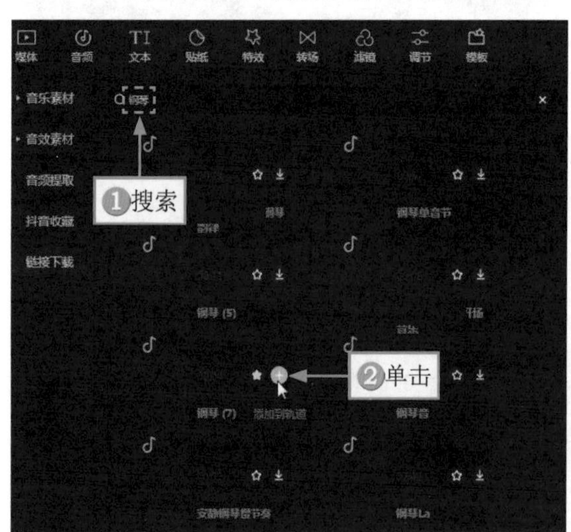

图16-59　单击“添加到轨道”按钮

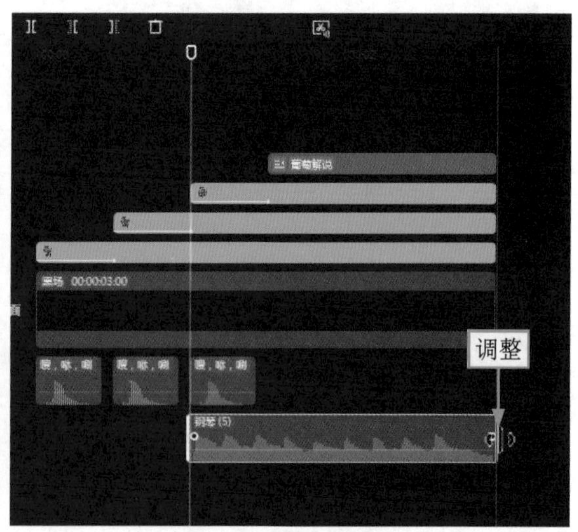

图16-60　调整音效的时长

STEP 17 拖曳时间滑块至视频起始位置，①切换至“特效”功能区；在“画面特效”选项卡的“氛围”选项中，②单击“浪漫氛围”特效右下角的“添加到轨道”按钮，如图16-61所示，为视频添加一个特效。

STEP 18 在“特效”操作区中，①设置“不透明度”参数为80，“速度”参数为10，让特效更符合画面；②单击“导出”按钮，如图16-62所示，将制作好的片头导出备用。

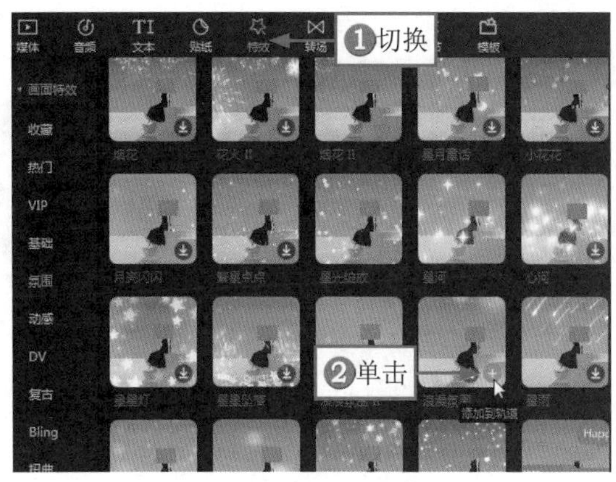

图16-61　单击“添加到轨道”按钮

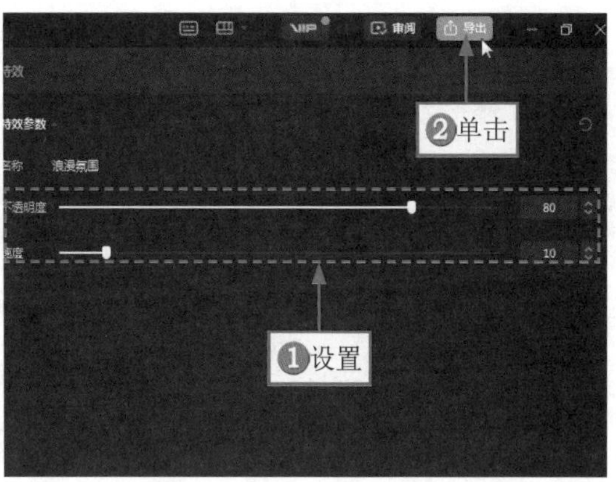

图16-62　单击“导出”按钮

16.2.10　设计封面

本案例制作的封面样式为“电影画面+片名+推荐语”，用户需要先对封面图片进行调色，再添加相应的片名和推荐语即可。下面介绍在剪映中为视频设计封面的操作方法。

STEP 01 在剪映中导入封面素材，并将其添加到视频轨道中，如图16-63所示。

STEP 02 ❶切换至“调节”操作区；❷设置“色温”参数为10，“色调”参数为5，“饱和度”参数为10，“对比度”参数为5，“阴影”参数为5，“光感”参数为5，“锐化”参数为10，如图16-64所示，调整封面的色彩和明度。

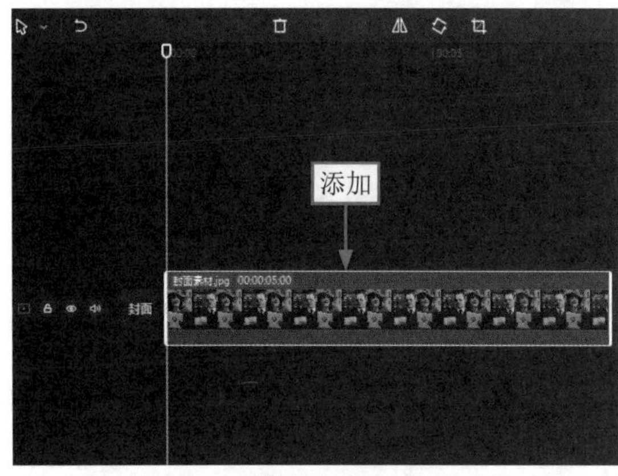

图16-63　将素材添加到视频轨道

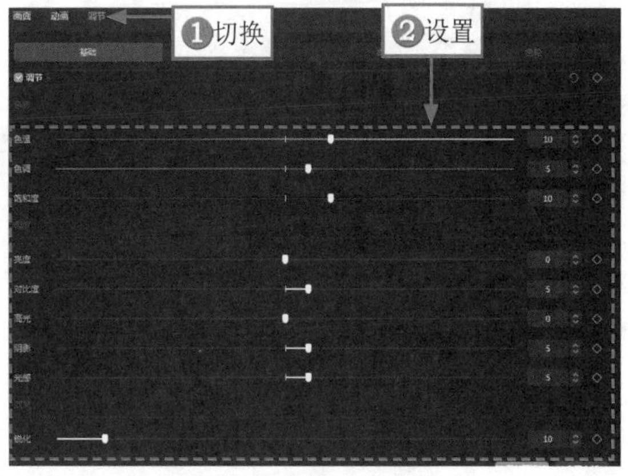

图16-64　设置相应参数

STEP 03 ❶切换至“文本”功能区；❷单击“默认文本”选项右下角的“添加到轨道”按钮，如图16-65所示。

STEP 04 ❶执行操作后，添加一个字幕素材，在“文本”操作区中输入片名；❷选择一个合适的字体；❸选择一个合适的预设样式，如图16-66所示，调整片名文本的大小和位置。

STEP 05 再添加一段默认文本，❶输入推荐语；❷选择合适的字体；❸选择一个预设样式；❹调整推荐语的大小和位置，如图16-67所示。

STEP 06 单击“封面”按钮，如图16-68所示。

STEP 07 默认选择视频第1帧的画面作为封面，单击“去编辑”按钮，如图16-69所示，在打开的“封面设计”对话框中单击“完成设置”按钮。

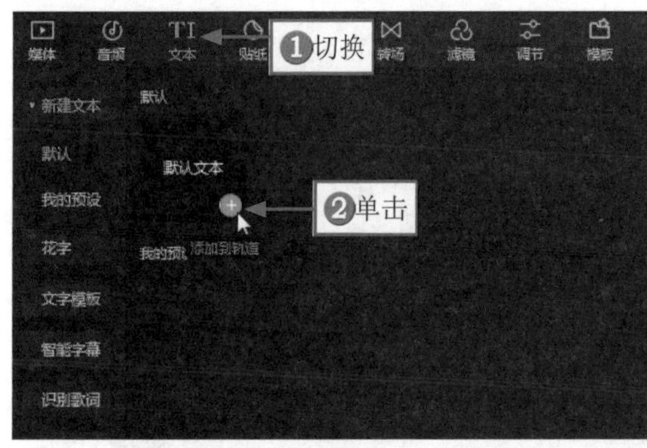

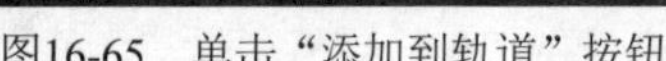
图16-65　单击“添加到轨道”按钮

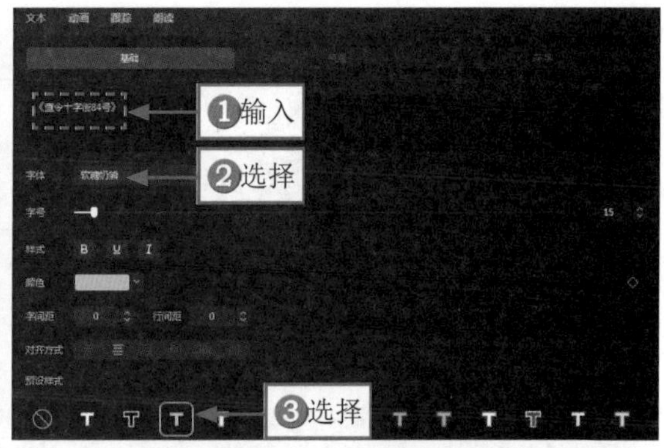

图16-66　选择合适的预设样式

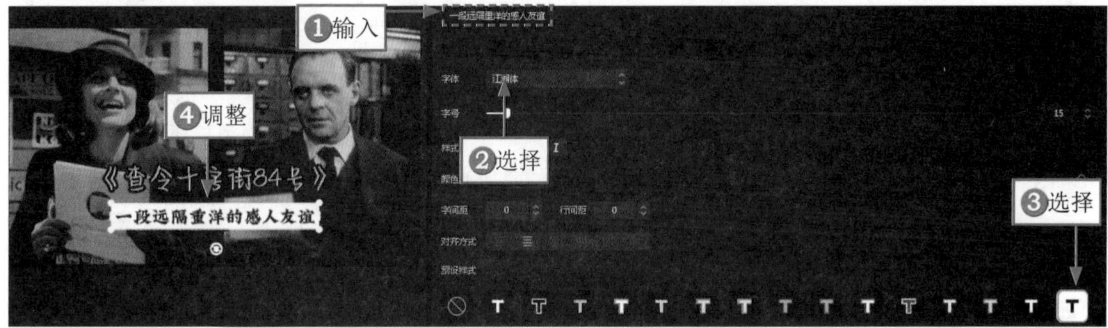

图16-67　调整推荐语的大小和位置

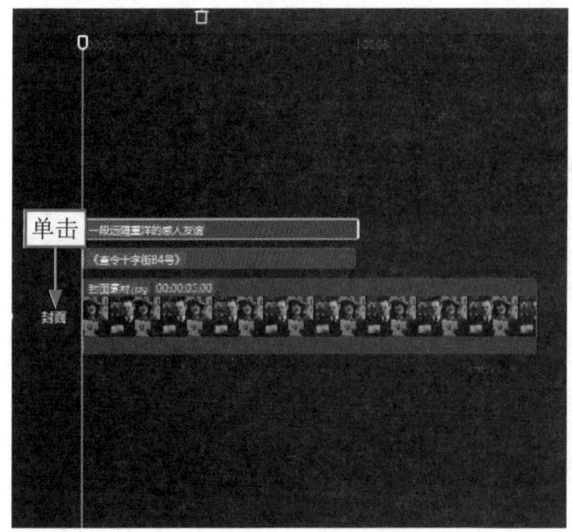

图16-68　单击“封面”按钮

图16-69　单击“去编辑”按钮

STEP 08 封面制作完成后，将其导出备用。

16.2.11　导出合成效果

用户制作好正片、片头和封面后，就可以将片头和正片进行合成，并设置好相应的封面，导出视频成品。下面介绍在剪映中导出合成最终效果的操作方法。

STEP 01 ❶将片头和制作好的解说视频依次添加至视频轨道中；❷单击“封面”按钮，如图16-70所示。

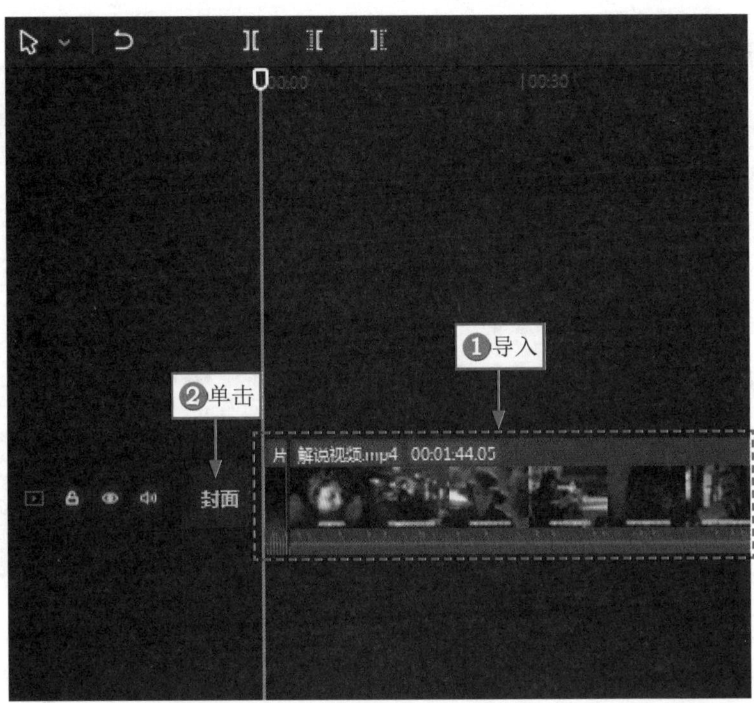

图16-70 单击“封面”按钮

STEP 02 弹出“封面选择”对话框，①切换至“本地”选项卡；②单击按钮，如图16-71所示，选择之前导出的封面图片，单击“打开”按钮。

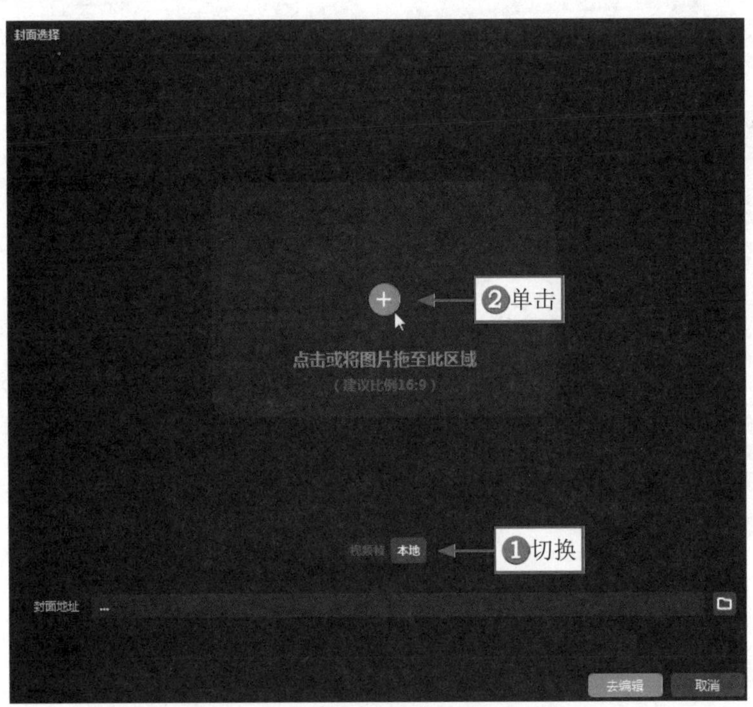

图16-71 单击相应按钮

STEP 03 单击“去编辑”按钮，在弹出的“封面设计”对话框中，单击“完成设置”按钮，如图16-72所示，即可完成封面的设置。

图16-72　单击“完成设置”按钮

STEP 04 单击“导出”按钮，如图16-73所示。

STEP 05 ❶设置好视频的相关内容；❷选中“封面添加至视频片头”复选框；❸单击“导出”按钮，如图16-74所示，即可将制作好的视频导出。

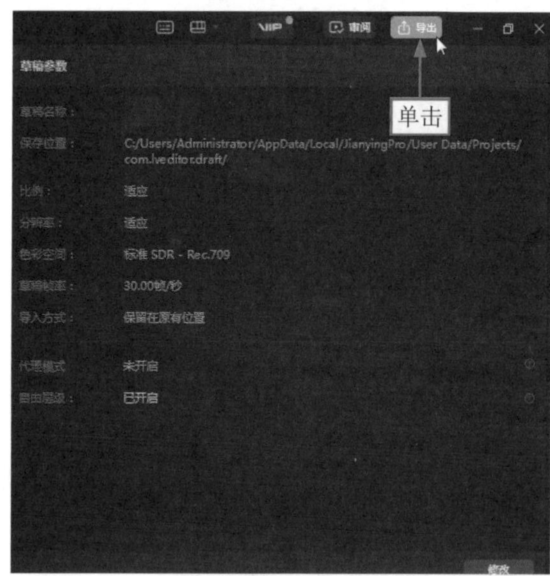

图16-73　单击“导出”按钮（1）

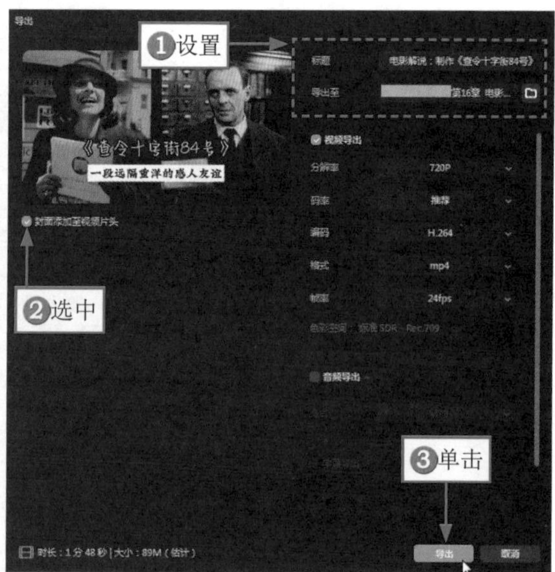

图16-74　单击“导出”按钮（2）

第17章 图书宣传：制作《调色全面精通》

图书宣传视频，顾名思义，就是一种对图书的宣传、推广视频，主要突出图书的外观、内页和亮点特色。图书宣传视频可以发布在朋友圈、微博等社交平台，起到推广作用，也可以发布到淘宝、京东等购物网站上，特别是店铺中的图书详情页面，能给对本书感兴趣的用户提供一定的参考和帮助。

17.1 《调色全面精通》效果展示

《调色全面精通》这本图书的宣传视频主要突出的是该书的详情内容，主要包括图书的封面外观、内页展示、精美案例和精彩内容。用户在挑选素材的时候，最好选择清晰度较高、美观度较好的，这样制作出来的视频才能起到宣传的作用。

在制作《调色全面精通》视频之前，首先来欣赏本案例的视频效果，并了解案例的学习目标、制作思路、知识讲解和要点讲堂。

17.1.1 效果欣赏

《调色全面精通》图书宣传视频的画面效果如图17-1所示。

图17-1 画面效果

17.1.2 学习目标

知识目标	掌握图书宣传视频的制作方法
技能目标	（1）掌握在剪映电脑版中导入素材的操作方法 （2）掌握为视频添加关键帧的操作方法 （3）掌握为视频添加文案的操作方法 （4）掌握为视频添加音乐的操作方法 （5）掌握为视频添加贴纸的操作方法 （6）掌握导出视频的操作方法
本章重点	为视频添加文案
本章难点	为视频制作关键帧
视频时长	11分38秒

17.1.3 制作思路

本案例首先介绍导入图片、视频素材到剪映界面中，然后为其制作关键帧动画效果，接下来为其添加文案、音乐和贴纸，最后导出视频。图17-2所示为本案例视频的制作思路。

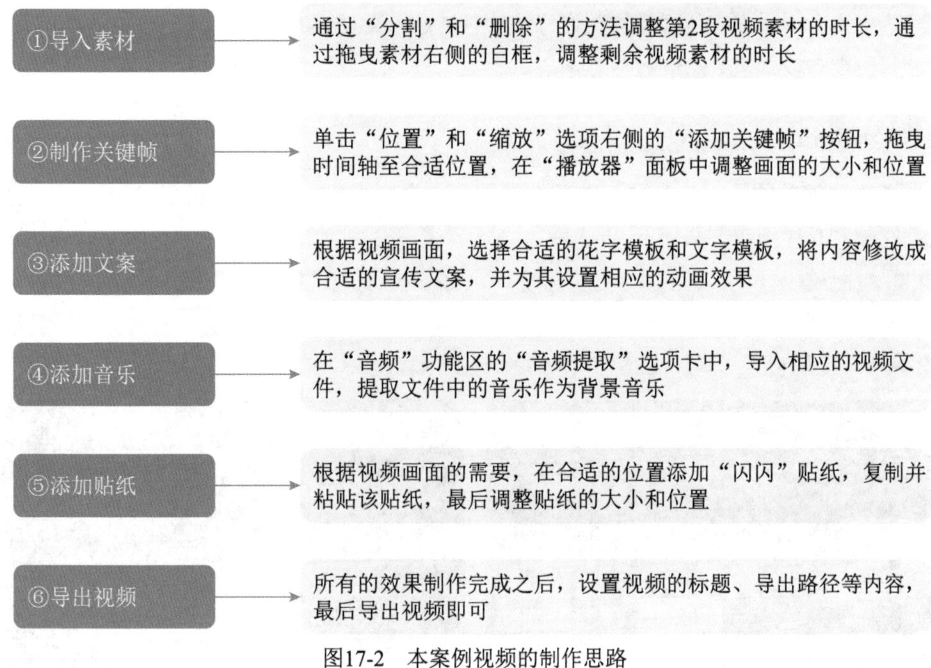

图17-2 本案例视频的制作思路

17.1.4 知识讲解

图书宣传视频是将图书的卖点、精彩内容等制作成一个完整的视频，用于图书的宣传推广。在制作图书宣传视频的时候，尽量多加些自己的创意，去展现图书的亮点和特色。

17.1.5 要点讲堂

在本章内容中，会用到一个剪映功能——添加文案，该功能的主要作用有两个，具体内容如下。

❶ 起到宣传作用。为图书宣传视频添加文案的时候，一定要添加图书的名字，让看到该视频的观众知道宣传的是什么书。

❷ 提炼图书亮点。在展现图书相关内容的时候，为其添加相应的文字，能够让观看该视频的人了解到图书的精彩内容和亮点特色。

为视频添加文案的方法为：根据视频素材的内容，在合适的位置为其添加对应的文案。而设置文案内容的样式有两种方法可供选择：一是输入文案内容后，选择字体和花字；二是直接选择文字模板，然后在此基础上修改文案内容。

17.2 《调色全面精通》制作流程

本节将为大家介绍图书宣传视频的制作方法，包括导入素材、添加关键帧、添加文案、添加音乐、添加贴纸和导出视频，希望大家能够熟练掌握。

17.2.1 导入素材

制作图书宣传视频的第一步是导入准备好的图片和视频素材，并适当调整各素材的位置和持续时长，具体操作方法如下。

STEP 01 在“媒体”功能区的“本地”选项卡中，❶导入素材；❷单击第1段视频素材右下角的“添加到轨道”按钮，如图17-3所示。

STEP 02 执行操作后，即可将相应背景素材添加到视频轨道中，如图17-4所示。

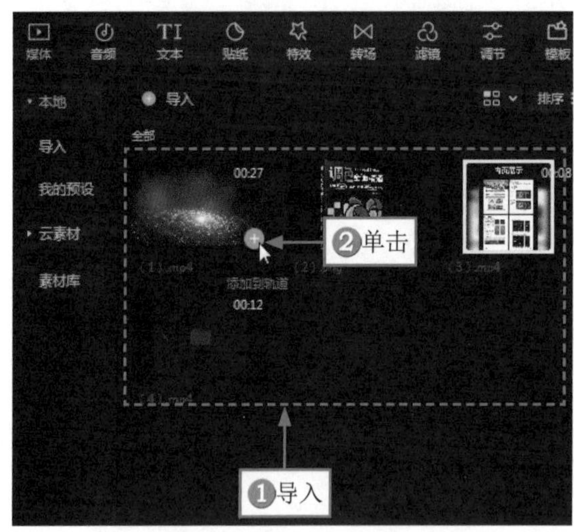

图17-3 单击“添加到轨道”按钮

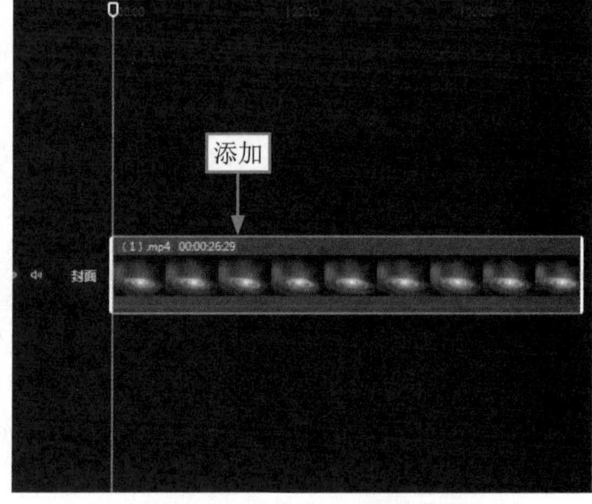

图17-4 将素材添加到视频轨道

STEP 03 单击“关闭原声”按钮，如图17-5所示，关闭视频素材的原声。

STEP 04 添加图片素材至画中画轨道中，如图17-6所示。

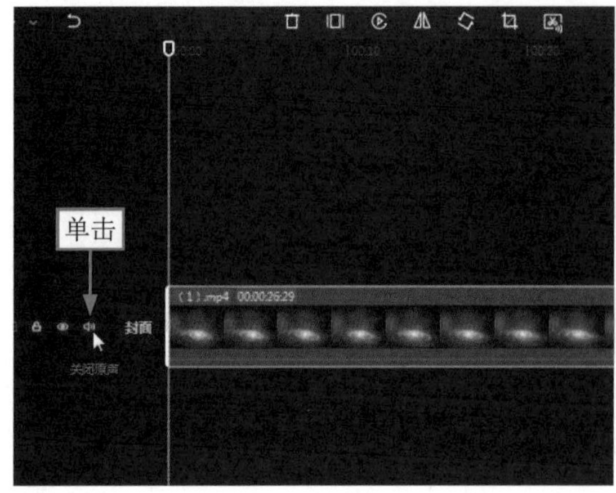

图17-5 单击“关闭原声”按钮

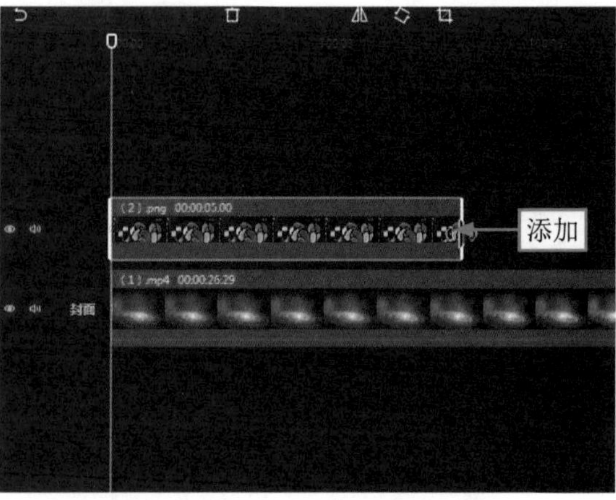

图17-6 添加图片素材至画中画轨道

STEP 05 将剩余的视频素材分别拖曳至画中画轨道中，如图17-7所示。

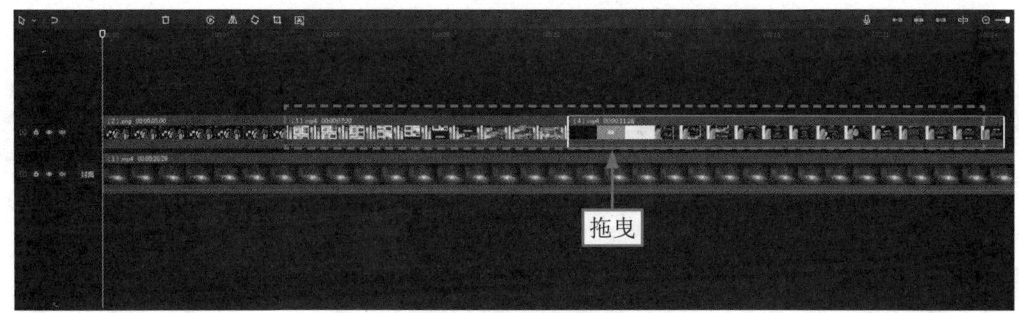

图17-7　拖曳剩余的素材至画中画轨道

17.2.2　添加关键帧

为了让静止的图片素材动起来，可以在素材的“缩放”和“位置”属性中设置关键帧动画，制作动态的视频效果。下面介绍具体的操作方法。

STEP 01 选中画中画轨道中的第1段视频素材，单击“位置”和“缩放”选项右侧的“添加关键帧”按钮◇，添加关键帧，如图17-8所示。

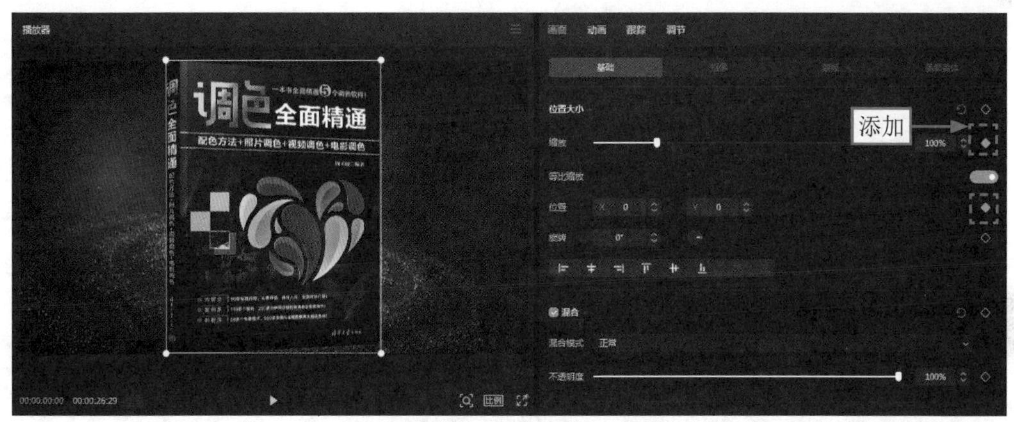

图17-8　添加关键帧

STEP 02 拖曳时间滑块至00:00:02:00的位置，在“播放器”面板中，❶适当调整素材的大小和位置；❷在“位置”和“缩放”选项的右侧会自动生成关键帧，如图17-9所示。

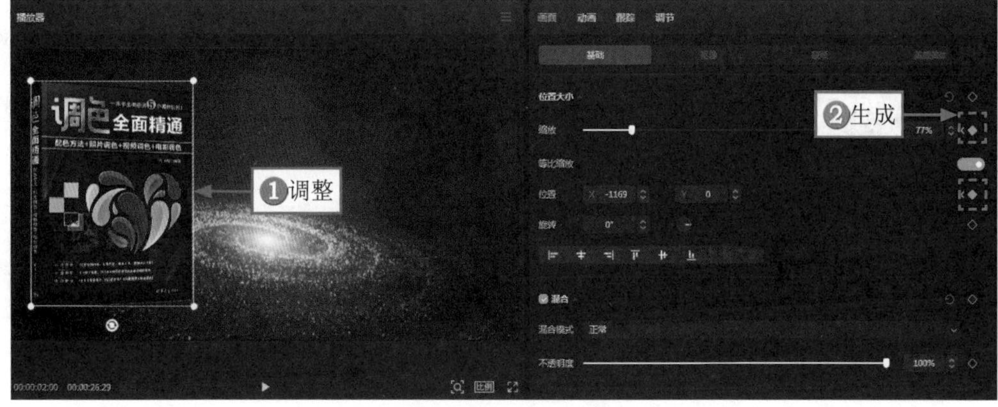

图17-9　自动生成关键帧

STEP 03 ❶切换至“动画”操作区；在“出场”选项卡中，❷选择“向左滑动”动画；❸设置“动画时长”为1 s，如图17-10所示，适当延长动画持续时间。

图17-10　设置动画时长

17.2.3　添加文案

制作图书宣传视频时，宣传文案的使用非常重要。使用正确的文案，能让宣传视频的转化能力成倍增长。下面介绍在剪映中为视频添加宣传文案的操作方法。

STEP 01 拖曳时间滑块至00:00:02:00的位置，❶单击“文本”按钮；在“新建文本”选项卡中，❷单击“默认文本”选项右下角的“添加到轨道”按钮，如图17-11所示。

STEP 02 修改文字的内容，如图17-12所示。

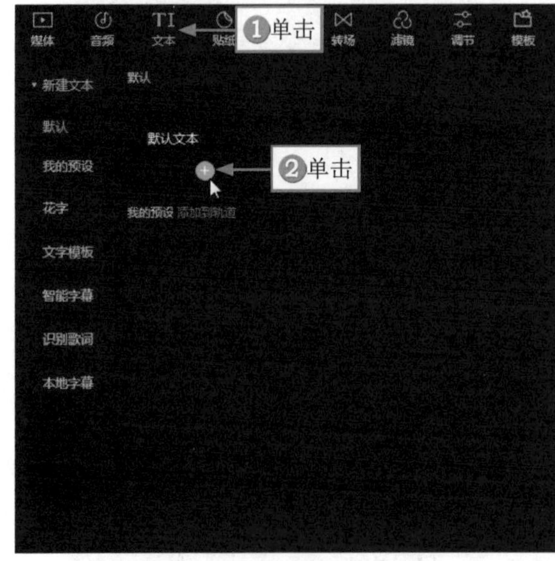

图17-11　单击“添加到轨道”按钮

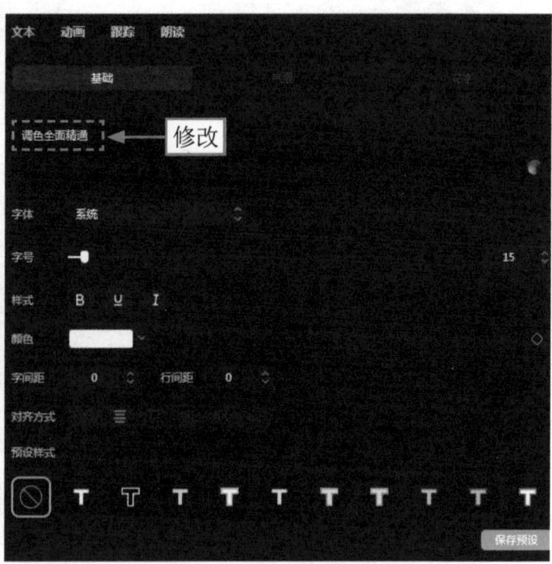

图17-12　修改文字的内容

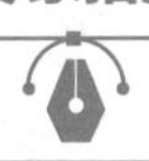

专家指点

在“文本”操作区的右下角，单击“保存预设”按钮，可以将当前做好的文本效果存储为预设，方便下次直接套用。

STEP 03 ❶切换至“花字”选项卡；❷选择合适的花字模板；❸适当调整文字的大小和位置，如图17-13所示。

图17-13 调整文字的大小和位置

STEP 04 ❶切换至“动画”操作区；❷选择“弹簧”入场动画；❸设置“动画时长”为1 s，如图17-14所示，适当延长动画持续时间。

图17-14 设置动画时长

STEP 05 ❶切换至“出场”选项卡；❷选择“渐隐”动画，如图17-15所示。

STEP 06 再次添加一个默认文本，并与上一个文本对齐，如图17-16所示。

STEP 07 在“文本”操作区的“基础”选项卡中，输入相应的文字内容，如图17-17所示。

STEP 08 在“花字”选项卡中，❶选择合适的花字模板；❷适当调整文字的大小和位置，如图17-18所示。

图17-15　选择“渐隐”动画

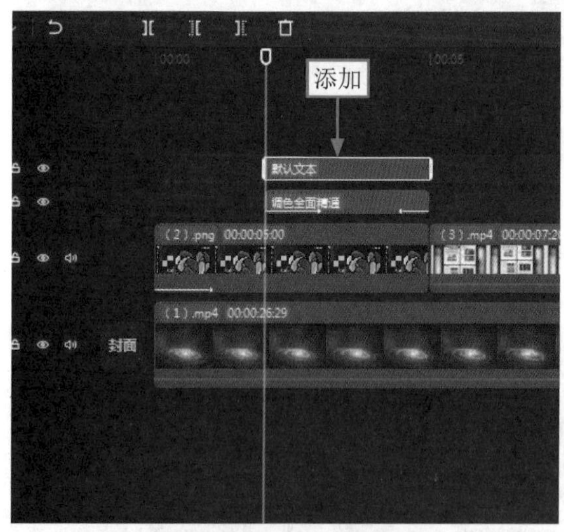

图17-16　添加一条文本轨道

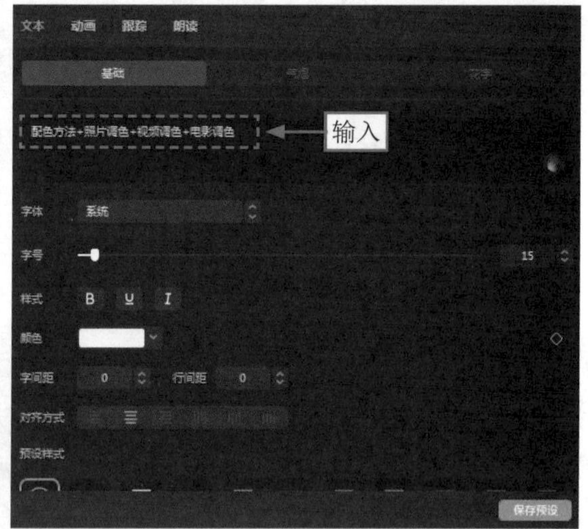

图17-17　输入相应的文字内容

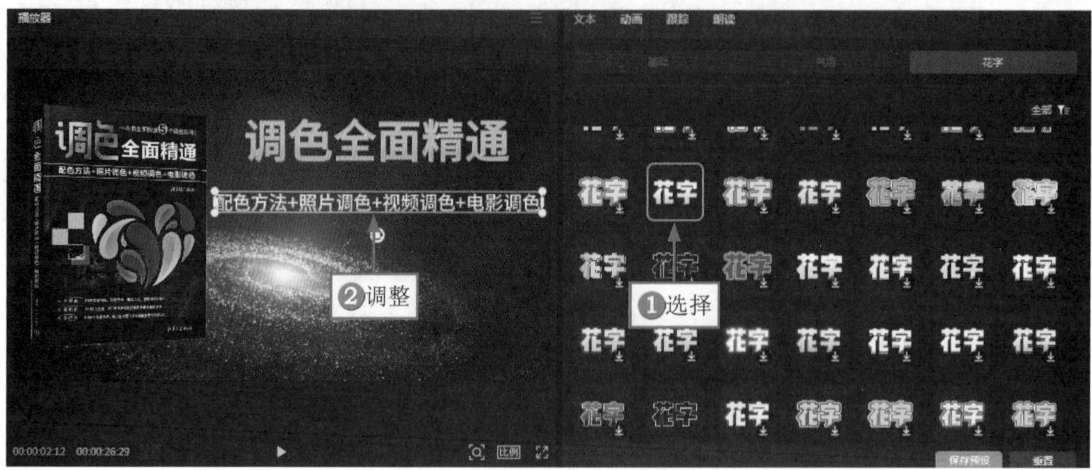

图17-18　调整文字的大小和位置

STEP 09 ①切换至“动画”操作区；在“循环”选项卡中，②选择“逐字放大”动画；③设置“动画快慢”参数为1s，如图17-19所示，使动画适当变慢。

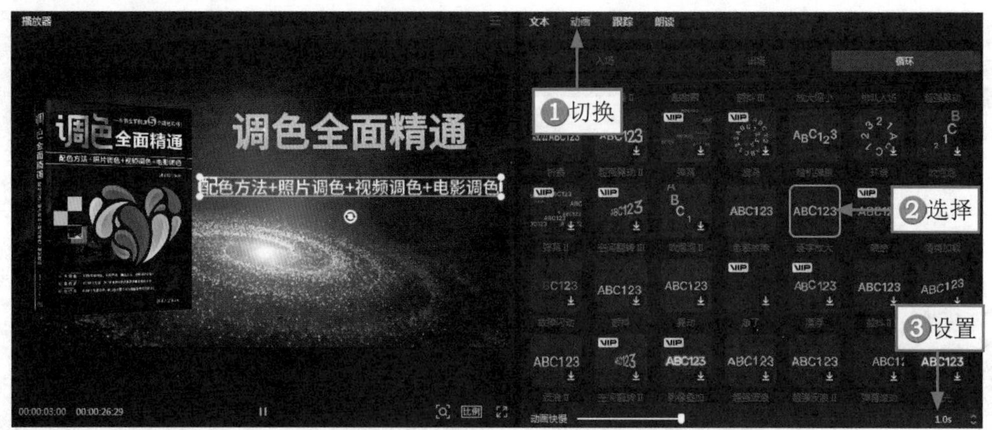

图17-19 设置“动画快慢”参数

STEP 10 调整第2段画中画视频素材的大小和位置，如图17-20所示。

STEP 11 在“文本”功能区中，①切换至“文字模板”选项卡；②选择“好物种草”选项，如图17-21所示。

图17-20 调整画中画视频素材

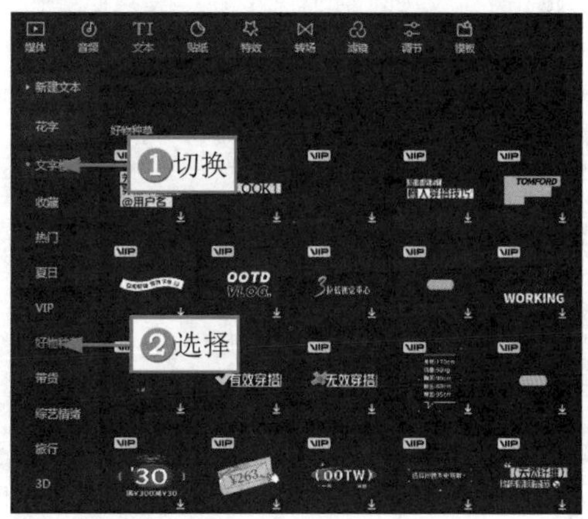

图17-21 选择“好物种草”选项

STEP 12 单击所选模板右下角的“添加到轨道”按钮，如图17-22所示。

STEP 13 调整文本的时长，使其与第2段画中画视频素材的时长保持一致，如图17-23所示。

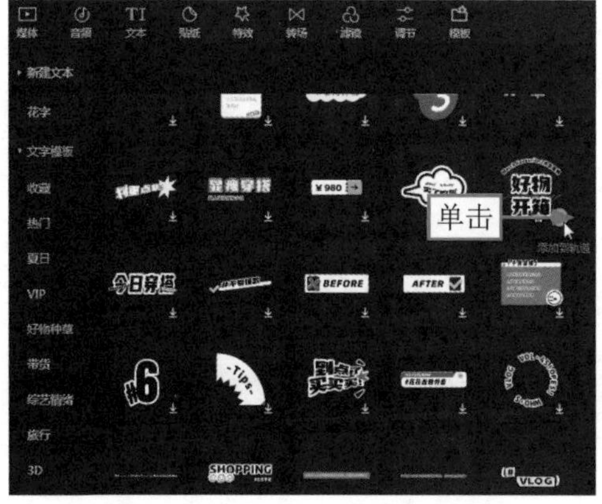

图17-22 单击“添加到轨道”按钮

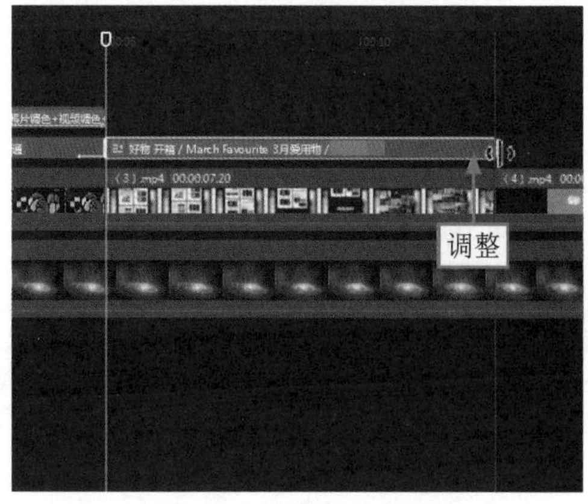

图17-23 调整文本的时长

STEP 14 在“文本”操作区的“基础”选项卡中，❶修改文字模板的内容；❷适当调整文字模板的大小和位置，如图17-24所示。

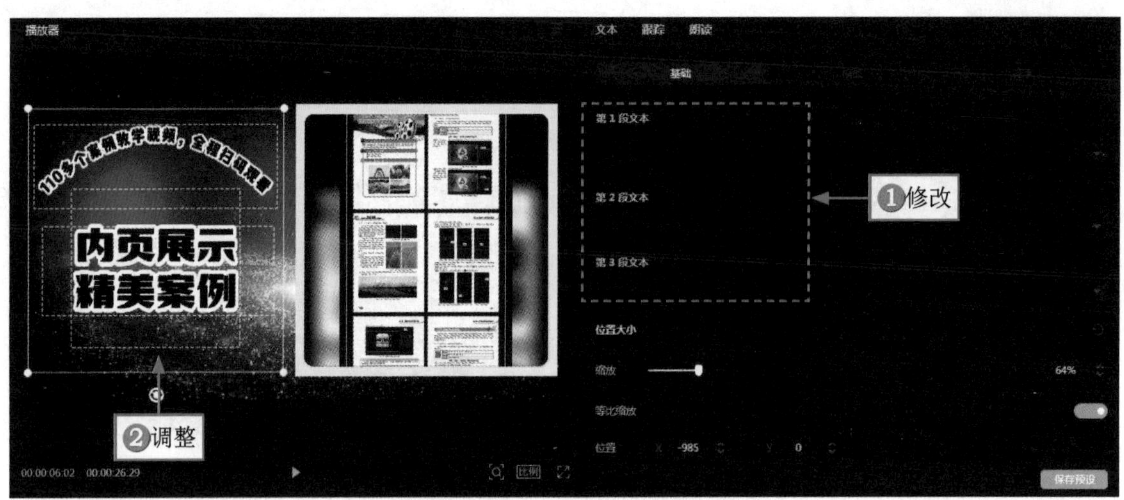

图17-24 调整文字模板的大小和位置

STEP 15 使用同样的方法，❶调整其他画中画视频素材的大小和位置；❷添加相应的文字模板，效果如图17-25所示。

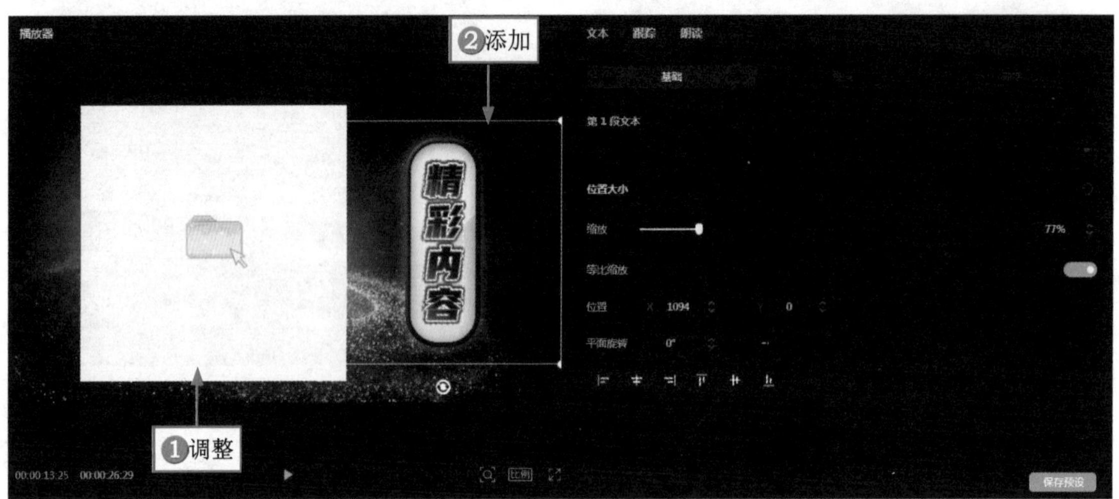

图17-25 添加文字模板后的效果

17.2.4 添加音乐

图书宣传视频中的背景音乐必不可少，添加合适的音乐可以让视频更有吸引力。下面介绍具体的操作方法。

STEP 01 拖曳时间滑块至视频素材的开始位置，在“音频”功能区中，❶切换至“音频提取”选项卡；❷单击“导入”按钮，如图17-26所示。

STEP 02 弹出“请选择媒体资源”对话框，❶选择要提取音乐的视频文件；❷单击“打开”按钮，如图17-27所示。提取出视频文件的背景音乐，并单击背景音乐资源右下角的“添加到轨道”按钮，添加背景音乐。

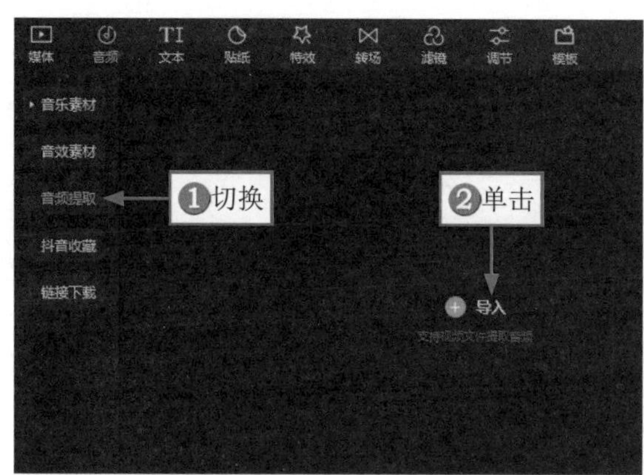

图17-26 单击“导入”按钮

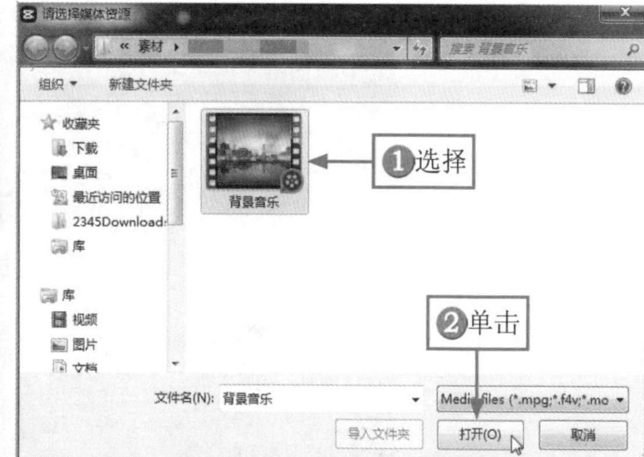

图17-27 单击“打开”按钮

STEP 03 ▶▶ ❶拖曳时间滑块至画中画素材的结束位置；❷单击“分割”按钮，如图17-28所示。

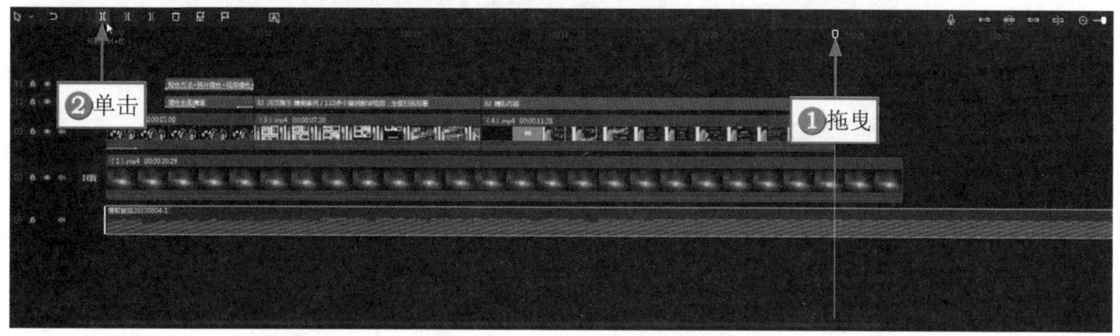

图17-28 单击“分割”按钮

STEP 04 ▶▶ 单击“删除”按钮，如图17-29所示，删除多余的音频素材。

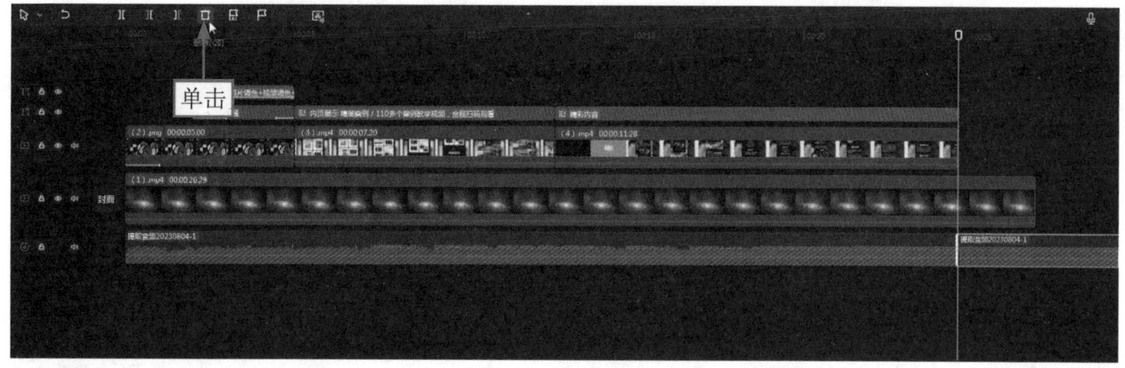

图17-29 单击“删除”按钮

17.2.5 添加贴纸

在制作图书宣传视频的时候，可以根据视频的需要添加相应的贴纸，从而使视频元素更丰富、画面更动感。下面介绍具体的操作方法。

STEP 01 ▶▶ 拖曳时间滑块至合适的位置，❶切换至“贴纸”功能区；在“闪闪”选项中，❷单击相应贴纸右下角的“添加到轨道”按钮，如图17-30所示。

STEP 02 ▶▶ 在“播放器”面板中，适当调整贴纸的位置和大小，如图17-31所示。

STEP 03 ▶▶ 调整贴纸的时长，使其与画中画素材的结束位置对齐，如图17-32所示。

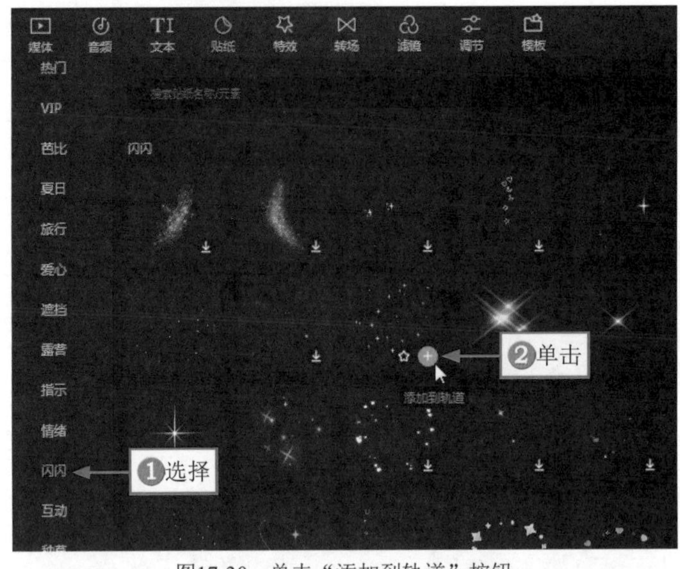

图17-30　单击“添加到轨道”按钮

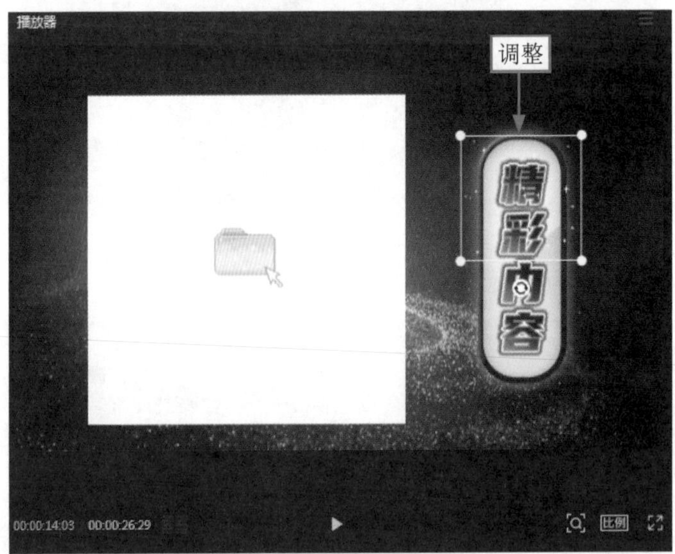

图17-31　调整贴纸的位置和大小

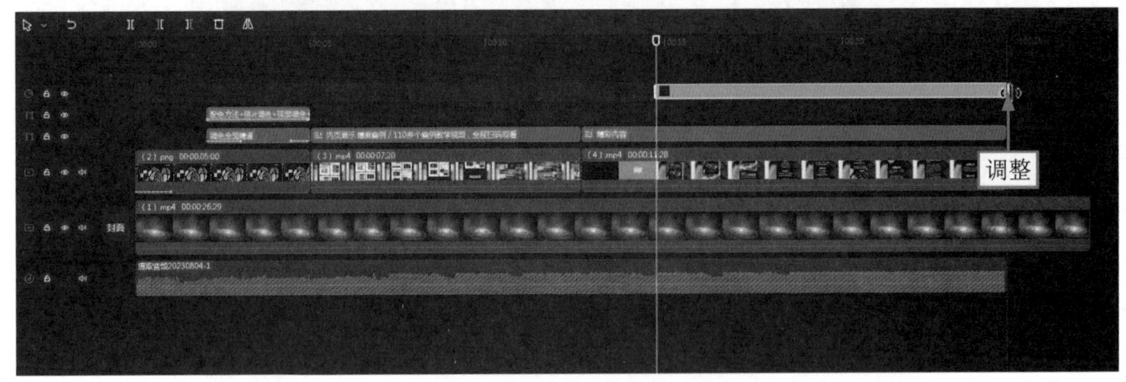

图17-32　调整贴纸的时长

STEP 04 复制并粘贴该贴纸，在“播放器”面板中，适当调整复制的贴纸素材的位置，如图17-33所示。

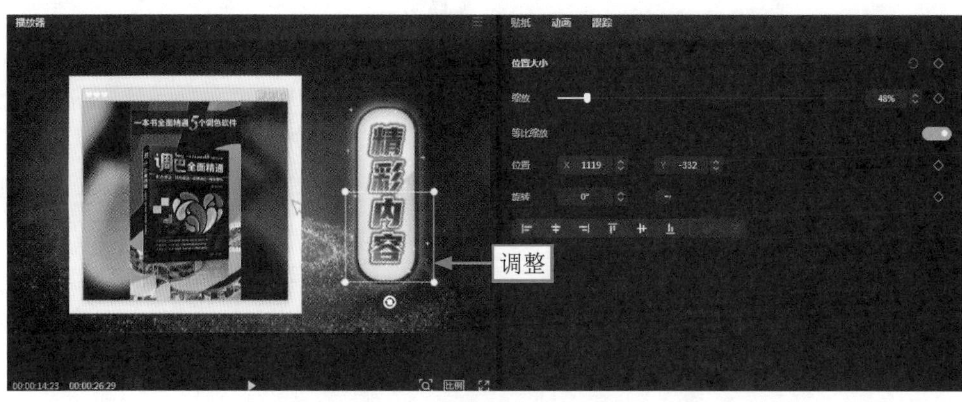

图17-33 调整贴纸素材的位置

STEP 05 拖曳时间滑块至画中画视频素材的结束位置，删除视频轨道中多余的视频素材，效果如图17-34所示。

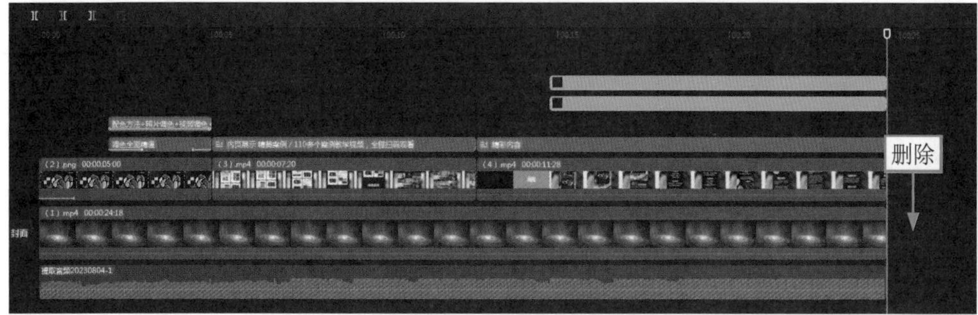

图17-34 删除视频轨道中多余的视频素材

17.2.6 导出视频

所有的效果制作完成之后，即可导出视频。下面介绍具体的操作方法。

扫码看视频

STEP 01 操作完成之后，单击“导出”按钮，如图17-35所示。

STEP 02 ❶在弹出的“导出”对话框中设置相关内容；❷单击“导出”按钮，如图17-36所示，即可导出该视频。

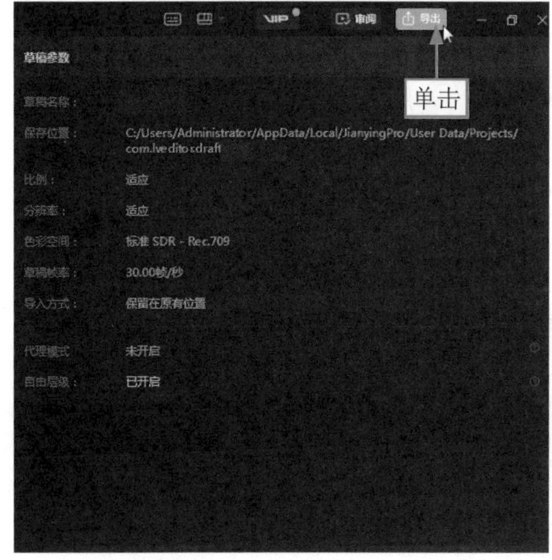

图17-35 单击“导出”按钮（1）

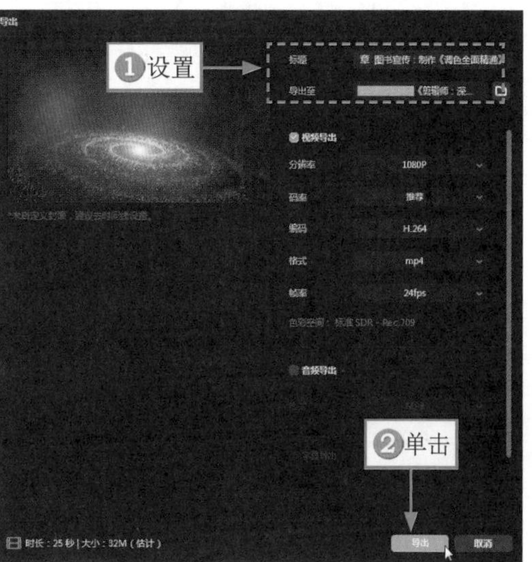

图17-36 单击“导出”按钮（2）

第18章 手机版案例：制作《九宫格美食》

《九宫格美食》视频是以九宫格的形式来展现美食，并通过为其添加卡点音乐、动画效果来让视频画面变得更加精美。九宫格这一形式的视频非常新颖，能够让人眼前一亮。

18.1 《九宫格美食》效果展示

《九宫格美食》视频主要突出的是美食。所以，在制作该视频的时候，一定要挑选那些画面色彩丰富的素材，以便让画面中的美食看起来更诱人。

在制作《九宫格美食》视频之前，首先来欣赏本案例的视频效果，并了解案例的学习目标、制作思路、知识讲解和要点讲堂。

18.1.1 效果欣赏

《九宫格美食》视频的画面效果如图18-1所示。

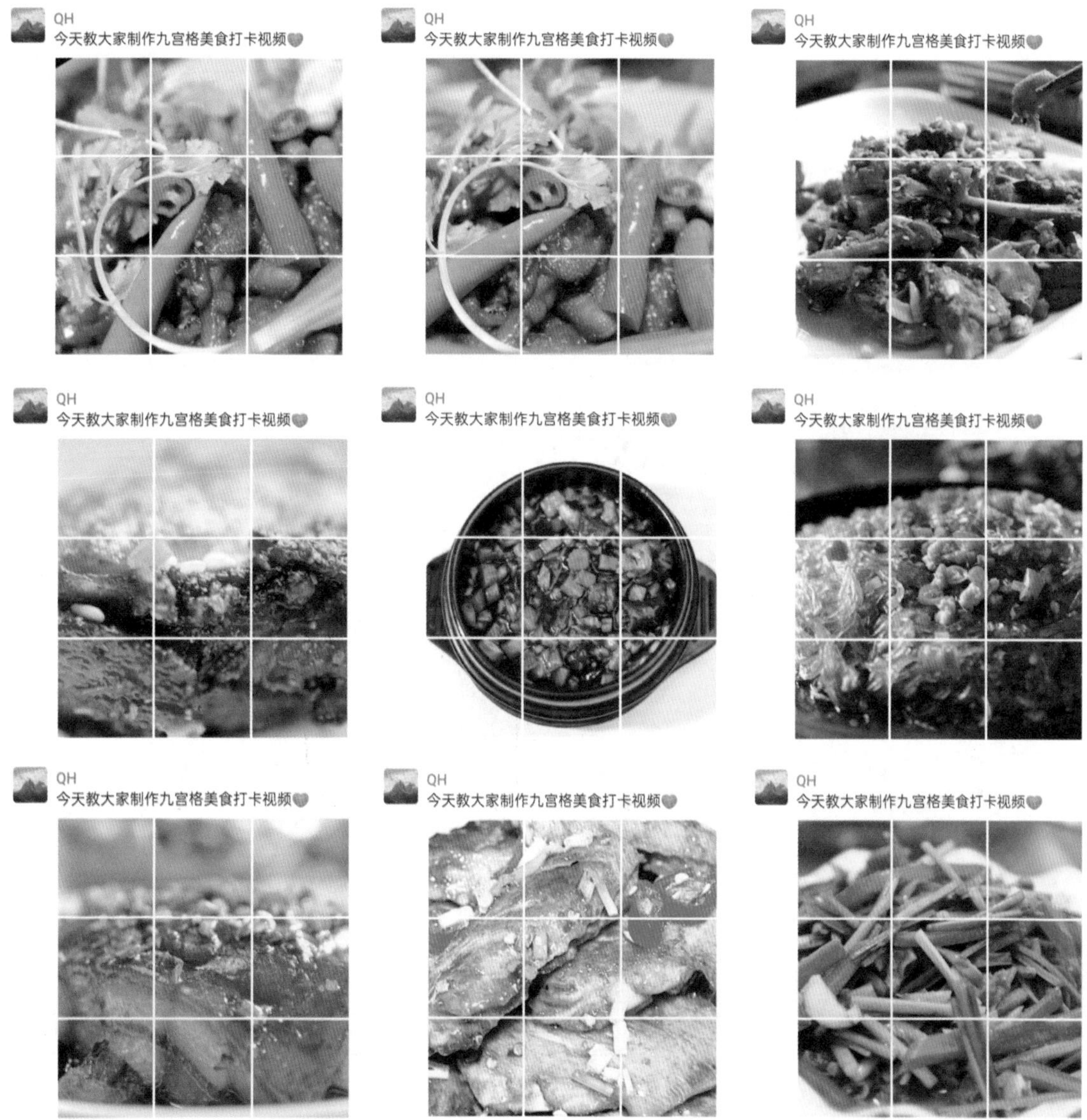

图18-1 画面效果

18.1.2 学习目标

知识目标	掌握手机版美食视频的制作方法
技能目标	（1）掌握为视频素材进行截图的操作方法 （2）掌握为视频调整画布比例的操作方法 （3）掌握为视频进行踩点的操作方法 （4）掌握调整视频素材时长的操作方法 （5）掌握为视频添加动画的操作方法 （6）掌握合成视频画面的操作方法 （7）掌握遮住视频画面的操作方法
本章重点	对视频素材进行截图
本章难点	合成视频画面
视频时长	7分23秒

18.1.3 制作思路

本案例首先介绍了在朋友圈中对素材进行截图、为视频素材调整画布比例，然后对视频进行踩点、调整视频素材的时长，接下来为视频添加动画、合成视频画面，最后遮住画面中不合适的画面。图18-2所示为本案例视频的制作思路。

图18-2 本案例视频的制作思路

18.1.4 知识讲解

本章以手机版剪映为例，为大家介绍九宫格视频的制作方法与步骤。九宫格视频是一种结合朋友圈九宫格制作的卡点视频。

《九宫格美食》视频是将美食放置在朋友圈的九宫格画面中，创意感十足。

18.1.5　要点讲堂

在本章内容中，会用到一个剪映功能——遮住画面，该功能的主要作用是遮住视频画面中不合适的部分，让原本不清晰的内容被清晰的内容覆盖。

为视频遮住画面的主要方法为：使用新的素材，将其导入到画中画轨道中，并调整素材在画面中的位置，使其呈现出被遮挡的效果。

18.2 《九宫格美食》制作流程

本节将为大家介绍《九宫格美食》视频的制作方法，包括素材截图、调整画布比例、为视频进行踩点、调整素材时长、添加动画、合成视频画面和遮住视频画面，希望大家能够熟练掌握。

18.2.1　素材截图

在制作《九宫格美食》视频前，首先要准备一张适当比例的朋友圈截图。下面介绍截图的操作方法（手机以OPPO Reno 8 Pro+为例）。

STEP 01 进入微信朋友圈的发布界面，❶添加9张黑色图片；❷输入相应文案；❸点击“发表”按钮，如图18-3所示。发布成功后，在朋友圈截图刚刚发布的内容。

STEP 02 进入手机相册，选择上一步截好的图片，进入照片详情界面，在工具栏中点击“编辑”按钮，如图18-4所示。

STEP 03 点击“裁剪旋转”按钮，如图18-5所示。

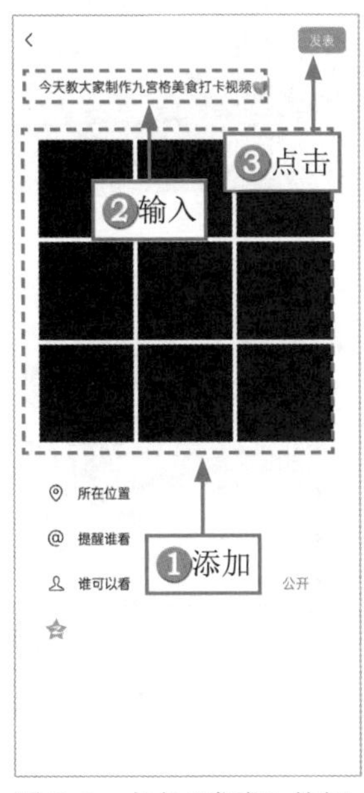

图18-3　点击“发表”按钮

图18-4　点击“编辑”按钮

图18-5　点击“裁剪旋转”按钮

STEP 04 进入“裁剪旋转”界面，点击“比例”按钮，如图18-6所示。

STEP 05 选择1：1选项，如图18-7所示。

STEP 06 ❶适当调整图片的位置；❷点击☑按钮，如图18-8所示。

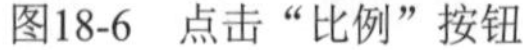
图18-6　点击“比例”按钮

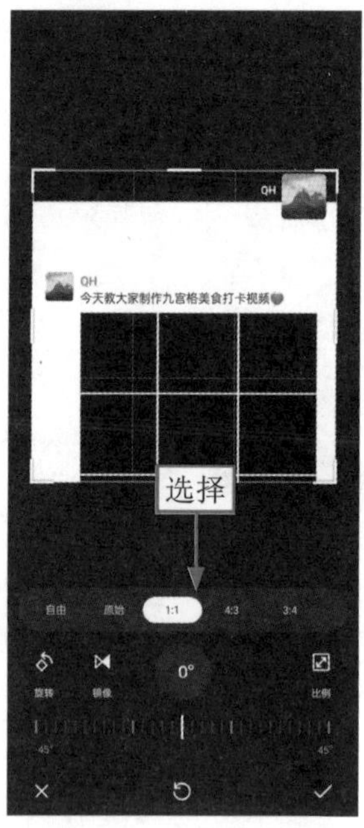

图18-7　选择1∶1选项

图18-8　点击相应按钮（1）

STEP 07 点击“保存”按钮，如图18-9所示，即可将编辑好的截图保存到相册中。

STEP 08 再次选择第1步截好的图片，用同样的方法，默认选择“自由”选项，❶调整裁剪框的大小和位置，将头像和文案裁剪出来；❷点击✓按钮，如图18-10所示。

STEP 09 点击“保存”按钮，如图18-11所示，即可将裁剪好的图片保存到相册中。

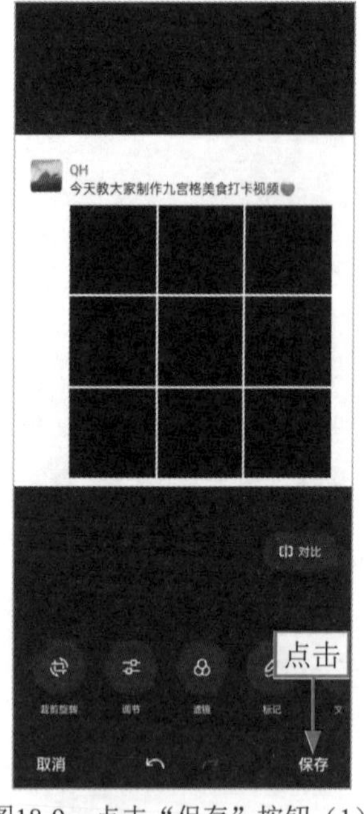

图18-9　点击“保存”按钮（1）

图18-10　点击相应按钮（2）

图18-11　点击“保存”按钮（2）

18.2.2　调整画布比例

因为九宫格的比例是1∶1，所以在制作视频时，也需要将视频的画布比例设置为1∶1。下面介绍使用剪映App调整画面比例的具体操作方法。

STEP 01 在剪映App中导入相应的素材，点击“比例”按钮，如图18-12所示。

STEP 02 在二级工具栏中选择1：1选项，如图18-13所示。

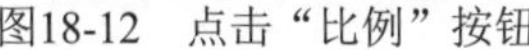

图18-12 点击“比例”按钮　　图18-13 选择1：1选项

STEP 03 ❶选择第1段素材；❷在预览区域调整其大小，使其铺满屏幕，如图18-14所示。

STEP 04 用同样的方法，在预览区域调整其他素材的大小，如图18-15所示。

图18-14 调整素材大小（1）　　图18-15 调整素材大小（2）

18.2.3 进行踩点

因为是卡点视频，所以最方便的踩点方式就是在导入音乐后，点击“自动踩点”按钮，对音乐进行踩点。下面介绍使用剪映App中的“自动踩点”功能踩节拍点的具体操作方法。

STEP 01 返回主界面，❶拖曳时间滑块至素材的开始位置；❷为其添加合适的背景音乐；❸点击“节拍”按钮，如图18-16所示。

STEP 02 在打开的界面中，❶点击“自动踩点”按钮；❷选择“踩节拍I”选项，如图18-17所示，点击✓按钮。

图18-16　点击“节拍”按钮

图18-17　选择“踩节拍I”选项

18.2.4　调整时长

踩点完成后，即可根据音乐的节拍点调整素材的时长，使素材的时长与相应的节拍点对齐，从而实现素材的卡点。下面介绍使用剪映App调整素材时长的具体操作方法。

STEP 01 ❶选择第1段素材；❷拖曳素材右侧的白色拉杆，调整素材的时长，使其与第2个小黄点对齐，如图18-18所示。

STEP 02 用同样的方法，❶调整其他素材的时长，使其与相应的小黄点对齐；❷调整音频的时长，使其与视频轨道中图片素材的总时长保持一致，如图18-19所示。

图18-18　调整素材的时长

图18-19　调整音频的时长

18.2.5 添加动画

接下来可以使用“组合动画”功能，为每段素材添加合适的动画，让画面更具动感。下面介绍在剪映App中添加动画的操作方法。

STEP 01 拖曳时间滑块至素材的开始位置，①选择第1段素材；②点击“动画”按钮，如图18-20所示。

STEP 02 ①切换至“组合动画”选项卡；②选择“旋转降落”动画，如图18-21所示。

图18-20 点击“动画”按钮

图18-21 选择“旋转降落”动画

STEP 03 ①选择第2段素材；②在“组合动画”选项卡中选择“旋转缩小”动画，如图18-22所示。

STEP 04 用同样的方法，为其他素材添加合适的动画，如图18-23所示。

图18-22 选择“旋转缩小”动画

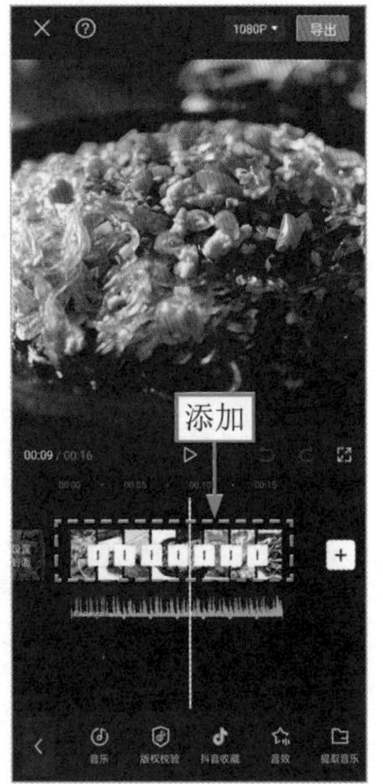

图18-23 为其他素材添加动画

18.2.6　合成画面

我们可以运用剪映App的“滤色”混合模式来合成朋友圈截图与视频素材。下面介绍具体的操作方法。

STEP 01 返回到主界面，①拖曳时间滑块至素材的开始位置；②依次点击“画中画”按钮和“新增画中画”按钮，如图18-24所示。

STEP 02 在弹出的界面中，①选择朋友圈九宫格图片；②选中“高清”复选框；③点击“添加”按钮，如图18-25所示。

图18-24　点击“新增画中画”按钮　　图18-25　点击“添加”按钮

STEP 03 ①在预览区域放大九宫格截图，使其占满屏幕；②调整画中画轨道中的素材时长，使其与视频时长保持一致；③点击“混合模式”按钮，如图18-26所示。

STEP 04 ①选择“滤色”选项；②点击✓按钮，如图18-27所示。

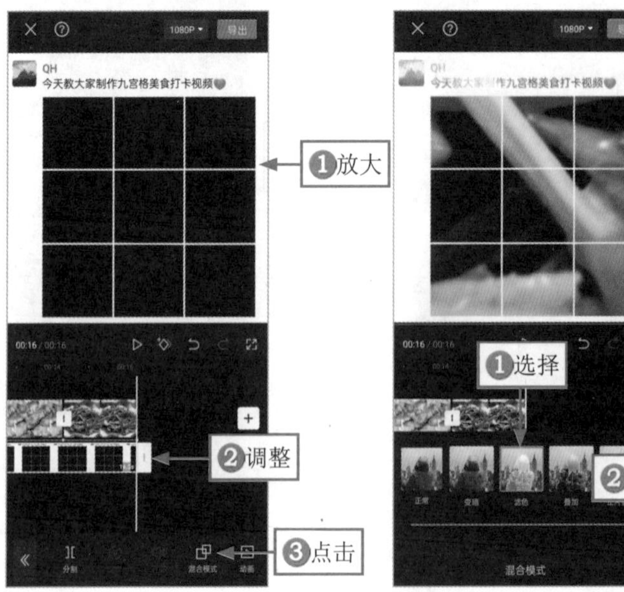

图18-26　点击“混合模式”按钮　　图18-27　点击相应按钮

18.2.7 遮住画面

在剪映App中，可以利用画中画轨道的特点来遮住画面中不合适的部分，下面介绍具体的操作方法。

STEP 01 返回到主界面，❶拖曳时间滑块至素材的开始位置；❷点击“画中画”按钮，如图18-28所示。

STEP 02 点击“新增画中画”按钮，如图18-29所示。

STEP 03 ❶选择裁剪好的头像和文案图片；❷选中“高清”复选框；❸点击“添加”按钮，如图18-30所示。

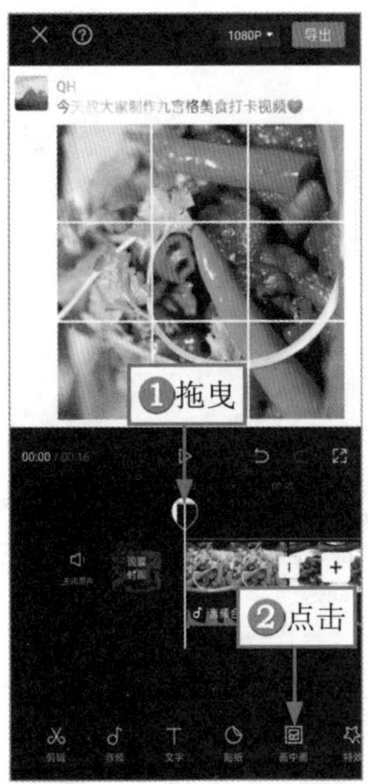

图18-28 点击“画中画”按钮

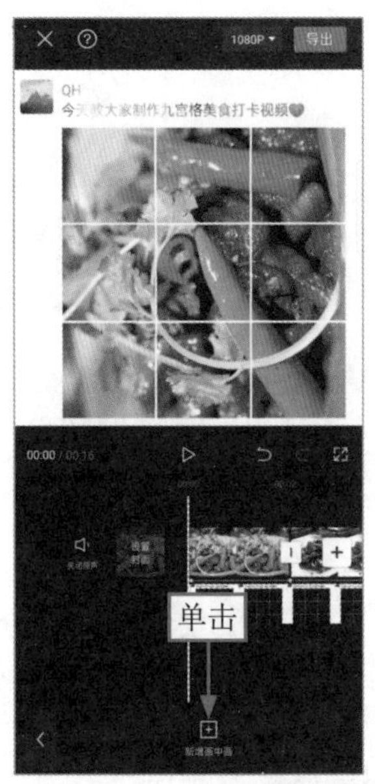

图18-29 点击“新增画中画”按钮

图18-30 点击“添加”按钮

STEP 04 在预览区域调整第2段画中画轨道中素材的大小和位置，如图18-31所示。

STEP 05 调整其时长，使其与视频的时长保持一致，如图18-32所示。

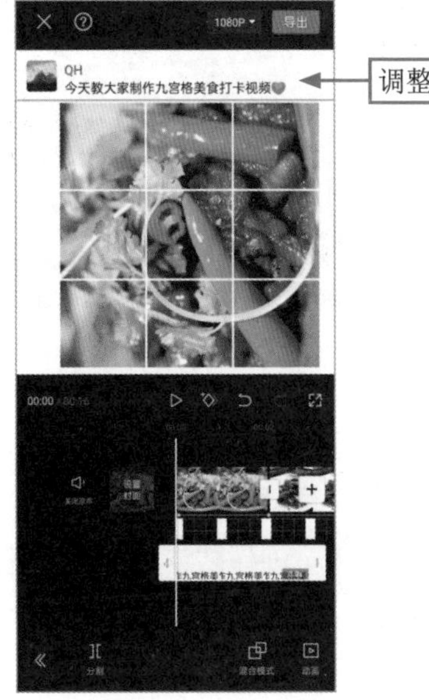

图18-31 调整素材的大小和位置

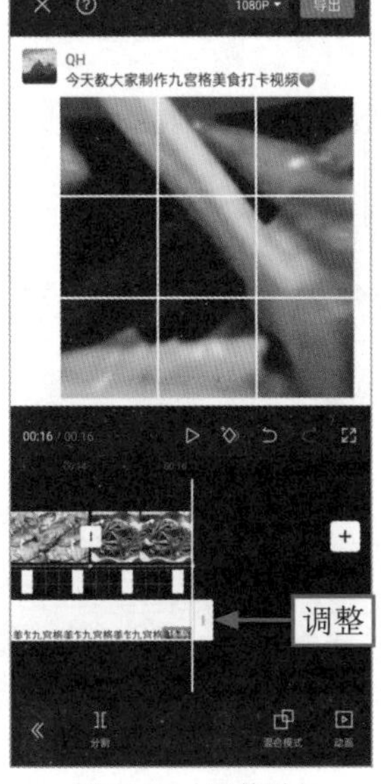

图18-32 调整时长

第19章 AI短视频生成：人工智能助力视频创作

随着AI（Artificial Intelligence，人工智能）技术的迅猛发展，用AI来生成和制作短视频成为许多用户的选择。用户只需要准备一段文本、几张图片或几段视频，就能轻松生成一个主题突出、画面精美的短视频，极大地提升了创作效率。本章介绍《寒梅傲雪》《夏日荷影》和《繁花似锦》的生成方法。

19.1 文本生视频：《寒梅傲雪》

在短视频创作的过程中，用户常常会遇到这样一个问题：怎么又快又好地写出视频文案呢？AI文案写作工具就能轻松解决这个问题。用户通过与AI文案写作工具的交流，就能让其根据需求创作出对应的视频文案。

而有了文案，如何快速生成视频呢？剪映电脑版的“图文成片”功能就能满足这个需求。用户只需要在“图文成片”面板中粘贴文案或文章链接，并设置相应的朗读音色，然后单击“生成视频”按钮，即可借助AI生成相应的视频。

本节先欣赏视频效果，再介绍视频的制作流程，包括用ChatGPT生成文案、用“图文成片”功能生成视频和通过编辑优化视频效果等内容。

19.1.1 效果欣赏

《寒梅傲雪》视频的画面效果如图19-1所示。

图19-1 画面效果

19.1.2 用ChatGPT生成文案

ChatGPT是一款操作简单、功能强大、智能化程度高的聊天机器人程序，它可以为用户生成各类文档内容，其中就包括了短视频文案。不过，用户在生成文案之前，要确定好短视频的主题，这样才能提出具体、清晰的要求，从而便于ChatGPT更好地理解和生成对应的文案。下面介绍用ChatGPT生成文案的操作方法。

STEP 01 打开ChatGPT的聊天窗口，单击底部的输入框，在其中输入“你了解梅花这种植物吗”，单击输入框右侧的“发送”按钮或按Enter键，生成的回复如图19-2所示，确认ChatGPT是否了解梅花。

你了解梅花这种植物吗

是的，我了解梅花这种植物。梅花是一种常见的花卉植物，属于蔷薇科樱属。以下是关于梅花的一些基本信息：

1. **学名：** Prunus mume
2. **外观特征：** 梅花通常为落叶乔木或灌木，高度约2-10米。花朵有单瓣和重瓣两种类型，花色多样，包括白色、粉红色、红色等。花朵开放在冬季或早春，往往在光秃秃的枝干上点缀出美丽的景象。
3. **生长环境：** 梅花喜欢阳光充足的环境，但也能在半阴处生长。它对土壤要求不高，但需要有良好的排水性。梅花适应性强，在温带和亚热带地区都能生长。
4. **象征意义：** 梅花在东亚文化中常被视为坚韧、高洁、纯净、不屈不挠的象征。它在寒冷的冬季开放，象征着生命的坚强和希望。
5. **文化价值：** 梅花在中国等东亚国家的文学、艺术和传统中具有重要地位。它常被用作诗歌、绘画和传统艺术品的题材，表达情感、美学和哲理。

这是关于梅花的一些基本信息，如果您还有其他问题或需要更详细的了解，请随时提问。

图19-2　ChatGPT生成的回复（1）

STEP 02 进一步确认ChatGPT对梅花的了解程度，在输入框中输入“你了解梅花的意义吗”，按Enter键，ChatGPT的回复如图19-3所示。

你了解梅花的意义吗

是的，我了解梅花在不同文化和传统中的象征意义。以下是一些关于梅花意义的信息：

1. **坚韧与坚强：** 梅花常在寒冷的冬季绽放，象征着坚韧、坚强和不畏寒冷的精神。它在寒冷环境中仍能开放，表达了不屈不挠的意志和生命力。
2. **高洁与纯净：** 梅花的花瓣洁白无瑕，常被视为高洁和纯净的象征。它的美丽和清新在文化中与高尚的品德联系在一起。
3. **不屈不挠：** 梅花在严寒环境中开放，象征着不屈不挠、勇往直前的精神。它的生命力和韧性鼓舞人们克服困难，追求目标。
4. **孤芳自赏：** 梅花往往独自开放，像是孤独而坚强的个体，象征着独立自主、自我欣赏的态度。
5. **诗意与文化：** 在东亚文化中，梅花常被用作诗歌、绘画等艺术创作的题材。它代表着美的追求、情感表达和人生哲理。
6. **希望与新生：** 梅花作为冬季中早期绽放的花卉，象征着希望和新生。它预示着寒冷过后的温暖与生机。

总之，梅花在文化中常常被赋予了坚韧、高洁、美丽和希望等多重意义，成为了一种富有象征性的花卉。

图19-3　ChatGPT生成的回复（2）

STEP 03 让ChatGPT生成视频文案，在输入框中输入“请以梅花之美为主题，创作一篇科普类短视频文案，字数在80字以内”，按Enter键，ChatGPT即可根据要求生成对应的视频文案，如图19-4所示。

STEP 04 到这里，ChatGPT的工作就完成了。单击鼠标右键ChatGPT生成的文案，在弹出的快捷菜单中选择“复制”命令，如图19-5所示，即可复制一份文案。用户可以将复制的文案粘贴至文档中，并进行适当的调整，方便后续操作。

请以梅花之美为主题，创作一篇科普类短视频文案，字数在80字以内

"雪后初绽，梅花傲雪而立。独特的坚强品质，如同人生的奋斗态度。花瓣洁白纯净，是高尚灵魂的象征。在冰雪封藏的季节，梅花绽放，诠释着勇敢与希望。它不仅是自然之美，更是生命之美的诗意。"

图19-4　ChatGPT生成的视频文案

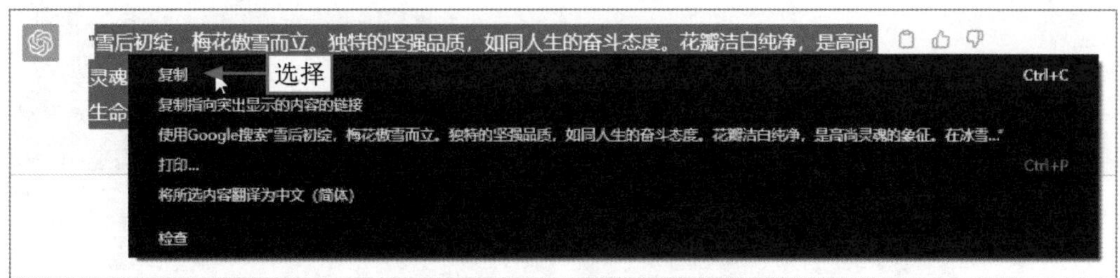

图19-5　选择“复制”命令

19.1.3　用“图文成片”功能生成视频

剪映电脑版的“图文成片”功能可以根据用户提供的文案，智能匹配图片和视频素材，并自动添加相应的字幕、朗读音频和背景音乐，轻松完成文本生视频的操作。下面介绍用“图文成片”功能生成视频的操作方法。

STEP 01 打开剪映电脑版，在首页单击“图文成片”按钮，如图19-6所示，即可弹出“图文成片”面板。

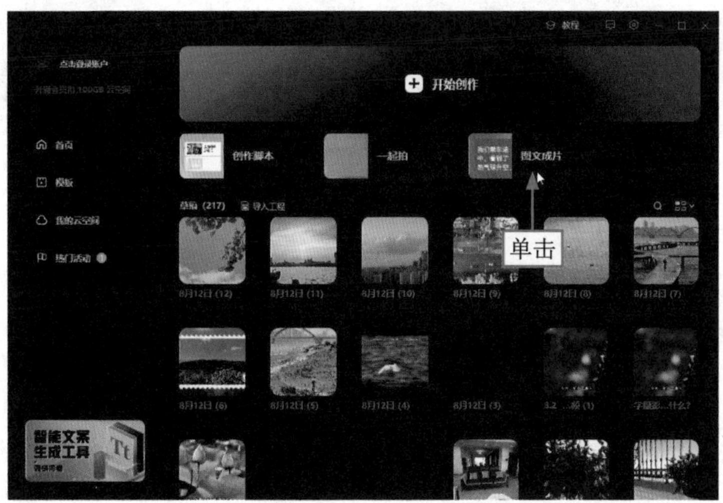

图19-6　单击“图文成片”按钮

STEP 02 打开文案文档，全选文案内容，选择“编辑”|“复制”命令，如图19-7所示，复制文案。

STEP 03 在“图文成片”面板中，按Ctrl+V组合键将复制的内容粘贴到文字窗口中，如图19-8所示。

STEP 04 剪映的“图文成片”功能会自动为视频配音，用户可以选择自己喜欢的音色，如设置“朗读音色”为“小姐姐”，如图19-9所示。

STEP 05 单击右下角的“生成视频”按钮，即可开始生成视频，并显示生成进度，如图19-10所示。

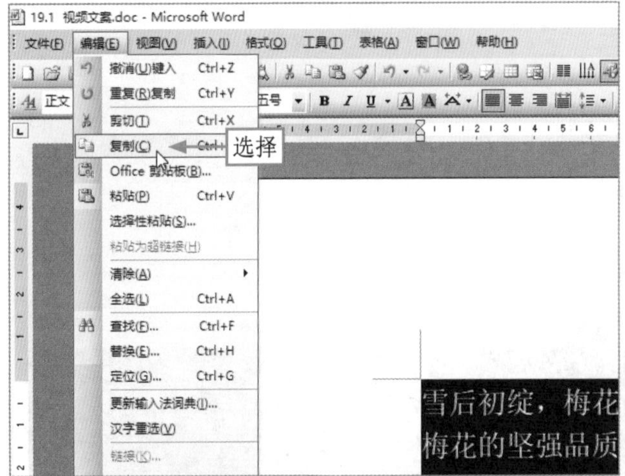

图19-7 选择“复制”命令

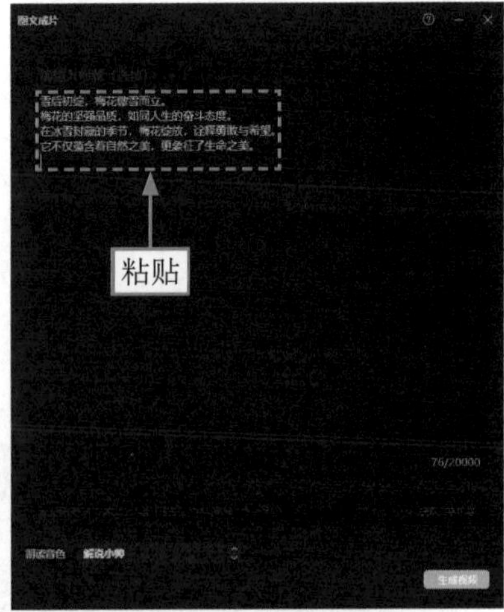

图19-8 将文案粘贴到文字窗口中

图19-9 设置“朗读音色”为“小姐姐”

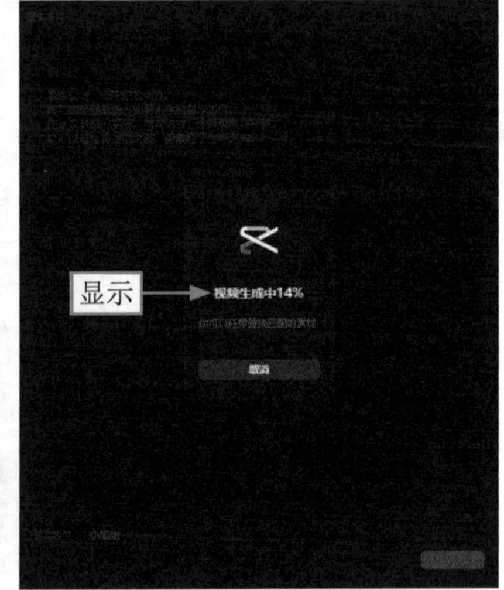

图19-10 显示视频生成进度

STEP 06 稍等片刻，进入剪映的视频编辑界面，在视频轨道中可以查看剪映自动生成的短视频缩略图，如图19-11所示，即可完成视频的生成。

图19-11 查看剪映自动生成的短视频缩略图

19.1.4 通过编辑优化视频效果

视频生成后，用户可以单击“导出”按钮将视频导出。此外，用户还可以对视频的字幕、背景音乐、素材进行编辑，让画面更美观。下面介绍通过编辑优化视频效果的操作方法。

STEP 01 选择第1段文本，在“文本”操作区中，❶在字幕的适当位置添加一个逗号；❷设置一个合适的文字字体，如图19-12所示，系统会根据修改后的字幕重新生成对应的朗读音频，并且设置的字体会自动同步到其他字幕上。

STEP 02 在“预设样式”选项区中，选择一个好看的文字样式，如图19-13所示，即可为所有文本设置该预设样式。

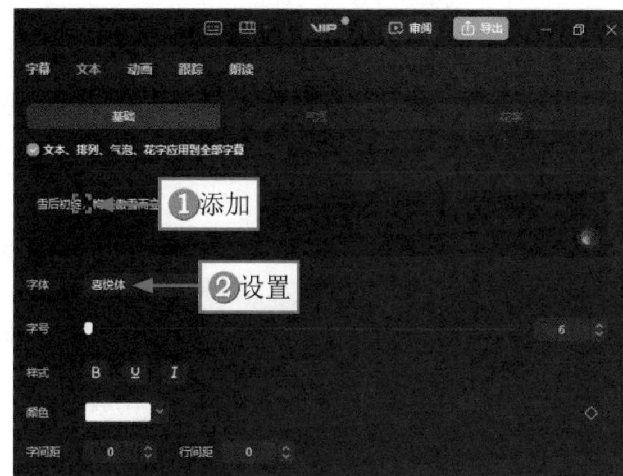

图19-12 设置文字字体

图19-13 选择文字样式

STEP 03 用同样的方法，在其他字幕的合适位置添加相应的标点符号，如图19-14所示，完成对所有字幕的调整。

STEP 04 选择所有文本，❶切换至“动画”操作区；❷在“入场”选项卡中选择“晕开”动画，如图19-15所示，即可为所有文本添加入场动画。

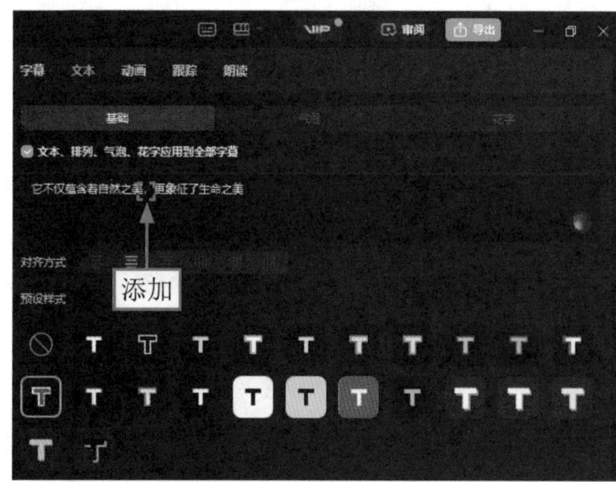

图19-14 添加标点符号

图19-15 选择“晕开”动画

STEP 05 ❶切换至“出场”选项卡；❷选择“溶解”动画，如图19-16所示，即可为所有文本添加出场动画。

STEP 06 ❶选择背景音乐；❷在时间轴面板中单击“删除”按钮，如图19-17所示，将背景音乐删除。

图19-16　选择“溶解”动画

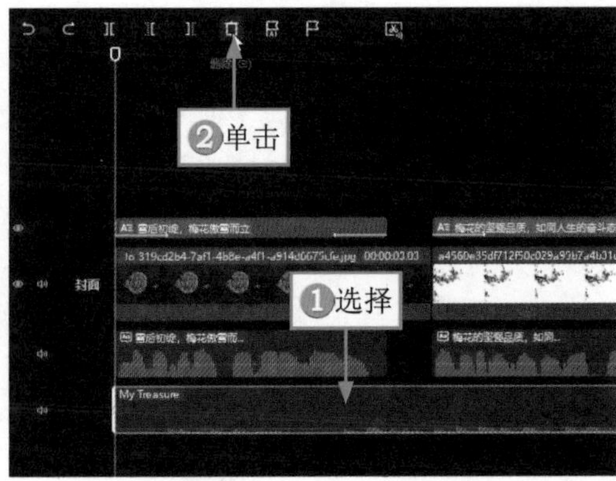

图19-17　单击“删除”按钮

STEP 07 拖曳时间滑块至视频起始位置，❶切换至“音频”功能区；❷在“音乐素材”选项卡中搜索“梅花三弄古筝曲”；❸在搜索结果中单击相应音乐右下角的“添加到轨道”按钮，如图19-18所示，为视频添加新的背景音乐。

STEP 08 ❶拖曳时间滑块至00:00:04:03的位置；❷单击“向左裁剪”按钮，如图19-19所示，即可分割并自动删除前半段音乐。

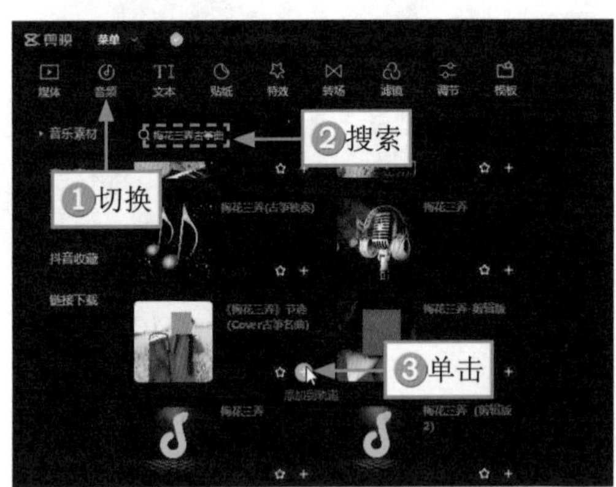

图19-18　单击“添加到轨道”按钮

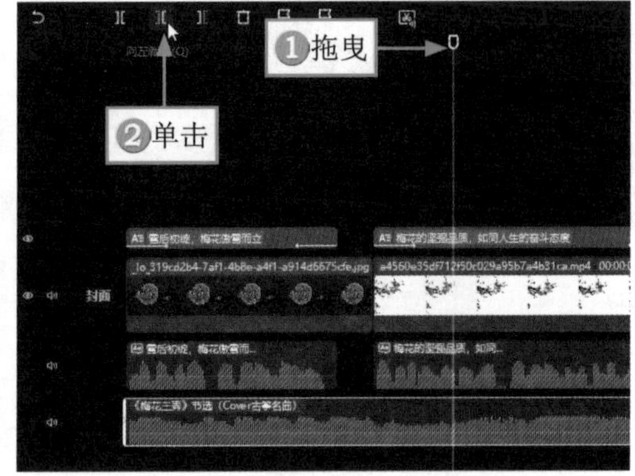

图19-19　单击“向左裁剪”按钮

STEP 09 调整背景音乐的位置，❶拖曳时间滑块至视频结束位置；❷单击“向右裁剪”按钮，如图19-20所示，即可分割并自动删除多余的背景音乐。

STEP 10 在“音频”操作区的“基础”选项卡中，设置“音量”参数为–30.0dB，如图19-21所示，降低背景音乐的音量，使朗读音频更突出，即可完成视频的优化。

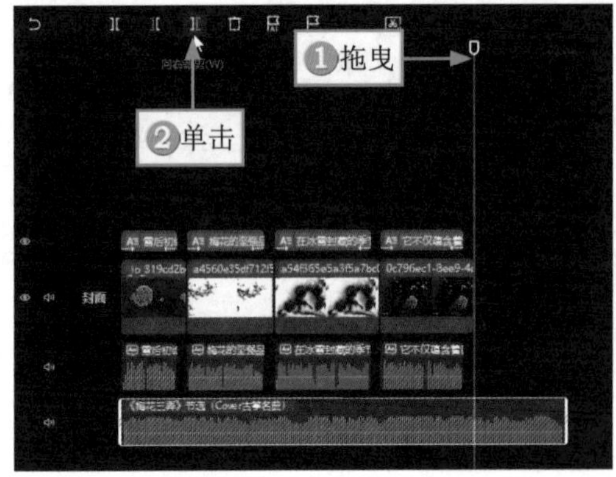

图19-20　单击“向右裁剪”按钮

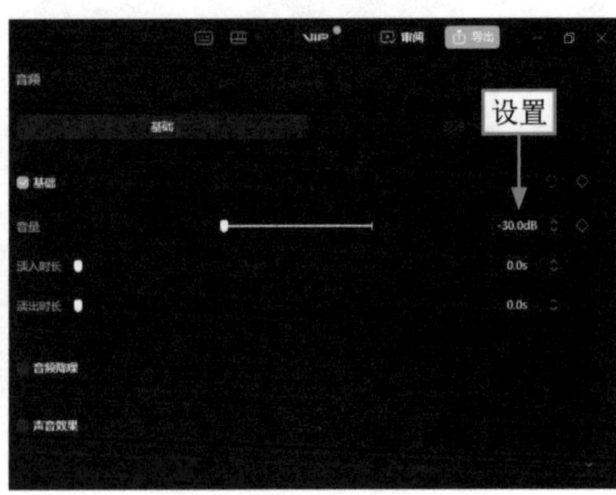

图19-21　设置“音量”参数

19.2 图片生视频：《夏日荷影》

当用户想好了视频的主题，只是完成了短视频创作的第一步，接下来是非常关键的一个步骤——准备素材。俗话说："巧妇难为无米之炊。"如果用户没有与主题匹配的素材，那么再好的主题也难以被呈现。此时，用户可以借助AI绘画工具生成需要的图片素材，让短视频的创作工作得以继续。

有了主题和图片素材，用户还要面对一个难题，那就是制作。如何快速生成一个内容丰富的视频呢？用户可以运用剪映电脑版的"素材包"功能，一键为图片添加特效、字幕、音效和滤镜等多个素材，完成视频效果的制作。

19.2.1 效果欣赏

《夏日荷影》视频的画面效果如图19-22所示。

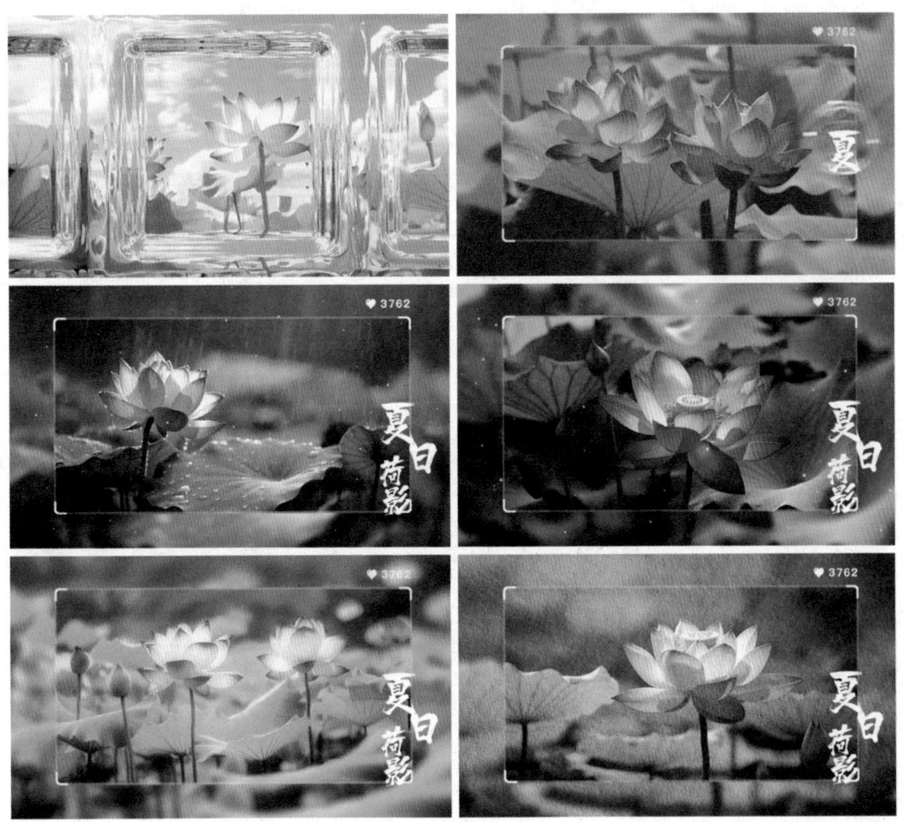

图19-22 画面效果

19.2.2 用Midjourney绘制图片素材

Midjourney是一个通过人工智能技术进行绘画创作的工具，用户在其中输入文字、图片等提示内容，就可以让AI机器人自动生成符合要求的图片素材。需要注意的是，用户输入的关键词要尽量是英文，并且每个关键词中间要添加一个逗号（英文字体格式）或空格。下面以第1张图片为例，介绍用Midjourney绘制图片素材的操作方法。

STEP 01 ➊在Midjourney下面的输入框中输入“/”（正斜杠符号）；➋在弹出的列表框中选择imagine指令，如图19-23所示。

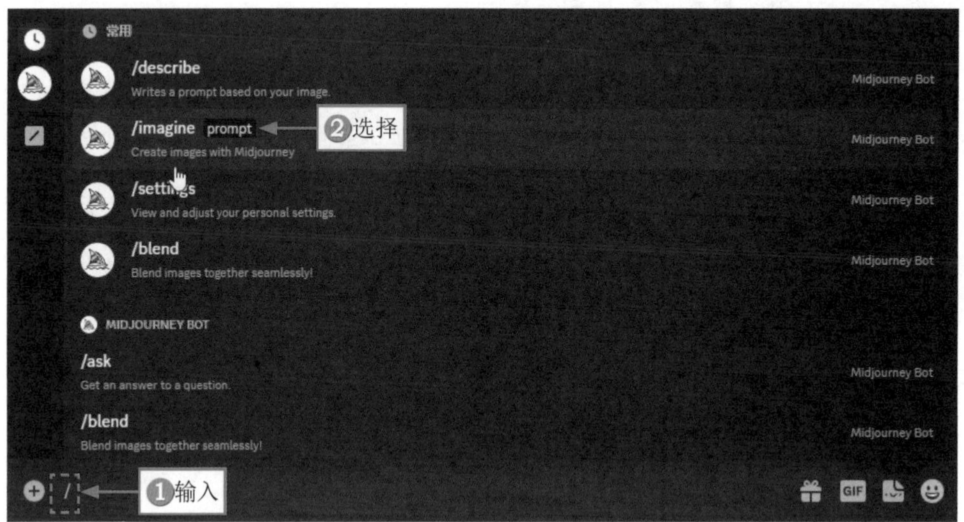

图19-23　选择imagine指令

STEP 02 在imagine指令后面的prompt（提示）输入框中输入相应的关键词，如图19-24所示。

图19-24　输入相应的关键词

STEP 03 按Enter键确认，即可看到Midjourney Bot已经开始工作了，并显示图片的生成进度，稍等片刻，Midjourney将生成4张对应的图片，效果如图19-25所示。

图19-25　生成4张图片

STEP 04 V按钮的功能是以所选的图片样式为模板重新生成4张图片。单击V4按钮，Midjourney将以第4张图片为模板，重新生成4张图片，效果如图19-26所示。

STEP 05 用户可以使用U1～U4按钮来选择满意的图片，例如单击U3按钮，Midjourney将在第3张图片的基础上进行更加精细的刻画，并放大图片，效果如图19-27所示。

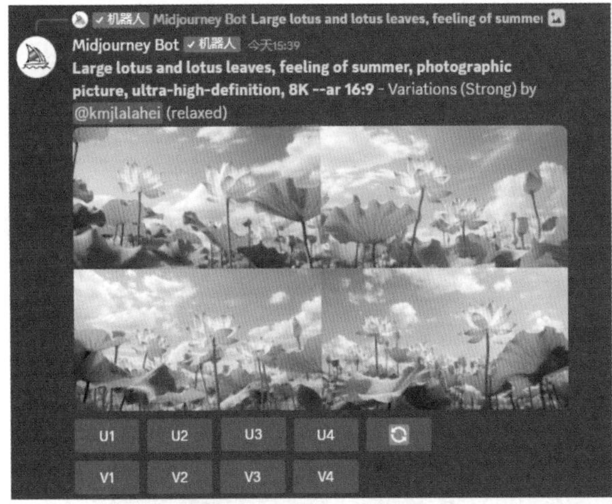

图19-26 重新生成4张图片

图19-27 放大第3张图片后的效果

STEP 06 如果用户要用图片来制作视频，还需要将图片保存到本地。单击图片，在放大的图片左下角单击“在浏览器中打开”超链接，如图19-28所示。

图19-28 单击“在浏览器中打开”超链接

STEP 07 执行操作后，在新的标签页中打开图片，在图片上单击鼠标右键，在弹出的快捷菜单中选择“图片另存为”命令，如图19-29所示，根据提示进行操作，即可保存图片。

图19-29 选择“图片另存为”命令

19.2.3 为图片添加合适的素材包

剪映电脑版的“素材包”功能是通过为图片添加不同主题和样式的素材包，达到用多张图片生成一个完整视频的目的。下面介绍为图片添加合适的素材包的操作方法。

STEP 01 ▶▶ 打开剪映电脑版，在首页单击“开始创作”按钮，如图19-30所示。

图19-30 单击“开始创作”按钮

STEP 02 ▶▶ 进入视频编辑界面，在“媒体”功能区中单击“导入”按钮，如图19-31所示。

STEP 03 ▶▶ 弹出“请选择媒体资源”对话框，全选所有图片素材，如图19-32所示，单击“打开”按钮。

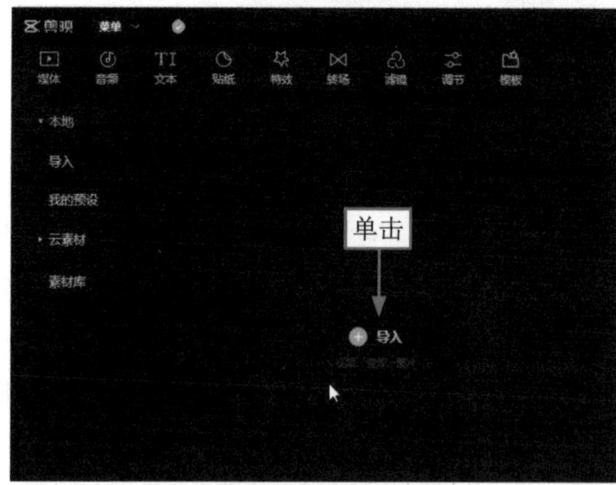

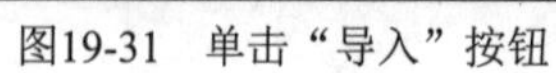
图19-31 单击“导入”按钮

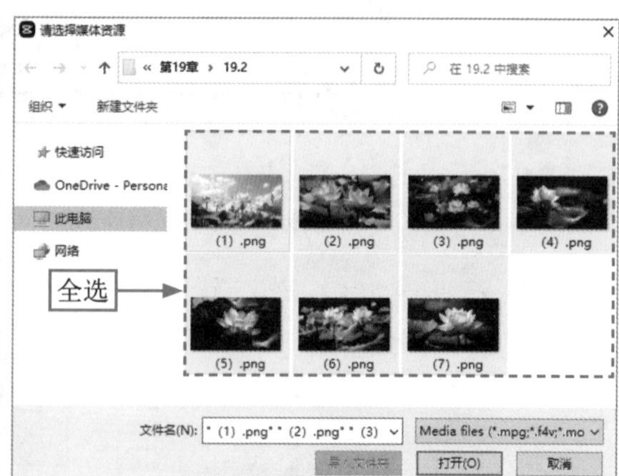

图19-32 全选所有图片素材

STEP 04 ▶▶ 执行操作后，即可将所有图片素材导入“媒体”功能区的“本地”选项卡中，单击第1张图片素材右下角的“添加到轨道”按钮⊕，如图19-33所示，即可将所有图片按顺序导入视频轨道中。

STEP 05 ▶▶ 在“模板”功能区中，❶切换至“素材包”选项卡，选择“旅行”选项；❷单击相应素材包右下角的“添加到轨道”按钮⊕，如图19-34所示，添加第1个素材包。

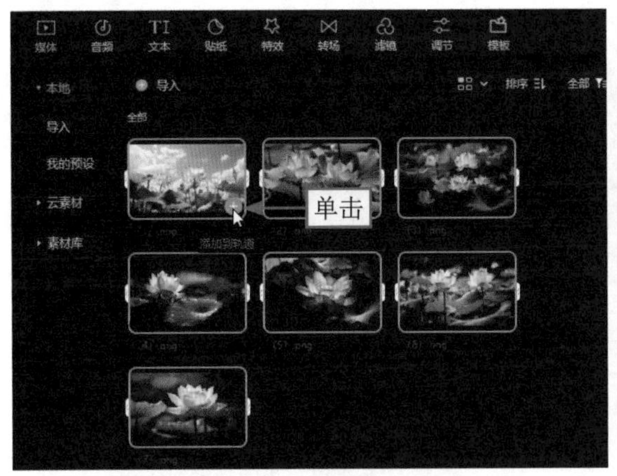

图19-33　单击“添加到轨道”按钮（1）

图19-34　单击“添加到轨道”按钮（2）

STEP 06 ▶▶ 拖曳时间滑块至第2张图片的起始位置，如图19-35所示。

STEP 07 ▶▶ ❶选择“互动引导”选项；❷单击相应素材包右下角的“添加到轨道”按钮，如图19-36所示，添加第2个素材包。至此，完成素材包的添加。

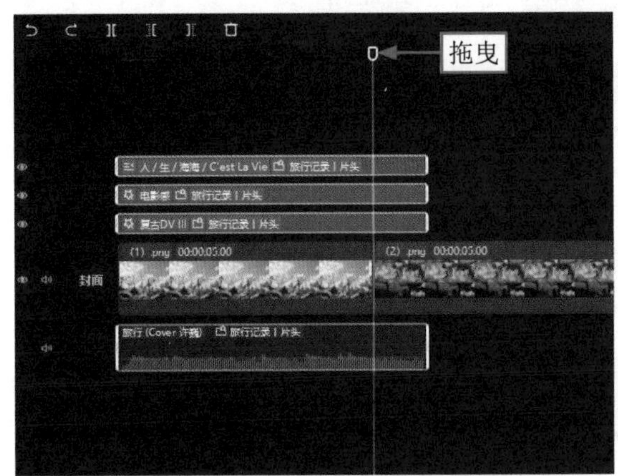

图19-35　拖曳时间轴至相应位置

图19-36　单击“添加到轨道”按钮（3）

19.2.4　编辑图片和素材包中的素材

完成素材包的添加后，就可以将生成的视频效果导出了。不过，为了让效果更美观，用户可以对图片和素材包中的素材进行编辑，如添加音乐制作卡点效果、添加动画、添加特效、添加滤镜、删除和调整素材包中的素材等。下面介绍编辑图片和素材包中的素材的操作方法。

STEP 01 ▶▶ 选择第1张图片，❶切换至“动画”操作区；❷在“入场”选项卡中选择“渐显”动画，如图19-37所示，即可为第1张图片添加入场动画。

STEP 02 ▶▶ ❶拖曳时间滑块至视频起始位置；❷在音频轨道中双击第1段音乐，选择该音乐；❸单击“删除”按钮，如图19-38所示，即可将第1个素材包中自带的背景音乐删除。

专家指点

素材包中的所有素材都是一个整体，在正常状态下用户只能进行整体的调整和删除。如果用户想单独对某一个素材进行调整，只需双击该素材即可。

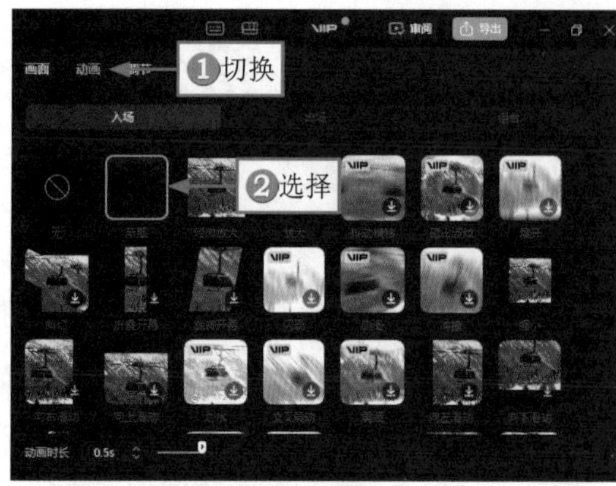

图19-37　选择"渐显"动画

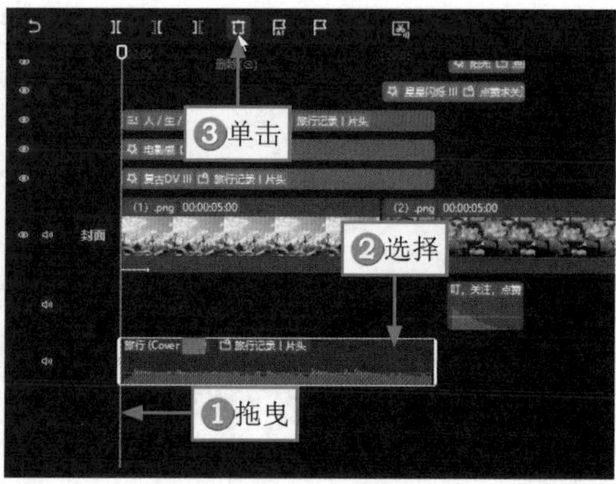

图19-38　单击"删除"按钮

STEP 03 ▶▶ 用同样的方法，删除第2个素材包中的音效，在"音频"功能区的"音乐素材"选项卡中，❶搜索"清脆风铃"；❷在搜索结果中单击相应音乐右下角的"添加到轨道"按钮，如图19-39所示，为视频添加新的背景音乐。

STEP 04 ▶▶ ❶单击"自动踩点"按钮；❷在弹出的列表框中选择"踩节拍Ⅱ"选项，如图19-40所示，即可标记出音频的节拍点。

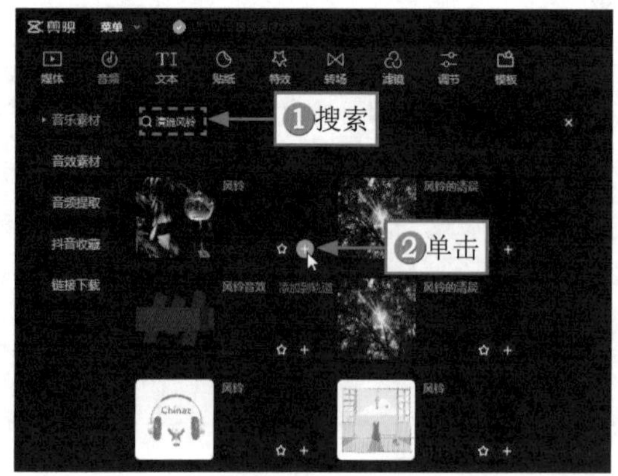

图19-39　单击"添加到轨道"按钮

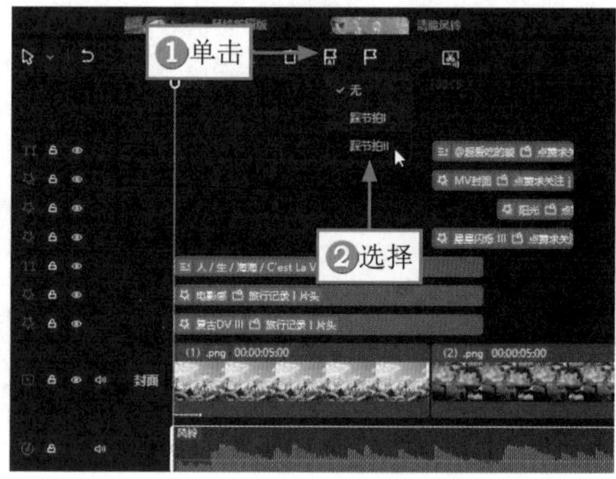

图19-40　选择"踩节拍Ⅱ"选项

STEP 05 ▶▶ 拖曳第1张图片素材右侧的白色拉杆，调整其时长，使其结束位置对准第3个节拍点，如图19-41所示。

STEP 06 ▶▶ 用同样的方法，调整其他素材的时长，如图19-42所示，即可制作出卡点效果。

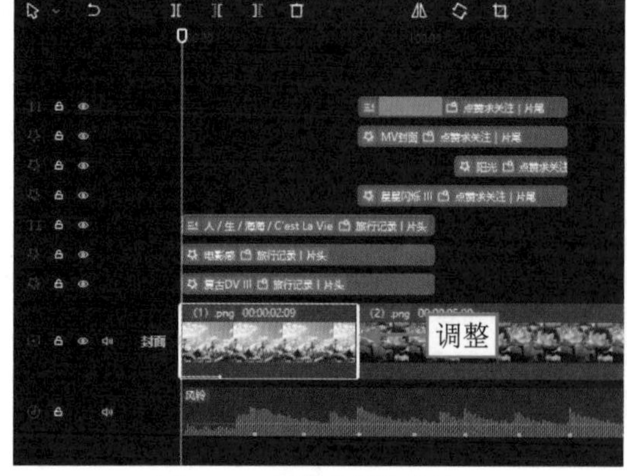

图19-41　调整素材的时长

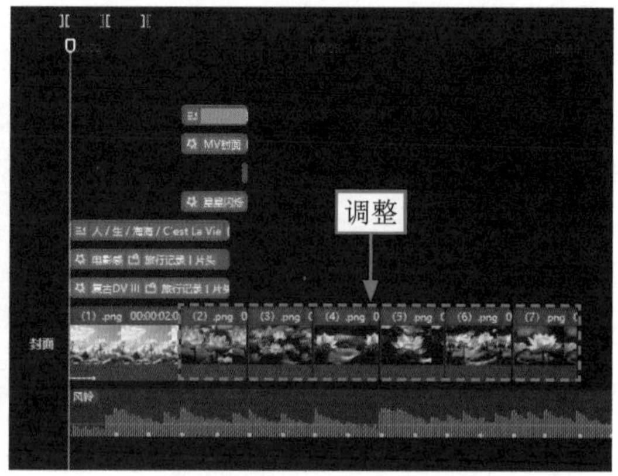

图19-42　调整其他素材的时长

STEP 07 ▶▶ ❶选择背景音乐；❷拖曳时间滑块至视频结束位置；❸单击“向右裁剪”按钮，如图19-43所示，即可删除多余的背景音乐。

STEP 08 ▶▶ ❶同时选择“电影感”和“复古DV Ⅲ”特效；❷单击“删除”按钮，如图19-44所示，删除第1个素材包中不需要的特效。

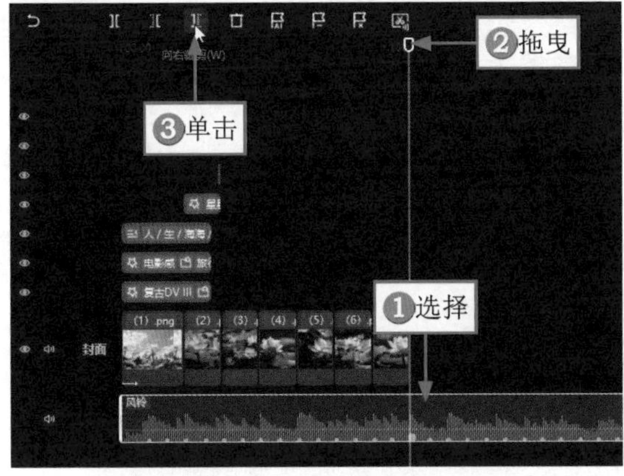

图19-43 单击“向右裁剪”按钮

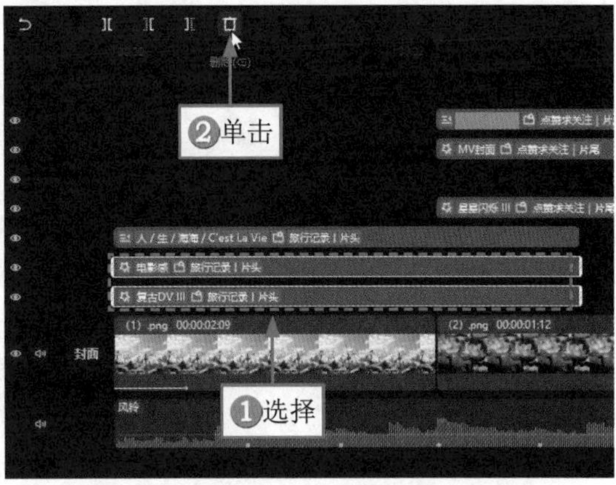

图19-44 单击“删除”按钮

STEP 09 ▶▶ 用同样的方法，删除第2个素材包中的“阳光”特效、“星星闪烁Ⅲ”特效和文本，调整“MV封面”特效和文本的时长，如图19-45所示。

STEP 10 ▶▶ 拖曳时间滑块至视频起始位置，❶切换至“特效”功能区；❷在“画面特效”选项卡的“热门”选项中，单击“夏日冰块”特效右下角的“添加到轨道”按钮，如图19-46所示，为视频添加一个片头特效。

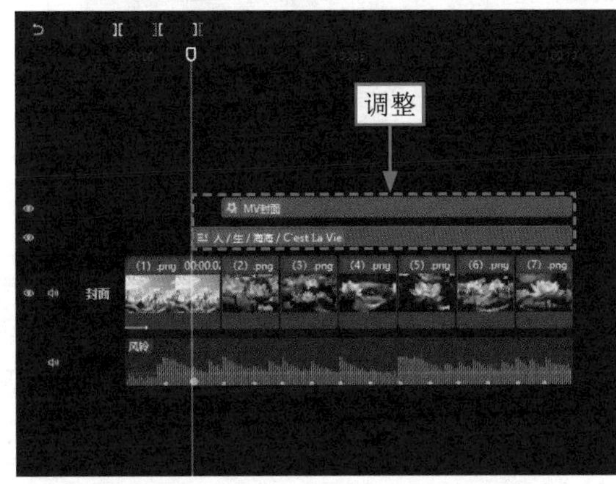

图19-45 调整特效和文本的时长

图19-46 单击“添加到轨道”按钮

STEP 11 ▶▶ 在“特效”操作区中，设置“夏日冰块”特效的“速度”参数为20，如图19-47所示，使特效变化的速度变慢。

STEP 12 ▶▶ 调整“夏日冰块”特效的时长，使其与第1张图片素材的时长保持一致，如图19-48所示。

STEP 13 ▶▶ 选择文本，❶在“文本”操作区中修改文本内容；❷在“播放器”面板中调整文字的大小和位置，如图19-49所示。

STEP 14 ▶▶ 拖曳时间滑块至视频起始位置，❶切换至“滤镜”功能区；❷选择“滤镜库”选项卡的“风景”选项；❸单击“冰夏”滤镜右下角的“添加到轨道”按钮，如图19-50所示，为视频添加一个滤镜。

STEP 15 ▶▶ 调整“冰夏”滤镜的时长，使其与视频的时长保持一致，如图19-51所示，即可为整段视频应用该滤镜。

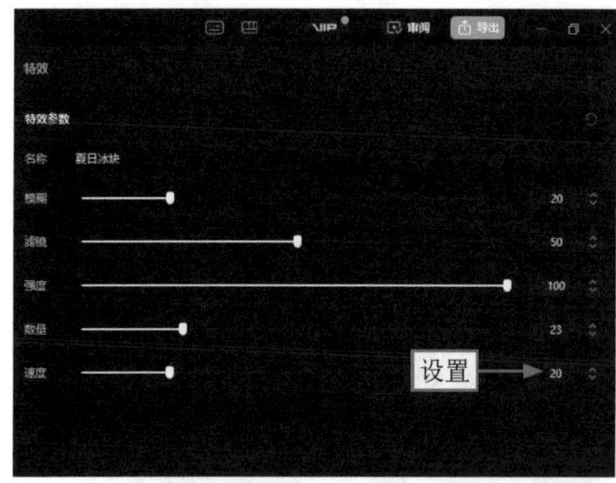

图19-47　设置“速度”参数

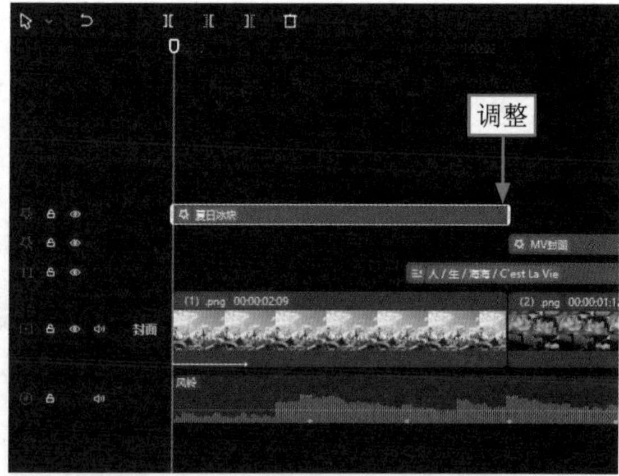

图19-48　调整“夏日冰块”特效的时长

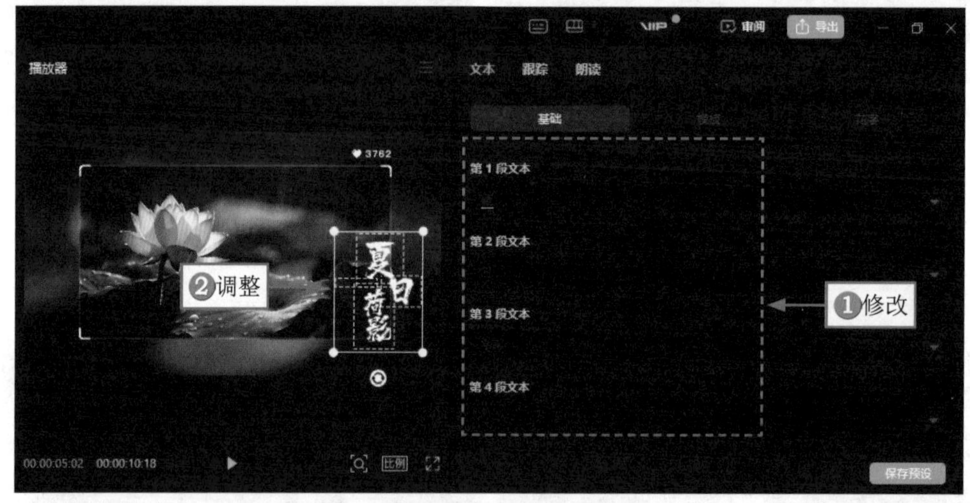

图19-49　调整文字的大小和位置

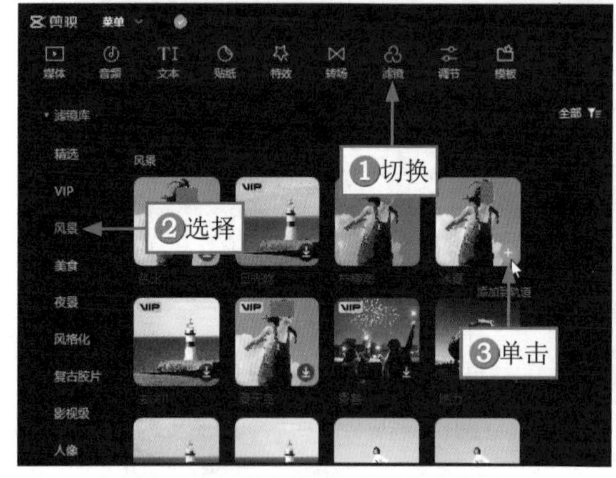

图19-50　单击“添加到轨道”按钮

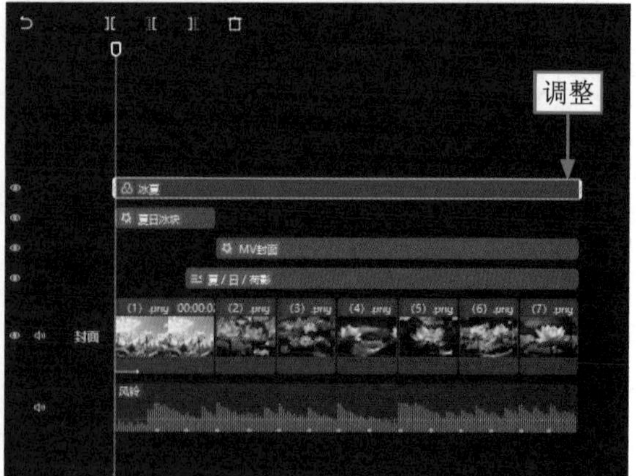

图19-51　调整“冰夏”特效的时长

STEP 16 拖曳时间滑块至第2张图片的起始位置，①切换至“特效”功能区；②选择“画面特效”选项卡的“氛围”选项；③单击“夏日泡泡Ⅰ”特效右下角的“添加到轨道”按钮，如图19-52所示，将特效添加到相应轨道中。

STEP 17 调整“夏日泡泡Ⅰ”特效的时长，使其与第2张图片素材的时长保持一致，如图19-53所示。

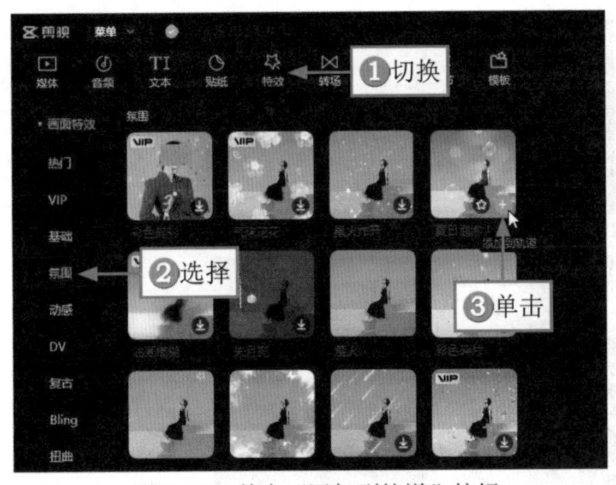

图19-52 单击“添加到轨道”按钮

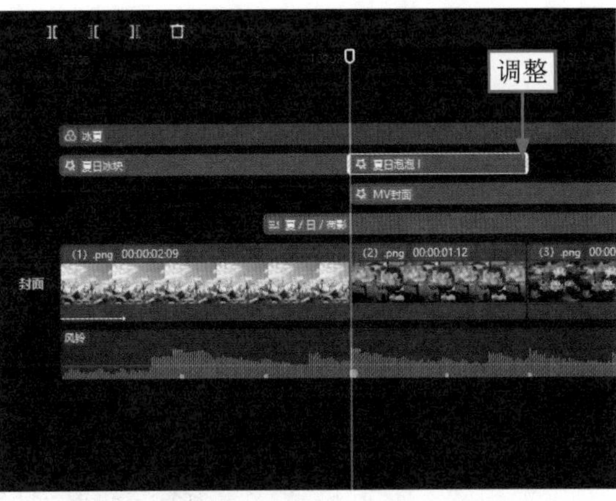

图19-53 调整“夏日泡泡Ⅰ”特效的时长

STEP 18 用同样的方法，为第3张图片添加“氛围”选项中的“浪漫氛围Ⅱ”特效；为第4张图片添加Bling选项中的“温柔细闪”特效；为第5张图片添加“金粉”选项中的“金粉闪闪”特效；为第6张图片添加“光”选项中的“柔光”特效；为第7张图片添加“纹理”选项中的“油画纹理”特效，如图19-54所示，并设置“油画纹理”特效的“滤镜”参数为0，即可完成视频的制作。

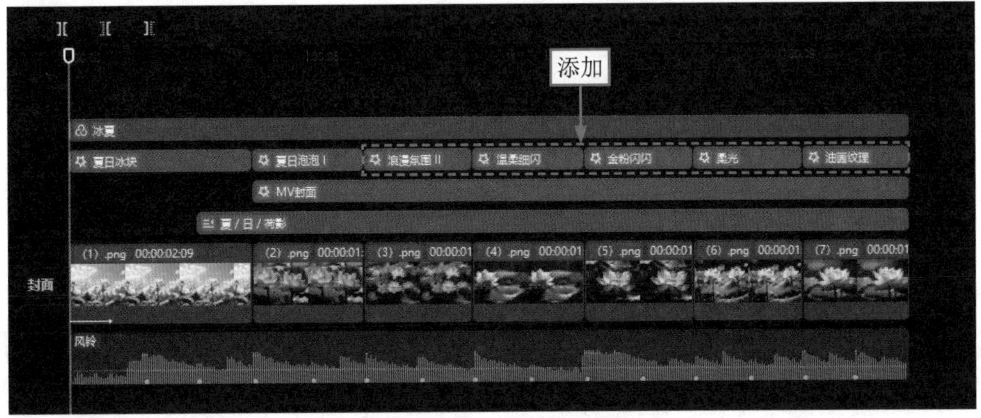

图19-54 添加相应特效

19.3 视频生视频：《繁花似锦》

如果用户有拍视频记录生活的习惯，可以运用剪映电脑版的“模板”功能将平时拍摄的素材快速生成精美的视频。“模板”功能提供了不同画幅比例、片段数量、时长和主题的视频模板，用户只需要完成选择模板和导入素材两步，就可以得到一个用自己的素材生成的同款视频。

本节先欣赏视频效果，再介绍视频的制作流程，包括挑选合适的视频模板和导入素材生成视频等内容。

19.3.1 效果欣赏

《繁花似锦》视频的画面效果如图19-55所示。

图19-55　画面效果

19.3.2　挑选合适的视频模板

剪映的“模板”功能有两个入口，用户可以通过“模板”面板来进行挑选，也可以从“模板”功能区的“模板”选项卡中进行操作。

另外，为了让用户更省力、更精准地找到想要的视频模板，“模板”功能提供了多种挑选模板的方法，包括直接搜索模板主题/类型、设置基础筛选条件和主动推荐不同主题的模板3种。其中，搜索和筛选功能可以同时使用，从而帮助用户更快地找到合适的视频模板。下面介绍挑选合适的视频模板的操作方法。

STEP 01 打开剪映电脑版，在首页的左侧单击“模板”按钮，如图19-56所示，进入“模板”面板。

STEP 02 在“模板”面板的搜索框中输入“治愈鲜花”，如图19-57所示，按Enter键确认，即可搜索相关的视频模板。

图19-56　单击“模板”按钮

图19-57　输入“治愈鲜花”

STEP 03 ❶单击“画幅比例”右侧的下拉按钮；❷在弹出的下拉列表框中选择“横屏”选项，如图19-58所示，即可在搜索结果中筛选出横屏的视频模板。

STEP 04 ❶用同样的方法，设置“片段数量”为3-5，“模板时长”为“0-15秒”；❷在搜索结果中选择合适的模板，如图19-59所示。

STEP 05 弹出相应面板，预览模板效果，单击“使用模板”按钮，如图19-60所示，完成视频模板的挑选。

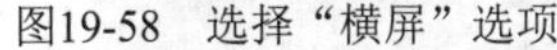

图19-58 选择"横屏"选项

图19-59 选择合适的模板

图19-60 单击"使用模板"按钮

19.3.3 导入素材生成视频

有了合适的模板，用户只需要导入对应的素材就能生成相应的视频。不过，用户在选择素材时，既要考虑素材的美观性，又要注意素材内容与模板主题的匹配度，尽量使用既好看又符合主题的素材，这样才能让生成的视频画面更好看、主题更突出。下面介绍导入素材生成视频的操作方法。

STEP 01 稍等片刻，进入模板编辑界面，在"媒体"功能区的"本地"选项卡中单击"导入"按钮，如图19-61所示。

STEP 02 弹出"请选择媒体资源"对话框，选择相应的视频素材，如图19-62所示，单击"打开"按钮，即可将4段视频素材导入"本地"选项卡中。

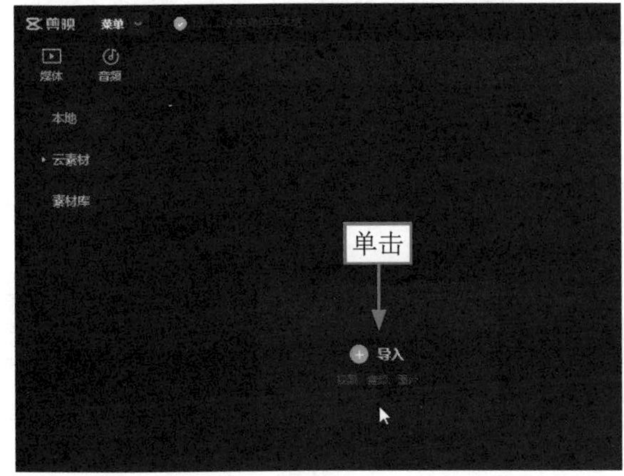

图19-61 单击"导入"按钮

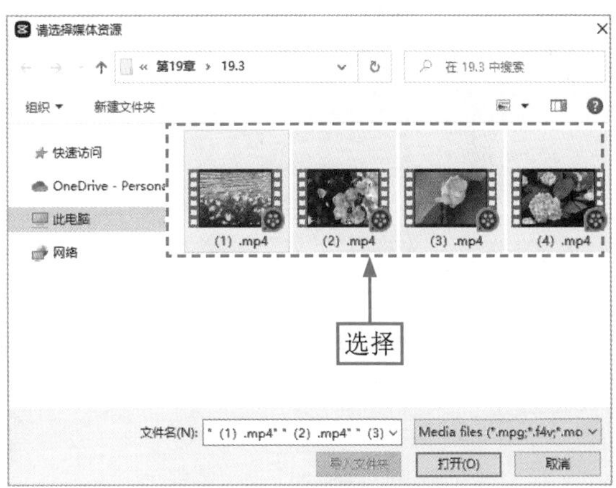

图19-62 选择视频素材

STEP 03 单击第1段视频素材右下角的“添加到轨道”按钮，如图19-63所示，即可将所有素材按顺序导入视频轨道的模板缩略图中。

STEP 04 在模板编辑界面的右下角单击“完成”按钮，如图19-64所示，即可进入视频编辑界面，可以对模板效果进行进一步的优化。

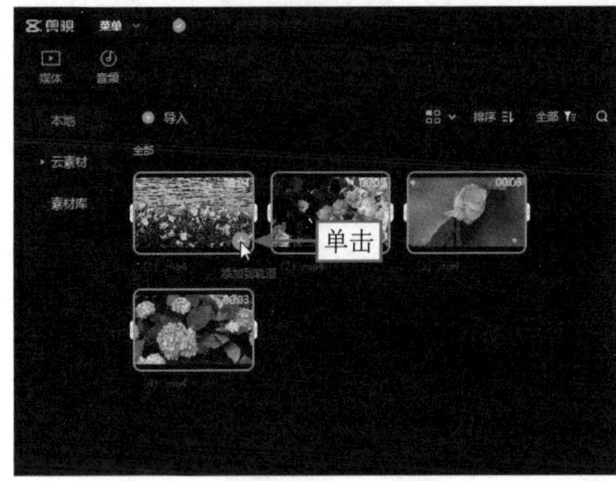

图19-63 单击“添加到轨道”按钮（1）

图19-64 单击“完成”按钮

STEP 05 ❶切换至“滤镜”功能区；❷在“滤镜库”选项卡的“风景”选项中单击“晴空”滤镜右下角的“添加到轨道”按钮，如图19-65所示，即可为模板效果添加一个滤镜。

STEP 06 在“滤镜”操作区中设置“晴空”滤镜的“强度”参数为70，如图19-66所示，调整滤镜的作用效果，再调整滤镜的时长，即可完成视频的制作。

图19-65 单击“添加到轨道”按钮（2）

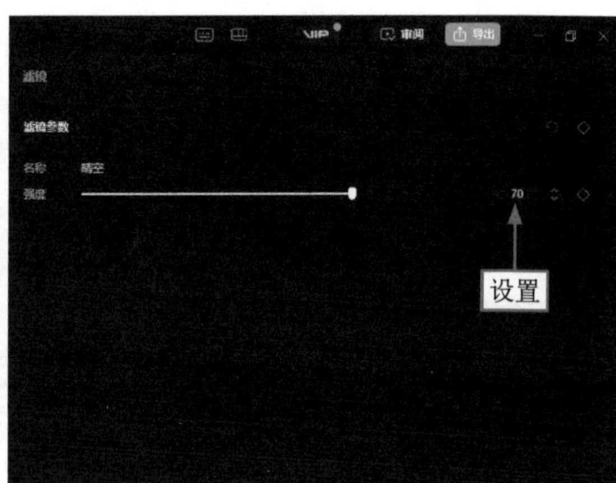

图19-66 设置“强度”参数